Tribulations d'un écologue

récits de voyage

Bernard Bousquet

 Ingénieur des eaux et forêts, docteur en écologie, l'auteur a parcouru le monde durant quarante années parmi la variété de ses écosystèmes, afin d'aider à leur préservation, recenser la biodiversité, créer et aménager parcs nationaux et réserves naturelles. Commissionné par diverses institutions : UNESCO, Union Européenne, GEF (Fonds Mondial pour l'Environnement de la Banque Mondiale), FAO, AFD (Agence Française de Développement), WWF, UICN… il a contribué à faire classer plusieurs *points chauds* de biodiversité sur la liste du patrimoine mondial de l'Unesco ou en réserve de biosphère.

Ce livre est son 3ième ouvrage après :

Le *Guide des Parcs Nationaux d'Afrique* (éd. Delachaux & Niestlé, 1992)

Le Magicien de Pétra (éd. L'Harmattan, 2016).

[…] Et le hibou dit :
« J'ai vu une faille en l'homme,
Aussi profonde qu'une faim insatiable ;
Voilà ce qui le rend triste,
Voilà ce qui le rend envieux.
Il prendra encore et toujours plus…
Jusqu'au jour où le monde lui dira :
J'ai cessé d'exister et n'ai plus rien à donner. »

Légende Maya (extrait)

« …mais l'homme est un nomade et toute sa vie
il rêve de foutre le camp, il rêve d'aventure, et
les hommes sont malheureux dans la mesure où
ils n'assument pas les rêves qu'ils font. »

Jacques Brel

Table des Matières

En guise d'introduction

Le troisième verre de thé fut servi, brûlant et sucré. La femme de mon hôte l'avait aromatisé aux herbes des agdals[1]. *Le Graal ambré entra dans mon corps comme du métal en fusion dans un moule, donnant à cette soirée d'été la vérité d'une éternité...*

Toute la journée j'avais cheminé sur le dos de ma mule, au long des sentiers escarpés qui rayaient les profondes vallées de ce secteur du Haut-Atlas marocain. Mon carnet de notes s'était imprégné de sa sueur acre à force de lui en battre le flanc. Peut-être une odeur d'aventure... Comme d'écrire, perché sur le toit de terre de ce petit douar agrippé au djebel, donnait un goût de liberté aux mots.

Alors que les étoiles clignotaient, de plus en plus nombreuses, je sentais percoler en moi la tranquillité de l'âme et l'apaisement du corps. Les bruits familiers s'éteignaient les uns après les autres. Même le braiment des ânes et l'aboiement des chiens, d'ordinaire intrusifs à cette heure,

---

[1] Pâturages en montagne.

s'évaporaient dans la nuit comme résorbés par la grande vague de sérénité et de silence recouvrant peu à peu les montagnes. Le moment était venu de déployer mon lit de camp sur ce toit de terre, sous le toit du ciel...

Allongé, fermant les yeux, le film de la journée défilait dans mon esprit avec arrêt sur image : l'immense gypaète resurgit avec ses « effets de serres ». Il cerclait en planant sous le vibrant soleil de midi. Son ombre portée semblait pointer dans tous ses détails les reliques torturées et mutilées de la vieille forêt aux genévriers thurifères, dont les racines noueuses comme des bras de spectres retenaient le versant. Et je frissonnai à la pensée de cet invraisemblable sentier au tracé précaire et rafistolé, suspendu au-dessus du vertigineux précipice ; téméraire ou trop confiant, j'y avais engagé ma mule dans les pas de mon guide, sous l'œil moqueur des chèvres à demi-sauvages qui menaient la vie dure aux plantes du lieu. »

J'étais là en mission, à la recherche de « trésors ». Trésors naturels et culturels, contenus à l'intérieur d'un parc national ou d'une réserve naturelle, à préserver pour la postérité : paysages emblématiques, écosystèmes rares, flore et faune endémiques, caprices de la géologie, et bien sûr ouvrages humains remarquables. J'amassais observations et données sur ces précieuses ressources patrimoniales : leur répartition dans l'espace, leur état de conservation, les menaces, les contraintes… Puis, les principes et les règles de gestion de cette zone à protéger du Toubkal m'apparaissaient peu à peu, comme des pépites brillantes dans la batée de la connaissance. C'était là l'objet de mon travail de terrain, le but de ma mission.

Mes voyages n'ont pas toujours été paisibles. J'ai vécu des aventures que je n'avais pas toujours cherchées. Elles me sont arrivées, voilà tout. Des équipées transformées en folles escapades, parfois en mésaventures. Par chance, les évènements fâcheux qui s'y rattachèrent ne me laissèrent pas de séquelles irréparables, leurs côtés désagréables s'estompant avec le temps. Ces péripéties imprévisibles furent les impondérables de mon métier et d'un engagement : la protection de la nature. Champ d'activité bien vaste où j'avais choisi d'occuper quelques arpents, en particulier cette activité écologique dont je m'étais fait chemin faisant une spécialité : la *gestion et l'aménagement des aires protégées*. Une préférence thématique façonnée sans restriction géographique, comme une « clé des champs » qui m'ouvrirait la porte des écosystèmes dans leur étonnante diversité : de la terre à la mer, des plaines aux montagnes, des déserts aux forêts, de l'équateur aux zones boréales.

L'inexorable et lourde roue du temps a écrasé en moi de nombreux souvenirs, effacé la mémoire vive d'instants précieux au puissant ressenti. Les ardeurs des passions de ma jeunesse ne sont plus que des cendres froides. Quarante ans séparent ma première mission en Syrie de la dernière au Tadjikistan et au Kirghizstan. Mission ! Le terme prête à sourire, mais il est vrai que l'écologie a des côtés religieux ; on part en « missionnaire » *convertir* populations, autorités locales et décideurs qui en sont parfois aussi éloignés que jadis les tribus aborigènes du christianisme ! Mais que me reste-t-il de ces moments uniques vécus dans des régions souvent à l'écart et mal connues ? A part ces réminiscences enfilées comme des perles précieuses et inusables dans les recoins de ma mémoire, j'ai gardé quelques carnets de notes, mes rapports de mission, des cartes et de nombreuses photos classées et étiquetées. Ces fidèles supports de souvenirs m'aident à en restituer la substance, à rétablir la chronologie des faits, à retrouver le nom des protagonistes, à recoller des morceaux de vie oubliés. Parfois, en relisant ces écrits lointains, en revoyant ces vieilles diapositives, en dépliant ces cartes froissées à la toponymie distante, je ressens d'éphémères sensations, presque palpables : des images, des effluves ou des couleurs que je croyais définitivement oubliés ; elles s'allument dans mon esprit comme des lueurs fragiles et fugaces que je ne puis retenir ; éclairs qui déchirent la nuit du passé et la dissipent en partie.

Je n'ai pas tenu de « journal » à proprement parlé, à part quelques brèves et précieuses impressions griffonnées à la va-vite à même la terre d'Afrique ou sur le pont d'une jonque, transcendé par les ors et mauves d'un crépuscule sur le Mékong. Dans ces conditions, évidemment « *la lutte de la mémoire contre l'oubli*[2] » n'en est que plus âpre. Quant au carnet de notes marocain au tenace « parfum de mule », qui débute le déroulé de ces récits de voyage, il contenait mes observations techniques emmêlées à mes impressions intimes du Haut-Atlas. Ce fut l'un des plus personnel et détaillé que j'eus jamais rempli au cours de mes voyages. Hélas, il me fut dérobé (avec pellicules et matériel photo) lors de mon retour en France, à la suite d'une stupide inattention de ma part en gare de Marseille au moment du compostage de mon billet de train. Le sort avait-il décidé que rien ne s'échapperait, hors ma mémoire, de la substance de cette mission au cœur des djebels haut-atlasiques ? L'extrait précédent n'est donc qu'une reconstitution de mémoire d'une journée d'août 1993 passée à explorer la haute vallée de Tigui-T'kent.

Accaparé par ma tâche je ne pouvais faire autrement : un journal est chronophage, amenuise les temps de repos, et parfois requiert une distance par rapport à l'objet d'étude, dont j'étais sur le moment trop proche. La tentation d'écrire une « relation » de voyage chez moi, dans la lumière vive des souvenirs intacts, m'a souvent effleuré, comme le prolongement coloré d'un romantisme digne des siècles précédents. Hélas, ce projet est

---

[2] Milan Kundera.

toujours resté lettre morte. Le temps avait accéléré : je me retrouvais écartelé entre la rédaction du rapport final, la préparation et l'enchaînement des missions suivantes.

Des missions rarement accomplies sans passion. Déjà, par la seule joie du voyage : partir et se sentir loin de chez soi, un pèlerin du monde, le corps et l'esprit lavés de ses miasmes, trempés dans l'inédit et l'inattendu de situations nouvelles, à l'abri de l'usure des cités. Dans certaines circonstances, je me souviens avoir vibré de la même excitation qu'un explorateur au seuil de mondes inconnus.

Au cours de mes pérégrinations dans les aires protégées, il m'est arrivé d'avoir le temps comme ennemi. La productivité, ce maître mot de notre présente société marchande, avait fini par se glisser furtivement dans toutes les disciplines. En écologie, la notion choque autant que dans la santé ou dans l'éducation ! Pourtant, au cours du temps, j'ai vu la durée de mes missions de terrain se rétrécir comme des mares d'eau sahéliennes au soleil de la saison sèche. Quand les superficies à parcourir étaient trop vastes, et que l'échantillonnage n'y suffisait plus, s'imposait la nécessité de déplacements rapides, trop rapides pour une analyse satisfaisante des lieux et des milieux. C'était alors une grande frustration que de s'obliger à une vue générale et imprécise avec comme seule consolation la possibilité ultérieure incertaine de faire appel, dans la feuille de route, à la mémoire visuelle du trajet parcouru. Dans cette logique, pareils à ces militaires faisant la guerre devant un écran, j'ai peur que le jour ne soit plus éloigné quand des drones se substitueront aux écologues, des caméras voyant du terrain, à leur place et en un temps record, ce que leurs yeux appauvris ne verront plus que sur ordinateur.

Les aventures et tribulations que j'ai retenues ici pour le lecteur sont pour moi les plus marquantes, celles qui se sont inscrites en profondeur dans les sillons de ma mémoire et dont l'écriture a régénéré la force, comme un souffle ravive les braises d'un feu qui s'éteint. Des voyages qui ont beaucoup compté dans ma vie, effectués dans des « points chauds » de biodiversité aux quatre coins du monde. Chacun à sa manière a étendu mon champ de liberté, embrasant des chimères et éclatant le moule étroit des principes qui composaient jusque-là mon univers. Par-delà leurs buts et leur contenu, ces expériences et toutes les autres m'ont permis d'aller vers moi-même et de mieux me connaître, d'avoir été ce que j'avais voulu être, d'avoir vécu mon destin. Cette vie, à laquelle l'écologie a donné du sens, m'a permis de boire à la source de l'aventure.

J'espère que le lecteur ne m'en voudra pas, mais il arrive dans ma narration que je sois plongé dans différents états d'esprit qui s'interpénètrent, des souvenirs lumineux se glissant parmi des instants de spleen, ou l'inverse, et que des réflexions mûries par l'expérience se greffent à l'aventure du profane. La fiction est absente de ce recueil. Tous ces récits sont véridiques. Mais qui n'a pas cherché à éclairer certains comportements de sa jeunesse aux lumières de sa vie d'adulte ? Un souvenir en accroche d'autres, une aventure en rappelle une autre… Parfois, elles s'emboîtent les unes dans les autres comme des poupées gigognes.

La déferlante grise

On aurait dit un entrepôt ! A faire baver d'envie le département Afrique de n'importe quel muséum d'histoire naturelle. S'y entassaient pêle-mêle massacres et trophées d'animaux divers aux émanations formolées encore tenaces, de même que les objets hétéroclites qui avaient servi à tuer ces malheureuses bêtes, la plupart du temps dans d'atroces souffrances : pièges, lances, vieux fusils rafistolés (certains incroyablement lourds, recyclant l'axe de direction de vieilles Peugeot en canon lisse !). Voilà l'image que j'avais gardée du bureau de Pierre Flizot, l'Inspecteur des Chasses du Nord-Cameroun, quand j'y entrai pour la première fois ce jour de décembre 1972, le jour de mon arrivée à Garoua. Pas besoin d'être fin limier pour deviner que le braconnage lui donnait du fil à retordre. Bien qu'en-dehors de la chasse, l'Inspecteur gérât aussi (en synergie avec les Eaux et Forêts), les parcs nationaux du Nord, dont ses trois plus beaux fleurons : Waza, Bénoué et Boubandjidah.

Débarquer en Afrique avec le don d'émerveillement mais aussi l'hésitation d'un jeune coopérant inexpérimenté, son diplôme des « eaux & forêts » encore chaud en poche. Être reçu par Monsieur Flizot, homme de forte stature, au visage sanguin et à la bedaine épanouie, vêtu d'une impeccable tenue coloniale : une saharienne crème rappelant celle de Stewart Granger dans Les Mines du Roi Salomon ; une poignée de main inoubliable, du genre à envoyer promptement chez l'ostéopathe les métacarpes fragiles ! Et moins invalidant que sa redoutable paluche, un rire franc basculant parfois vers des éclats de colère parmi les plus sonores que vous ayez jamais entendus (jusqu'à faire pisser de trouille dans son froc un brave gardien de boukarou de brousse dont il s'appliquait à redresser les bretelles – j'avoue ce jour-là m'être senti fort mal à l'aise – !). Recevoir carte blanche (en plus des vraies cartes) pour prospecter la faune d'une région immense quasi inhabitée de savane boisée dans le bassin de la Vina (un affluent du Logone), où l'inspecteur a dans l'idée de créer un parc national et des zones de chasse. Pas moins. Le tout annoncé sur un ton détaché, débonnaire, comme on vous dirait au cours d'une conversation anodine que la saison des pluies aurait un peu de retard cette année. Le voir étaler sur la grande table de son bureau les feuilles IGN au 1/200 000e, où son doigt énorme essaie de circonscrire les territoires concernés. S'apercevoir que les cartes assemblées y suffisent à peine (sa main évasive plaçant la frontière du Tchad encore plus à l'est, bien au-delà de la bordure des cartes). Il n'en fallait pas plus pour aiguillonner mon imagination dévoreuse d'espace, me communiquer le frisson de la découverte, me submerger de l'immense vague d'un bonheur nouveau ! « Ces cartes me fascinent comme les yeux d'un cobra dressé… avec leurs représentations imagées et codées de la réalité physique, qui dans leur moindre détail condensent le paysage. Nullement abstraites, elles sont l'avant-garde tangible de la région où je vais vivre et travailler… Quand chez d'aucuns les voyelles ou les notes de musique évoquent des couleurs, ma synesthésie personnelle me fait voir moi des paysages derrière les cartes. Celles que j'ai devant les yeux décrivent l'intimité de vastes étendues sauvages, où de rares villages font figure de naufragés dans une brousse omniprésente. » Y voir les courbes de niveau flotter, s'étager dans l'espace, sculpter des reliefs que les mouchetures jaunes recouvrent de savane et les taches vertes de forêt ; dans les replats ou au fond des vallées, des tracés bleus jaillissant comme de vraies rivières, où viennent s'abreuver les ongulés sauvages. Se projeter soudain en fin de mission pour anticiper les contours d'un tout nouveau « parc national de la Vina ». « Qu'il naisse va dépendre de mon travail bien sûr, mais sur la carte j'en vois déjà les lettres scintiller dans un ciel de promesses… ». Le rêve bascule dans la réalité. Envie d'embrasser Flizot (sauf le respect que je lui dois) : sans sa lettre rien de tout cela ne serait arrivé...

Trouver un jour d'hiver, parmi le courrier de l'École, une enveloppe *par avion* au timbre du Cameroun, qui vous est adressée, a de quoi surprendre. En extraire fébrilement une lettre dont la lecture vous retourne les sens, car elle n'est rien de moins qu'un sésame vous ouvrant la fabuleuse porte d'une aventure qui vous fait rêver depuis votre adolescence. Une lettre qui compte tant qu'on la gardera précieusement toute sa vie (accrochée au mur comme un tableau). Comment soupçonner qu'elle va fixer un cap que vous ne quitterez plus ? Une lettre que vous relisez dix fois, cent fois pour vous imprégner du destin radieux de vos espérances : partir en Afrique, dans un territoire encore méconnu et sauvage, peuplé par le bestiaire le plus impressionnant de la planète, la grande faune africaine. Une lettre que vous relisez même au plus profond des nuits, car il est délicieux d'entendre en écho la clameur diffuse provenant de chacun de ses mots, où se mêlent indistinctement dans votre imaginaire tous les cris supposés de la brousse. La clameur d'un monde que vous n'avez encore jamais parcouru.

P. FLIZOT
B.P. 50
GAROUA (Cameroun)   Garoua, le 7 Janvier 1972

                                   Monsieur Bernard BOUSQUET
                                   Ecole Nationale du Génie Rural des
                                   Eaux et Forêts
                                    14, Rue Gérardet

                                        - 54 - NANCY - (France)

        Monsieur,

                J'ai bien reçu votre lettre du 16 Décembre et je
        m'empresse d'y répondre.

                Votre travail ne consistera pas dans l'aménagement du
        Parc National du Boubandjidah, mais d'une autre région vaste
        région.

                Cette région fait plus d'un million d'hectares et est
        située au Sud du Parc du Boubandjidah jusqu'à la limite Nord
        de la Région de Ngaoundéré, et englobe le bassin Sud de la
        VINA. C'est une très belle région, bien arrosée presque in-
        habitée, où il y a pas mal d'animaux sauvages: éléphants,
        buffles, élands, antilopes, hippos, rhinos etc, mais aussi
        beucoup de braconniers.

                Notre but est de prospecter sérieusement cette région
        pour faire une réserve en son milieu et tout autour aménager
        des zones d'intérêt cynégétique .

                Pour celà, il vous faudra faire de longues tournées
        à pied, accompagné de gardes chasses expérimentés, situer
        où son les animaux, déterminer leur répartition etc.

                Vous voyez donc que vous aurez un travail passionnant,
        que j'aurais aimé faire, si j'avais eu dix ans de moins.

                Pour la date de votre arrivée Décembre 1972 sera
        bien.

                Si vous voyez d'autres renseignements à demander,
        n'hésitez pas à m'écrire.

                Je rentre en congé en France en Août 1972, j'habite
        Chaumont, l'on pourrait peut être se rencontrer ?

                Recevez, Monsieur Bousquet, l'assurance de mes
        meilleurs sentiments./-

                                        P. FLIZOT

C'est bien connu, le carcan administratif est un
briseur de rêves. Les choses n'avaient pas été
simples à régler sur ce plan-là. Et il s'en était fallu
d'un cheveu pour que mon *rêve* ne s'incarnât

jamais : le courrier officiel agréant ma mise en disponibilité de quatorze mois auprès du Ministère de la Coopération n'arriva que trois jours avant la date butoir. J'avais épuisé toutes mes possibilités de report, sans lui j'étais bon pour le régiment : incorporation immédiate sous les drapeaux à la caserne de Tarascon, la plus proche de ma ville natale, Nîmes, où tout ce que j'avais entendu sur la vie de soldat ne me rendait pas la perspective bien réjouissante.

Mais à ce stade de mon récit, j'ai envie de développer un peu.

Je ne sais d'où me venait ce goût pour les voyages, les expéditions, les grands espaces, cette fringale de découverte, cette tentation géographique. Peut-être que mes années d'enfance et d'adolescence égrenées sans éclat dans l'étroite maison de ville où nous vivions avec mes parents et ma sœur, repliés dans quatre pièces mornes, sans autre horizon que des barres d'immeubles, entre deux dépôts de charbon de la SNCF (dont, quand ce n'était pas le mistral, le vent du sud nous renvoyait les poussières), forcèrent mon imagination à s'envoler très tôt vers les contrées sauvages des quatre coins du monde. Les livres, les bandes dessinées (je fus un tintinophile de la première heure) furent aussi des terreaux fertiles propices à la croissance de l'imagination, à l'enrichissement des rêves. Mais l'enfant qui grandit se cogne bien vite au ciel bas de la ville. A quatorze ans, heureusement qu'il y eût le scoutisme (du moins ses bons côtés - je veux dire sans les bondieuseries du mouvement) pour débrider ma liberté et mes envies de nature. Les escapades au naturel dans les collines nîmoises, jusqu'aux contreforts des Cévennes, me détachèrent de la ville gluante à laquelle aucun enfant ne peut s'accommoder, sauf à s'y user les sens sur le béton et le bitume, au contact de vains artifices et des travers des adultes. Ce fut donc en tant que scout que je fis mes premières grandes virées dans les forêts profondes de l'Aigoual, ivre de bonheur à franchir les cols, à me perdre dans les sous-bois obscurs, à dévaler les landes pentues couvertes de genêts à balais d'où, enfoncé jusqu'au cou, je ressortais avec les jambes lacérées.

Quand, après le bac, je me trouvai au carrefour du choix des carrières, ce fut la géologie qui m'attira, ainsi que sa branche sœur la paléontologie. Des terreaux scientifiques où (je le sentais) pourrait s'ensemencer mon goût pour les équipées au naturel. Cette envie m'était venue bien avant le scoutisme quand, chaque été en vacances sur les causses cévenols, je m'arrêtais ébahi devant leurs puissants rebords, essayant d'en lire l'âge des strates grâce au savant petit livre imagé que m'avait donné un cousin aveyronnais habité par deux passions (liées) : la géologie et Teilhard de Chardin. Il s'y trouvait des noms étranges et magiques : Crétacé, Jurassique, Trias,

Mésozoïque… qui à cette époque, antérieure à l'engouement pour les dinosaures, n'étaient pas encore entrés dans le vocabulaire ordinaire. En descendant l'étroit chemin à flanc de falaise, je caressais le rugueux mille-feuille des affleurements rocheux, avec cette impression de remonter le temps par enjambées de millions d'années. Un frisson qui me donnait le vertige ! Puis je courais, que dis-je, bondissais d'un site à l'autre, au-dessus des pelouses rases desséchées et des pierriers luisants gorgés de soleil, examinais les vieux murs des anciennes terrasses embroussaillées qui vomissaient leurs pierres amassées par des générations de paysans durant les siècles du passé. Collectant pour finir d'étonnants fossiles que ce livre m'apprenait à identifier : madrépores, oursins, rostres de bélemnite, ammonites et autres coquillages… Tous animaux des mers anciennes, que j'étalais ensuite fièrement devant mes parents incrédules qui, ayant leurs préoccupations ailleurs, n'y voyaient là que de vulgaires cailloux.

Je passais donc le concours d'entrée à l'École Nationale de Géologie (« Géol ») dans une impulsion, en croyant naïvement que ma passion pour cette science et ma conchylomanie[3] suffiraient à tenir à distance les disciplines annexes qui s'y adossaient ou la nourrissaient (chimie, physique),

---

[3] Néologisme inventé par J.J. Rousseau dans *Les Confessions* (1782), signifiant « amateur de coquillages ».

mais pour lesquelles, hélas, je n'avais pas d'attirance particulière. La condition était peut être nécessaire, certainement pas suffisante ; même si j'étais blindé en math, car la prépa de « Math sup » au lycée Thiers[4] de Marseille m'en avait gavé comme un canard d'élevage (cette année-là, ma vie avait été un cauchemar : des maths du matin au soir et des conditions d'hébergement épouvantables — j'étais interne). J'échouai donc et intégrai une école d'agronomie. Pour me rendre compte au bout d'un an que de connaître les besoins en engrais des céréales cultivées et la ration énergétique journalière des vaches laitières ne m'offrait pas le viatique que j'attendais. Double erreur de parcours. Par chance, de là où j'étais une passerelle inespérée menait (sous conditions) aux « Eaux et Forêts ». La plaisante association de ces deux mots évoquant de fraîches images sylvestres me prédisposa favorablement envers cette École, avant même que je prisse connaissance de son programme de formation. Et la *charge* qui fut jadis celle de Monsieur De La Fontaine, dont l'exercice avait sans doute nourri ses sources d'inspiration, me fit soudain envie. Si bien qu'en deuxième année d'Agro, donnant un grand coup de barre pour éviter l'écueil que je percevais sur la route de mes préférences, je changeais de cap, me remettant à bosser le concours d'entrée vers cette École qui

---

[4] Un établissement ayant été successivement un couvent puis une prison, avant d'être converti en lycée.

exerçait sur moi un si fort pouvoir d'attraction. Quel autre métier que les eaux et forêts me conduirait plus sûrement vers le spectacle de la nature ? Ces propos feraient sourire les étudiants en agronomie d'aujourd'hui, où large est le choix des spécialisations offert, y compris en écologie. Comme « Géol », les « Eaux et Forêts », se trouvaient eux aussi à Nancy. Admis, je n'eus pas à regretter cette formation qui donnait la part belle au terrain. Je pris un réel plaisir à suivre les cours dispensés, un plaisir que la passion communicative de plusieurs professeurs expliquait en partie ; me révélant des sciences toutes neuves : botanique, écologie, éthologie, biogéographie… d'autant plus captivantes que les cours se déroulaient souvent en forêt. Avec ces immersions sylvestres, mes professeurs voyaient là, à côté de la théorie, une méthode convaincante d'explication des faits par leurs causes, des liens existant entre les composantes du milieu. Ainsi s'éclairaient les relations, les interdépendances entre plantes, climat, sol, et faune. Un système d'associations multiples dans lequel l'homme, bien entendu, n'était pas la moindre des variables. Ils n'avaient pas attendu « *le Macroscope* » de Joël de Rosnay (1975) pour appliquer l'approche systémique à leur méthode d'enseignement.

Venu par un chemin détourné, c'est-à-dire par aucune de ces deux *voies royales* qu'étaient à l'époque l'Institut National Agronomique et

Polytechnique, j'avais été admis en tant qu'élève-ingénieur *civil,* c'est-à-dire sans contrat avec l'État. Un statut moins prestigieux certes, mais qui, en dépit de quelques égratignures à mon amour-propre, ne me gênait pas trop. Ah bien sûr, mon horizon ne serait pas aussi dégagé et aplani que celui des élèves fonctionnaires qu'allaient accompagner la perspective rassurante d'une évolution planifiée de carrière calibrée en nombre de points, une confortable retraite *Préfon* et bien d'autres avantages. Mais je me consolai de cet horizon en me le représentant plus large et plus émoustillant. Après tout, dans cette affaire je gagnais la liberté de tracer mon propre chemin et d'approfondir mes connaissances dans les domaines de mon choix, qui ne seraient liés ni au fonctionnement tatillon de l'administration ni à l'optimisation des cubages ligneux des parcelles forestières. Car on était à une époque charnière. Un nouvel objectif se dessinait pour l'École forestière : produire des ingénieurs d'État capables de gérer les forêts domaniales en « bons pères de famille », certes, mais avec l'œil vissé sur le sacro-saint crédo de la production de bois et de la rentabilité forestière. Avec la création de l'Office National des Forêts (un établissement public à caractère industriel et commercial !), des ingénieurs « productivistes » allaient naître et remplacer progressivement les anciens « conservateurs » des eaux et forêts. Marché oblige, sous les hautes futaies le bruit des tronçonneuses couvrirait

désormais le chant des oiseaux et le brame du cerf !
Nouveau cadrage de la réalité dans lequel je ne suis
pas sûr que Monsieur de la Fontaine eût aimé
affabuler !
Cette évolution ne semblait pas déplaire à mes
camarades de promotion (on n'était pas encore
parvenu au summum du désenchantement atteint
sous Sarkozy par la création du corps mixte des
« Ponts, des Eaux et des Forêts », les IPEF —
bienvenue aux tronçonneuses et au béton !).
Au cours de discussions animées (et arrosées) dans
les brasseries de Nancy où l'on refaisait le monde,
combien de fois, entre les chocs des pintes de bière
lorraine, m'étais-je entendu traité d'écolo, doux
rêveur, voire vert dans le fruit ou vert solitaire, et
même de *nostalithique* (« nostalgique du
néolithique »), pour oser mettre l'environnement en
travers du dogme tabou du développement
économique ! Comment ? Je ne m'agenouillais pas
devant le progrès ? Je ne m'ébaudissais pas de la
courbe exponentielle de la croissance ? Je hais les
dogmes, ils enferment ; Hugo disait qu'ils sont
comme des cloîtres. Bon c'est vrai, à la décharge
de mes camarades on était dans les années 70. En
tout cas, sans le vouloir, ils m'ont aidé à forger
mon choix : c'est en partie grâce à eux que la
faune, l'écologie animale, l'écologie sylvestre, ont
éclairé par la suite les sous-bois de mon avenir.
Ce n'était donc ni un romantique appel sylvestre ni
(encore moins, on l'aura compris) de quelconques
préoccupations écologiques qui avaient attirés mes

collègues de promotion aux « Eaux et Forêts », mais plutôt l'ambition de diriger tôt ou tard de prestigieuses directions départementales ou nationales sous l'égide du ministère de l'agriculture et des forêts. Ce faisant, j'en suis sûr, plus que par leur volonté propre, ils se laissaient manipulés par l'appétit d'ascension sociale et de pouvoir de leur famille. Reproduction de la grande bourgeoisie oblige. Je trouve cocasse, tant d'années après, d'en retrouver certains (ceux-là même que j'ai vu se moquer du score de René Dumont à la présidentielle de 1974 et hausser les épaules aux pronostics du Club de Rome sur les limites de la croissance[5]) à des postes certes élevés, mais au ministère de… l'environnement et de la transition écologique, ou dans d'importants organismes publics s'occupant de protection de la nature ! Vocation tardive ou horreur du vide ?

Je crois bien que j'étais le seul fils d'ouvrier dans ma promotion (mon père, d'abord ajusteur puis armurier dans la marine nationale, s'était reconverti après la guerre en vendeur et réparateur de machines à coudre avant que, deux décennies plus tard, son frère l'appelât auprès de lui pour l'aider à gérer l'affaire de prêt-à-porter qu'il venait de créer). Mon choix de filière avait surpris mes proches, mon père surtout qui avait toujours espéré me voir suivre des études de commerce pour ensuite occuper une fonction de *manager* dans

---

[5] Qui se vérifient aujourd'hui à la virgule prés !

l'entreprise de mon oncle. A sa décharge, je reconnais qu'il n'exerça aucune pression pour me faire changer d'avis, peut-être parce qu'il pressentait que cela aurait été peine perdue ou bien qu'au-delà de mes études il flairait un parfum d'aventure qui ne lui aurait pas déplu. On ne m'en voulut pas, mais mon parcours atypique finit par me valoir dans la famille le gentil sobriquet d'« homme des bois ».

Écouter Flizot, rester figé, parcouru par des ondes de jubilation contradictoires... Que suis-je pour lui ? Une modeste parenthèse dans l'orbe de son travail, un épisode insignifiant dans sa vie au long cours (il est proche de la retraite). En revanche, j'ai peine à croire que l'étudiant sans expérience que je suis soit investi de la charge d'explorer l'une de ces contrées sauvages de la planète où jamais personne n'est encore allé rectifier des rivières, araser des montagnes, creuser des mines ou faire passer des routes et des voies ferrées (à cette époque, le Nord-Cameroun était encore peu peuplé et couvert d'immenses étendues sauvages) ! Ces précieux documents qu'il replie devant moi, voila à présent qu'il me les confie ! Ces rouleaux vont me suivre dans toutes mes pérégrinations. Des cartes que j'étalerai compulsivement chaque jour, chaque heure sur le terrain, pour les consulter, les comprendre, les annoter. Loyales et fidèles reproductions en miniature de mon futur domaine d'exploration, elles vont m'orienter et me guider

durant l'année où je l'arpenterai. Déjà, je les vois couvertes d'inscriptions de ma main : itinéraires de prospection, animaux vus, traces de braconnage, et cent autres observations prises sur le vif. »
Toucher vraiment terre lorsque l'Inspecteur des Chasses vous remet une carabine Holland & Holland 375 Magnum et les clés d'un pick-up Land-Rover retapé. Et surtout quand il vous présente Isaac, garde-chasse camerounais affecté tout spécialement à cette mission pour vous aider dans vos prospections. Si tout ce matériel parait vieux et usé, le garde, lui, est heureusement jeune et vif. Remarquant votre appréhension devant l'arme, Flizot vous explique un peu doctement que la carabine aura deux fonctions essentielles : votre sécurité et la chasse. Vous qui n'avait encore jamais chassé, vous devrez de temps en temps abattre un animal pour approvisionner votre équipe en viande fraiche. Que ça me plaise ou pas, je dois m'y faire : sans viande, pas de porteurs. Et sans porteurs pas question de s'enfoncer bien loin dans la brousse.

Je ne traînai pas à Garoua. Deux jours après mon arrivée au Cameroun, j'étais au volant de la vieille Land sur la piste du Sud, Isaac à mes côtés. N'dok, le minuscule village de brousse où je me rendais, perdu à 300 km au sud-est, dans une région parmi les plus reculées du Nord-Cameroun, allait être ma base de travail pour mes quatorze mois de service en Coopération. Flizot avait négocié auprès de l'Orstom[6] l'acquisition d'une case de brousse que des chercheurs hydrologues avaient construit là-bas. Comme j'allais travailler sur les terres ancestrales du *lamido* (sultan) de Rey Bouba, il était indispensable que je lui rendis d'abord visite, d'autant plus que son « palais » était sur ma route. Flizot m'avait parlé assez longuement de son père, comme d'un personnage mythique, quasi légendaire, qu'il avait connu. Apparemment, il en avait gardé un souvenir ému. Hélas, l'Afrique changeait, sortait peu à peu de la féodalité ; le fils n'était déjà plus la figure de légende que le père avait été. Ce que Flizot m'avait dit de ce colosse de plus de deux mètres tout enturbanné de blanc dépassait l'entendement. Comment croire, quand le *lamido* voyageait hors de Rey-Bouba, que ses esclaves déversassent sous ses pas sacrés des poignées de terre de son royaume ? Pourtant, bien plus tard, lisant *Voyage au Congo* et *Retour du Tchad* de Gide (1927), je me suis rendu compte qu'il n'avait pas exagéré.

Grâce à Isaac j'atteignis N'dok sans trop de difficulté. Le minuscule village *effleurait* à peine l'immense brousse sauvage qui le cernait de toutes parts. D'évidence, il fallait faire preuve d'humilité et d'obéissance aux lois de la nature pour daigner survivre dans pareil univers. Et j'allais à mon tour

---

[6] *Office de Recherches Scientifiques et Techniques d'Outre-Mer*, rebaptisé plus tard IRD (*Institut de Recherches pour le Développement*).

devoir y souscrire, car mon modeste campement, éloigné des cases villageoises, semblait *surfer* comme une frêle coquille de noix sur la crête des puissantes vagues de végétation surgissant des profondeurs d'une savane sans limites.

Il était en retrait d'une mauvaise piste, impraticable en saison des pluies et sur laquelle il ne passait jamais personne. Et pour cause, si elle se poursuivait plus au sud jusqu'à la Vina, au-delà elle était abandonnée et coupée depuis des lustres. Flizot ne m'avait pas raconté d'histoires, cette contrée retirée du reste du pays, à l'écart des voies de circulation, avait toutes les chances de conserver l'authenticité de l'Afrique qu'il avait connue dans sa jeunesse. Au bout de mon voyage, j'avais donc aussi remonté le temps…D'ailleurs, je pus le vérifier par la suite, ma Land et la mob d'Isaac formaient (avec quelques rares autres objets) les seules dissonances dans une partition qui se jouait immuablement sous la direction de la nature depuis le fond des âges.

Bien que fatigué par la route, Isaac dut comprendre à mon expression que j'étais au comble du bonheur !

Mon campement était une simple case rectangulaire en torchis couverte d'un toit de tôles ondulées, plantée au milieu d'une cour boisée de margousiers, propre comme un sou neuf. La terre à nue de la petite concession était apparemment balayée quotidiennement. Pourtant, le jour où les

Orstomiens en avaient refermé une dernière fois la porte ne datait pas d'hier. La porte était avec la toiture (en tôle) le seul élément de la masure resté en état. Quoique toujours debout, les murs de terre glaise étaient fripés et lézardés comme l'écorce d'un vieil arbre.

C'est alors que je vis descendre du village proche le détenteur de la clé. Mieux que quiconque à N'dok, il savait qu'à un bruit de moteur correspondait presque toujours l'arrivée d'un occupant de la maison. Le vieil homme avançait droit et fier, comme s'il détenait la charge d'un plénipotentiaire titularisé. Aurais-je trouvé la maison écroulée, avec la seule porte encore debout, je crois qu'il serait venu en arborant la même démarche martiale et résolue. L'intérieur comprenait deux pièces, dont on pouvait penser sans beaucoup d'imagination que la plus grande faisait office de « salon-cuisine » et l'autre de chambre à coucher. Plus tard, en période chaude ou quand s'abattait une tornade, je brûlais d'envie d'en échanger la tôle surchauffée ou bruyante contre l'une de ces magnifiques toitures traditionnelles du village voisin, en paille locale, isothermes et ouatées. D'autant que ses habitants, eux, avaient des envies exactement à l'opposé des miennes !

L'eau provenait d'un puits creusé dans le voisinage de la maison. Le mérite en incombait à l'hydrologue qui avait occupé les lieux quelques années avant moi. Bien entendu, il n'y avait ni électricité ni groupe électrogène. Le seul élément de confort allait être ce gros et vieux frigo à pétrole de l'Inspection des chasses, que j'avais transporté depuis Garoua sur le plateau de la Land. L'éclairage se résumait à une lampe (elle aussi à pétrole) et des bougies. Ayant ramené quelques sachets de graines, j'avais fait défricher un lopin de terre pour y créer un potager. Grâce à l'eau de mon puits j'allais pouvoir récolter de beaux légumes toute l'année, au moins ceux que mes malicieux voisins de babouins daigneraient me laisser.

Malgré cette frugalité, la « maison du Blanc » devait apparaître aux yeux des villageois comme un « palais » comparé à leurs propres cases, dépourvues de tout.

Je me souviens de ma première nuit… Pas question de la passer à l'intérieur : je montais mon lit de camp sur la terre battue de la proprette cour du campement, éclairé par la lune, sous un somptueux firmament. Tout autour, à quelques mètres de moi, aux frontières de la brousse mystérieuse, je sentais et surtout j'entendais son omniprésence au travers de l'incroyable concert nocturne que donnaient oiseaux, insectes et batraciens. Une « soupe » sonore qui aurait ensorcelé et inspiré le génie musical d'un Olivier Messiaen. Un foisonnement de vie tropicale où les animaux clamaient pêle-mêle leur présence, le marquage du territoire, la recherche de partenaire, ou peut-être tout simplement leur plaisir d'exister. Je fermai les yeux, laissant ma petite clairière privée et isolée flotter au cœur de cette Afrique des premiers temps, comme un esquif au milieu d'un océan. La nuit prolongeait ces ténèbres sauvages jusqu'aux limites de mon imagination…

Dans ce continent de la démesure, la Nature, forgée dans la puissance et le spectaculaire, jonglait avec les extrêmes : plus gros et plus grands animaux terrestres du monde (éléphant, rhinocéros, girafe), plus gros arbres (baobabs), plus lourd reptile (crocodile du Nil), plus grosse grenouille (goliath), plus grand singe (gorille) ; sans oublier le gigantisme des tornades tropicales, des fleuves (Nil) et de leurs crues, un désert immense (Sahara), des forêts et des savanes illimitées. L'Afrique de la nature est un livre *Guinness des Records* à elle seule. Ce n'était sans doute pas un hasard que l'homme fût apparu au cœur de ce continent : nulle part ailleurs au monde vivaient autant d'espèces de mammifères ! Les antilopes, gibier de choix des prédateurs (avec les singes), y avaient colonisé tous les milieux, des déserts aux savanes et aux forêts, des plaines aux montagnes ; de la plus petite antilope du monde, le gracile chevrotain aquatique (aux pattes de la taille d'un crayon), jusqu'à la plus grande et la plus massive, l'éland de Derby (pouvant peser plus qu'un buffle) ! Quel somptueux *berceau*, quel Éden biblique, quel creuset vivant pour l'épanouissement de l'homme ! C'était peut-être en forgeant ses armes et ses techniques de chasse et de pêche, quelque part entre volcans du Rift et Atlas, sur les rives des grands lacs, au pied du Ruwenzori, sur les bords du Nil ou des marais de l'Okavango, et en les adaptant à cette prodigieuse diversité naturelle, qu'*Homo* s'était peu à peu forgé son intelligence, ses outils, et avait évolué vers l'homme moderne.

Puis soudain, seul dans ma petite clairière, j'eus la sensation de me trouver en sursis au pied d'une vague inquiétante, tels les Hébreux de Moïse lors de leur traversée de la mer Rouge. C'était une question de temps, mon fragile campement n'allait pas tarder à être submergé par l'exubérance végétale et animale qui s'impatientait en se pressant sur ses bords. Malgré le petit budget dont je disposais, il me fallait d'urgence consolider la bâtisse. Mais l'angoisse qui me traversa ce soir-là avait des causes plus profondes. Maintenant que les actions à venir ne dépendaient plus que de moi, que valaient mes connaissances, que pesait mon diplôme ? J'imaginai la balance de Maât : sur un plateau une plume, sur l'autre un énorme bloc de (bio)sphère grouillante de vie. La tâche qu'on me confiait me parut brusquement disproportionnée. Je me sentis infiniment petit et dérisoire. J'avais beau passer en revue mes acquis, je n'y dénichai qu'une part bien maigrichonne d'écologie tropicale. Je songeai à l'immense vanité qui avait été d'envoyer un profane tel que moi parmi un monde qui lui était en grande partie inconnu, de croire que « l'ingénieur » serait à la hauteur du défi ! Finalement, n'étais-je pas victime d'une imposture actée devant laquelle tout le monde fermait les yeux, dans la même situation que bien d'autres jeunes coopérants inexpérimentés envoyés aux quatre coins de la planète ? Habitude bien française que cette surcote du diplôme ! Cette brousse n'allait-elle pas m'en apprendre plus qu'elle ne bénéficierait de mon travail ? N'allais-je pas lui prendre plus que ce que j'avais à lui offrir ? Je m'endormis avec cette terrible incertitude à l'esprit, comme si je venais de sauter dans un gouffre dont je ne voyais pas le fond.

La région où Flizot m'avait parachuté était peuplée par les *big five* (éléphant, rhinocéros, buffle, lion, panthère)[7] et de nombreuses antilopes, dont la plus grande et la plus mystérieuse d'Afrique : l'éland de Derby. C'était de loin mon animal préféré, tant le rencontrer demandait précautions et concentration. Malgré sa masse, peu de gens l'avaient vu et bien des légendes couraient à son sujet, certaines frôlant le mythe. Heureusement, je travaillais avec des pisteurs de brousse hors-pair, d'anciens chasseurs qui n'ignoraient rien des habitudes des animaux et « lisaient » la brousse comme dans un livre ouvert. Leur présence à mes côtés avait balayé mes craintes initiales. Grâce à eux, j'allais multiplier mes observations et me forger une expérience. Fèces, frottis ou empreinte, rien ne leur échappait.

---

[7] De nos jours le rhinocéros noir a disparu du Cameroun, massacré par les braconniers.

Ils savaient qu'on aurait quelque chance de trouver l'éland au cœur des forêts claires à *Isoberlinia,* dont l'animal appréciait en pleine saison sèche les feuilles vertes et tendres. Outre l'envie de surprendre cet animal mythique, j'aimais particulièrement traverser ces futaies sèches sans sous-bois. Les feuillages denses et vert foncé tamisaient la lumière du soleil, avant de la laisser rebondir sur les écorces grises des *Daniellia,* une autre espèce de grand arbre de cette forêt que les phyto-sociologues avaient judicieusement qualifiée de *claire.*

J'ouvre ici une courte parenthèse : on était bien loin de la forêt tempérée avec sa vingtaine d'espèces d'arbres. Multipliez ce chiffre au moins par cinq et vous aurez une idée assez exacte de la diversité arborée locale. La *Flore forestière soudano-guinéenne* d'Aubréville était à cette époque la meilleure « clé » ouvrant les portes de la botanique tropicale du Nord-Cameroun. Ses cinq gros volumes m'avaient accompagné depuis la France. Mais leur poids m'interdisait de les emporter en brousse. Dès lors, je pris l'habitude de me faire un herbier pour, à mon campement, occuper mes temps de repos à identifier les échantillons collectés. Au-delà de l'identification des arbres, l'*Aubréville* me fut précieux pour repérer les grands ensembles naturels de la région.

Donc, je marchais derrière le pisteur sur les traces des élands sans toujours pouvoir éviter le craquement des grandes feuilles desséchées de la litière. Dans ces moments, où le corps s'aguerrit, on lâche la bride à ses sens, la vie s'épanche au centre d'un carrefour de forces qui rapproche de l'essentiel, fait vibrer notre essence propre, hors du champ de la pensée. Jusqu'à ce que l'événement tant espéré arrive. Un matin, grimpant une pente qui faisait face au vent, je me suis retrouvé sur la crête « nez à mufle » avec une vingtaine de ces magnifiques antilopes aux immenses cornes droites et spiralées. Elles arrivaient du versant opposé. Le rapprochement inhabituel qu'imposait l'exiguïté de la crête nous figea de surprise, les élands autant que moi. D'une volte-face élégante, ils s'enfuirent vers là d'où ils venaient, en troupe serrée. Cela n'avait duré qu'un court instant, mais un instant si dense qu'il s'étire encore dans ma mémoire. En état de grâce, je m'étais assis un peu en contrebas, me repassant le film furtif de ces bêtes splendides aux grands yeux sombres, à la robe isabelle délicatement hachurée, à l'imposant fanon des mâles flottant sous leur cou comme une lourde draperie.

Trop ému, je n'avais pas tout observé. Alors j'étais retourné sur la crête, espérant je ne sais quoi de nouveau. Mais ils avaient disparu. Les élands géants s'étaient résorbés dans la grande forêt claire. Seules, leurs empreintes aussi larges que celles de buffles témoignaient que je n'avais pas rêvé. Inutile de les poursuivre : les puissantes antilopes pouvaient soutenir un trot sur des kilomètres avant de s'arrêter à nouveau.

La contrée que je parcourais n'offrait pas les vues grandioses de ces sites prestigieux et emblématiques d'Afrique, tels les Virunga, Étosha Pan ou le cratère du Ngorongoro. Mais elle avait cette particularité d'être peu connue, à l'égale de bien d'autres dans le Nord-Cameroun des années 70. Tels les Monts Alantika, difficiles d'accès, où sur les crêtes parmi les blocs de rochers vivaient les Koma, une tribu dont les sorciers et les bouffons possédaient des talents de pétomanes. Ces talents, ils les mettaient à profit au travers d'une cérémonie spectaculaire (filmée je crois par Jean Rouch) leur valant le peu reluisant sobriquet de « Koma péteux » ! Leur rite anal séculaire ne trouva son explication que bien des années plus tard, quand on sut que trop pauvres et trop peu nombreux pour aller récupérer leurs terres ancestrales, c'était leur façon à eux de narguer leurs anciens oppresseurs, les Peulhs musulmans de la plaine, qui les en avaient chassés deux siècles auparavant. Las, la disparition des Koma, au moins celle de leur culture, était inéluctable, d'autant que Koma signifie « sauvage » dans le dialecte local et que le Cameroun moderne, soucieux de son image, n'avait que faire d'une quelconque tolérance ethnographique à leur égard : « Komas, allez-vous rhabiller, ou agiter vos culs hors des sentiers battus ! ». Ça lui faisait de belles jambes à la modernité de traîner dans son ombre ce relent de fascisme, que d'ailleurs presque tous les pays du monde distillaient avec plus ou moins d'hypocrisie à l'encontre des peuplades minoritaires.

Et il y avait la Vina. Jusque-là, la région n'avait que fort peu attiré l'attention, si ce n'est de quelques chasseurs ; cette perspective m'excitait autant que de travailler dans des parcs nationaux réputés. Ses richesses, elle ne les affichait pas de manière ostentatoire, mais les distillait avec parcimonie ; il me faudrait les découvrir peu à peu, au prix de longues tournées parmi les vallonnements, les mosaïques de savanes et de forêts claires. Je baignai dans cet espace de solitudes sauvages qui me la rendait attractive et belle. Cette beauté-là, je la sentais diffuser à travers tous mes pores, elle donnait de la saveur à ma vie, m'ouvrait sur le rêve, exaltait mes sens comme une œuvre d'art mystérieuse. Mais je n'aurais su dire si l'art de la nature jaillissait de la somme des beautés intrinsèques de chaque sorte de plantes et d'animaux, ou s'il naissait du fonctionnement harmonieux de l'écosystème : l'interaction bien huilée depuis la nuit des temps des espèces entre elles et avec leur milieu. Pouvait-il sur la Terre y avoir plus belle image du bonheur ? Le mien atteignait ici une sorte d'apogée. Et s'il existe dans le monde des épicentres de félicité, alors cette région en fut un pour moi. Plus tard et à plusieurs reprises, en d'autres lieux, j'eus la chance de ressentir à nouveau cette sensation magique, indescriptible, quand l'être tout entier fait corps avec l'unité du vivant.

La Vina était un ensemble géographique de savanes variées où je n'avais pas décelé de « vide écologique ». Pas une espèce ne semblait faire défaut : les mammifères étaient bien ceux du *Dorst* et *Dandelot*[8] auxquels il fallait s'attendre, et les oiseaux (au moins les plus charismatiques) ceux décrits dans les listes illustrées que j'emportais en permanence avec moi[9]. Bien sûr je n'ignorais pas la violence et la cruauté du monde naturel et ses lois, particulièrement entre prédateurs et proies, mais puisque l'évolution avait donné sa chance et ses armes à chaque espèce vivante, par principe l'injustice en était bannie. Ce monde sauvage évoluait très lentement, au rythme des mutations génétiques et des modifications de l'environnement physique, mais sans phases de décadence, sans révolutions, sans changements brutaux, sans cette fâcheuse habitude propre à *Homo sapiens* de défaire pour refaire. Bref, sans connaître les dérives de la plupart de nos sociétés humaines. Un monde de bêtes, sans bêtise ni bestialité (le mal). Je n'avais pas (ou peu) d'impact sur l'écosystème, mais j'étais sûr que l'écosystème en avait sur moi. Au cœur de ces savanes vallonnées et riche d'un bestiaire du début des âges, je me nourrissais du lait de la création.

---

[8] Auteurs du célèbre « Guide des Grands Mammifères d'Afrique ». Ed. Delachaux et Niestlé (1972).

[9] L'excellent « Guide des Oiseaux de l'Ouest Africain » de Serle et Morel, n'existait pas encore.

Oh, j'aurais bien aimé continuer à me nourrir ainsi ! Malheureusement, et sur cette question on m'avait prévenu : chasser m'incombait non pas pour mon plaisir (ce n'était sûrement pas là que je serais allé le chercher !), mais pour subvenir aux besoins de mon équipe. La première antilope que, contraint et forcé, je mis à mon « tableau de chasse » (quelle horrible expression !) fut une désastreuse initiative : une femelle d'antilope-cheval, gestante par-dessus le marché ! Inexpérimenté, tir trop distant, j'avais pris l'animal pour un mâle. La première balle la toucha mortellement, sans être décisive. Je m'approchai en tremblant de la malheureuse bête qui respirait encore, couchée sur un flanc, et dont les magnifiques yeux sombres et humides, d'une douceur infinie, m'interrogeaient dans leur innocence. Je me souviens avoir pleuré en abrégeant son agonie d'une balle dans le cou. Écœuré, je posai mon arme, me recroquevillai et invoquai les esprits animaux de bien vouloir me pardonner cette… boucherie.

Mais ce qui arriva dans l'instant qui suivit atténua ma peine et je compris la portée de mon acte : comme dans une ruée vers l'or, la meute des porteurs se précipita sur le corps du pauvre animal. Chaque homme y allant de son coutelas, découpant, lacérant la carcasse avec frénésie, dans une curée sanguinolente, aux assauts convulsifs… façonnant la viande en longues lanières, les suspendant sur des arcatures de bois vert, au-dessus d'un feu qui, toute la nuit, les transformerait en biltong. Sans rien laisser, pas même les intérieurs des viscères dont les porteurs, totalement indifférents aux pestilences dégagées, se régalèrent au repas du soir. Ivres de chair comme dans une fête dionysiaque ou plutôt une métempsychose, ce qui après tout n'avait rien de surprenant chez des animistes. *« Rien ne se perd, tout se transforme ! »* disait Lavoisier. Que la chair de mon antilope-cheval prît le chemin des ventres (et des esprits ?) de ces hommes affamés de viande de brousse contribua à me consoler un peu. Qui aurait douté de l'importance du gibier dans l'Afrique rurale après un tel voyage au centre de la viande ! Jamais je n'aurais croisé de regards si remplis de gratitude qu'après ces scènes de chasse qui, mieux que leur paye, garantissaient à ces hommes et à leurs familles des lendemains d'abondance.

Toutes proportions gardées, durant la préhistoire, avant les bouleversements introduits par l'émergence de l'agriculture, les chasseurs-cueilleurs devaient pareillement éprouver de l'admiration pour le meilleur chasseur de la bande, celui qui savait se doter des meilleures armes et se montrer le plus habile à tuer le gibier. Certains durent en profiter pour se donner du pouvoir, bâtir une hiérarchie, puis se faire servir. La politique était peut-être née durant une chasse…

Les semaines, les mois s'écoulaient… sans période

creuse, sauf en pleine saison des pluies et pendant mes crises de paludisme ; Isaac et moi nous nous enfoncions des jours entiers, avec pisteurs et porteurs, dans cette immense et passionnante région sauvage qui, vers l'est, s'étendait jusqu'au Tchad. « *Heureux comme tous ceux qui n'ont rien à mettre sous clé !* »[10], j'avais cette sensation grisante de ne rien posséder sur terre et d'agir à ma guise pour la conservation de la nature, comblé par ce bonheur brut que faisaient naître l'action pure, les risques, la présence permanente de l'inconnu et de l'inattendu. La source vive du plaisir jaillit de l'exploration d'un territoire ignoré ; en marchant derrière mon guide je m'y abreuvais à chaque pas. Aux antipodes des fades aliénations et du matérialisme dérisoire et vaniteux du monde où j'étais né et dont je n'avais encore jamais été aussi longtemps éloigné, je jouissais d'un champ de liberté aussi vaste que l'espace qui m'entourait, assujetti aux seuls rythmes naturels. J'en ressentais une immense joie, un émerveillement primitif, comme lorsque enfant je découvrais les jouets de Noël au pied de la cheminée. Pour la première fois de ma vie je me sentais vraiment ressembler à celui que j'avais voulu devenir. C'était aussi l'occasion rare d'être éloigné du regard des autres et de se découvrir. « Porté disparu » chez mes semblables ne m'aurait pas gêné. Dans ces moments je comprenais la solitude pure d'un Robinson, sa

---

[10] Dostoïevski : *Crime et châtiment.*

consubstantialité avec son île ! Sans attache, l'absence totale de nouvelles et de contacts avaient changé mon rapport au temps. Chaque matin vécu dans la savane était le premier matin du monde...
Délicieux instants qui précèdent le jour, quand la fraîcheur réveille des odeurs sensuelles ; elles montent de la terre où se forgent les racines de la vie. L'exhalaison rustique des grandes pailles sèches pliant sous nos pas alternait avec celle des *combretums* calcinés qui refaisaient leurs feuilles. Elles conservaient les effluves sauvages accrochés aux coulées animales de la nuit comme des moules d'empreintes. Le pisteur ne s'aventurait dans leur épaisseur qu'avec une extrême prudence. Parfois nous disparaissions entièrement dans ce « lac » de hautes herbes, dont ne dépassait que le canon de la carabine que je tenais en bandoulière : *périscope* fendant la surface du paillis ondoyant. Aucun vent. Moment privilégié pour observer à l'affût buffles et antilopes se gorgeant d'herbe et de feuilles vertes.
Un monde de « réel » où il n'y avait rien à croire mais tout à connaître. Presque inhabitée, la Vina s'ouvrait sur l'infini des espaces ignorant leurs propres limites, l'infini des richesses biologiques de la vie sauvage, l'infini des scènes paysagères que renouvelaient la ronde des saisons et les éclairages changeants. Je trouvai dans sa découverte le ressenti inverse de celui qui avait étouffé mon enfance dans le bitume des villes. Exalté par ce monde nouveau, j'avais le goût de tout en apprendre : plantes, mammifères, oiseaux...

Mes carnets de note débordaient d'observations, mais je dus vite opérer des choix tant cette richesse de vie tropicale s'enflait d'espèces multiples. J'apprenais beaucoup des guides et pisteurs qui m'accompagnaient. C'était merveille de les voir suivre les sentes animales, deviner la présence probable d'une espèce inféodée à un habitat particulier, élucider une poignée d'indices mystérieux, reconstituer des scènes de vie, analyser les terriers enfouis du pangolin géant, du porc-épic ou du python de Seba, se prendre au jeu du grand indicateur (ce curieux oiseau mutualiste d'Afrique tropicale) à la recherche de miel sauvage, et mille autres aptitudes que je leur découvrais, dont la faculté de se repérer et de s'orienter n'était pas la moindre. Bien entendu, j'interprétais aussi ce que je voyais, j'échafaudais des hypothèses, tirais des conclusions, photographiais, dressais des cartes, je me forgeais ma propre expérience, mais après tout faisais-je autre chose que traduire dans un langage épistémologique le savoir déductif et empirique de ces hommes nés en brousse et modelés par elle ?

Ces marches quotidiennes dans ces terres riches de vie sauvage accaparaient mon attention et mes sens à longueur de journée, m'empêchant de faire cas de mes états mentaux. En cela, la nature est un puissant générateur d'émotions positives ; son observation permanente libère l'esprit et le nettoie de ses aliénations, avec autant d'efficacité qu'une méditation.

Pourtant, au plus près d'elle les sentiments se

simplifient et s'aiguisent. Comme j'étais seul, je veux dire sur les plans intellectuel et affectif, de temps à autre cette solitude pesait sur mon âme et se transformait en nostalgie. Loin de m'être un crève-cœur, ce monde sauvage ne comblait pas entièrement mon bonheur. Dans l'absolu, trouver une raison probable justifiant une présence féminine dans ce coin perdu de brousse pour envisager de mettre fin à mes transgressions organiques, était infime. Mais des relents de romantisme collégien me collaient à la peau. De temps en temps, vers le milieu des matinées, quand le vent se levait sur la chevelure blonde des hautes graminées et que ses caresses la courbaient en souples ondulations, que je croyais entendre une voix dans ses murmures, je m'imaginais en agréable compagnie avec ma sylphide : un clone de Karen Blixen ou une chercheuse en biologie, en mission elle aussi au fin fond de l'Afrique. Elle était là, accroupie près de moi, absorbée par le spectacle de la vie sauvage, sa peau d'un teint de pêche de vigne, ses beaux yeux remplis d'étonnement, sa poitrine bondissant au rythme des événements qui se présentaient. Je fantasmais sur ce qu'aurait pu être cette pure joie d'une communion de pensée et de sensations, des ravissements partagés dont nous cultiverions plus tard le souvenir à deux : au bord d'une mare, voir un guib à la magnifique pelisse harnachée glissant devant un troupeau de buffles indifférents avant de se couler dans un fourré dense, voir une famille de phacochères trottiner fièrement en file indienne entre des colonnes de termitières, voir un jabiru piocher des batraciens de son bec démesuré parmi l'insouciance d'un attroupement flottant de dendrocygnes se lissant le plumage... Et soudain, victimes de la délicieuse attraction de la gravité charnelle, ne plus rien voir du tout, ne sentir que l'intérieur de l'autre dans un baiser et un accouplement passionnés...

> *« Je fais souvent ce rêve étrange et pénétrant*
> *D'une femme inconnue, et que j'aime, et qui m'aime ».*[11]

Je prenais plaisir à laisser mon imagination recréer cette compagne qui me manquait physiquement et affectivement. J'arrivais à me consoler de ce vagabondage de l'esprit en me convainquant que l'imagination a cet avantage sur les liaisons réelles de ne jamais décevoir.

Je n'avais nulle envie d'exorciser ce désir ; quand il apparaissait, je le laissais doucement m'envahir. Longtemps ma timidité avait contrarié la fluidité de mes relations. Elle m'avait souvent desservie, dans mon environnement social, quand se présentait un potentiel d'affinités réciproques ; j'étais pareil à un animal crépusculaire, me repliant devant l'éclat d'une beauté féminine, les tourmentes de mon

---

[11] Verlaine : *Poèmes saturniens.*

cœur m'éprouvant d'autant plus que ses violentes vagues ne pouvaient s'épancher à l'extérieur. Mais ici, ce n'était plus pareil. Dans ce cadre grandiose d'Afrique intacte, tout se prêtait à une belle aventure amoureuse, à l'accomplissement du nirvana sur Terre. Je sentais confusément que la beauté et la primalité des étendues sauvages de la Vina, le moutonnement des collines recouvertes de forêts claires, la proximité des animaux, la puissance existentielle d'un mode de vie naturel, simple et frugal, avaient ce pouvoir de dissoudre mes blocages psychologiques et d'inhiber toute peur de rencontre. Je sentais que ma nouvelle existence m'aurait donné la force de vivre un amour passionné dans la virginité de ce monde primitif. Une aventure que n'aurait pas dénigrée Rimbaud. Il n'y manquait hélas que… l'objet du désir.

A ce moment de mon existence, ce bonheur partagé aurait été comme une belle cerise sur le gâteau. Pourtant, je l'avoue, j'étais déjà comblé par le gâteau. Car malgré ces moments de frustration, de ma vie je n'avais été plus heureux, plus indépendant, plus libre. Libre, oui, car la liberté ne se décrète pas, elle se sécrète ; elle est la sève que les grands espaces instillent en l'homme. Quand l'occupation humaine se fait trop pressante, que les ressources s'amenuisent, la liberté de chacun se rabougrit, les tensions s'exacerbent, jusqu'à la tentation du pire. Ce sentiment avait pris chez moi une dimension psychique : une sorte de claustrophobie sociale me rendait pénible la présence rapprochée de mes congénères et les foules carrément insupportables.

De la liberté donc, j'avais ce qu'il fallait pour avancer dans mon travail et pour me sentir bien. Goethe disait : *« ce qui nous rend libre, ce n'est point de reconnaître quoi que ce soit au-dessus de nous, mais bien le fait de vénérer ce qui nous est supérieur »*. Ici, c'était la Nature. La nature vue sous l'angle d'une entité intrinsèquement autonome. En l'observant au travers de cette vie sauvage que je découvrais jour après jour, mon respect m'élevait vers elle. Il y avait dans ces étendues sauvages un monde assez vaste pour occuper mes pensées. Nul besoin d'aller chercher ailleurs d'autres vérités, d'échafauder d'autres croyances. La nature se donnait à cette immanence sans retenue et de toutes ses forces créatrices. Je me sentais au cœur de ce système naturel dont chaque jour s'enrichissait de découvertes et de nouvelles énigmes (qui n'en étaient qu'à cause de mon manque de connaissances ; parfois elles se résolvaient dans l'observation, la réflexion ou le savoir empirique des hommes de mon équipe). J'étais ébloui par tant de phénomènes et d'harmonie. Il fallait que la nature fût un sacré chef d'orchestre pour diriger pareille symphonie de tous les sens avec autant de rigueur. Chaque espèce y jouait à sa place, dans sa sphère écologique, et sans fausse note, la partition qui lui était attribuée.

Mes états d'âme s'accordaient bien avec le projet d'établir ici-même une zone de conservation, qui (du moins le croyais-je à l'époque) serait un moyen de pérenniser le vrai et le beau. Que n'ai-je alors tenu un carnet de route pour ne pas oublier les événements précieux dont chaque journée était émaillée ! Par chance, je conserve dans mon grenier, à présent jaunies, grignotées et tachées de pisse de souris, ces vénérables cartes IGN couvertes d'annotations qui m'ont accompagné partout.

La nuit tombe vite sous les tropiques. Sur mon lit de camp tendu dans un coin de brousse et sous un ciel ruisselant d'étoiles je repoussais le sommeil… pour rédiger mes notes à la lumière de ma lampe torche, au bruit des puissantes vagues de cris et de chants sauvages perçant la savane. Avant de rabattre la moustiquaire je sondais une dernière fois la carte IGN pour fixer mon choix sur l'itinéraire du lendemain qui lèverait un nouveau coin de voile sur ma connaissance de la région.

Plus les jours passaient, plus mon travail me passionnait. Je savais maintenant que la préservation de la nature deviendrait mon métier, que j'y consacrerais ma vie. Je louais cette « mission en coopération », grâce à laquelle j'étais en train de tracer ma route parmi la thématique des aires protégées et de la faune. Une double approche m'intéressait : d'une part celle de l'écologue qui évalue les impacts de l'homme sur la nature, d'autre part l'approche territoriale, plus près de la recherche en biologie, qui consiste à identifier et délimiter les écosystèmes remarquables méritant une protection. Un équilibre délicat d'aménagement conservatoire pour que ni l'homme ni la nature ne paye un prix trop élevé au choix qui serait fait.

A force de chasses alimentaires j'avais dû me faire une raison et fini par perdre un peu de mon appréhension. Il est vrai qu'au fil du temps je faisais moins d'erreurs, mon tir était mieux ajusté. Mais tuer un animal ne me procura jamais de plaisir, sauf une fois un très vieux buffle, parce que sa chasse m'obligea à refouler ma peur. Je repensais souvent à la première antilope dont j'avais si lamentablement ôtée la vie. L'effroyable explosion interne de la balle expansive avait broyé ses organes et tué le petit qu'elle portait. Une douleur fulgurante avait dû écraser le monde autour d'elle et tu jusqu'au bruit assourdissant du coup de carabine. Sans doute avait-elle eu le temps de voir ses congénères s'enfuir dans un silence de mort tandis qu'elle s'effondrait sur le flanc, ses longues pattes hachées par une faux démoniaque. Un liquide noir et gluant s'était échappé de ses viscères par le large trou sanguinolent qui perçait son abdomen dans lequel j'imaginai l'herbe ingérée et non encore ruminée se mêler aux entrailles lacérées. Une herbe verte dont quelques instants auparavant, rayonnante de vie sur le sol noir de la savane, elle s'employait à trier les plus beaux brins du bout de ses lèvres luisantes et charnues, en les humant plus qu'en les voyant, afin qu'instinctivement elle et son futur petit en tirent le plus grand profit. La seconde balle avait mis fin à ses souffrances. Une dernière bribe de vie s'était échappée par son beau regard que je vis se figer dans la mort (je devais retrouver ce même regard quarante et un ans plus tard dans les grands yeux noirs de mon chien adoré, un berger pyrénéen catalan, au moment précis où le produit létal du vétérinaire abrégea définitivement les souffrances de son cancer), tandis qu'une ultime convulsion l'avait parcourue ondulant sa belle peau fauve, et que ses pattes arrières s'étaient détendues lentement. Un filet de sang et de bave s'était écoulé d'entre ses babines, humectant la terre, puis tout avait été fini. J'avais supprimé deux vies en une seconde sans d'autre effort qu'un mouvement insensible de mon index droit sur la gâchette de la carabine. Même pas un joule d'énergie ! Moins que de tourner la page d'un livre !

Décidément, j'avais du mal à adhérer au principe et à l'éthique de la chasse, du moins la chasse dite « sportive » (ou de loisir). Pourtant, statistiques à l'appui, il fallait bien reconnaître qu'au Cameroun, les zones cynégétiques étaient plus rémunératrices et socio-économiquement mieux intégrées que les parcs. Bien gérée, une zone de chasse pouvait être une ressource continue sur le long terme, monétaire et protéinique.

Ah, s'il n'avait été question de tuer que les vieux mâles et les bêtes malades, difformes ou estropiées ! Malheureusement la réalité était souvent autre. Au Cameroun, comme dans le reste de l'Afrique, l'éthique ne pèse plus rien face à l'économie et aux besoins alimentaires irrépressibles de populations très pauvres.

Quelle (pré)histoire ! La silhouette d'un chasseur-cueilleur se profile à mes côtés. Il vient des temps d'avant l'agriculture. Il retrouve, là où nous marchons, les mêmes étendues sauvages qui ont pour murs les arbres et pour toit le ciel. Sauf que lui y voit un but ; pour moi ce n'est qu'un moyen. Mais quand je chasse et lorsque ma petite troupe de pisteurs et porteurs s'arrête sous les manguiers ensauvagés, un tamarinier en fruits, ou pour récolter les petites prunes acidulées de brousse, je rejoins par la force des choses les préoccupations de l'homme préhistorique, même si je sais mes sens bien moins affûtés que les siens. Lors de ma première chasse, n'avais-je pas instinctivement demandé pardon à l'esprit de l'animal, comme avaient dû le faire les collecteurs de ces âges reculés et devaient encore le faire les chasseurs animistes ? Pourtant, la carabine, le sac de riz et les boites de sardines conditionnées forgeaient une sacrée différence entre l'excitation et la joie de vivre que je sentais vibrer au plus profond de moi lors de mes longues marches dans la brousse et celles que mon double errant avait dû connaître des milliers d'années en arrière. Je devinais son bonheur au retour d'une chasse ou d'une pêche fructueuse : violent, sauvage, primitif, partagé par toute sa tribu, qui récompensait son intelligence de prédateur, l'efficacité de son organisation sociale et l'acuité de tous ses sens.

Je me disais qu'on avait peut-être définitivement perdu ces émotions-là. Si tel était le cas, fallait-il se réjouir des millénaires de soi-disant *progrès* et *développement* qui avaient suivi l'apparition de l'agriculture et de l'écriture ? N'auraient-ils été qu'un leurre ? D'autant qu'en croyant voir dans le ciel autre chose que son réel, l'homme inventa aussi les dieux et les religions dont la mortification et la Parole surent confisquer l'éternel murmure de la vie et couper le lien primordial et cosmique le conduisant à la jouissance…

La civilisation aurait-elle été une voie sur laquelle l'homme, desservi par son excès « d'intelligence » (en était-ce au bout du compte ?) s'était fourvoyé ? Alors, il y avait matière à s'inquiéter. Contre l'inadaptation d'une espèce, l'évolution dispose d'une arme imparable : l'extinction. A laquelle rien ne prouve encore que l'homme échappera, sauf si les processus d'artificialisation qui l'entourent parviennent à un tel degré de sophistication et de transformation que la sélection naturelle en perde son latin ainsi que le *code* de déclenchement de l'arme fatale ! Une remise en question telle de son immanence que pour la première fois au monde une espèce se placerait hors du processus de l'évolution. Cette question me troublait mais j'étais bien incapable d'y répondre. Et dans un autre registre, plus en rapport avec mon travail, je me demandai si, précédant leur sédentarisation, les groupes d'*Homo sapiens* fourrageant pendant des dizaines de millénaires dans ces savanes africaines avaient pu profondément les modifier ? Auquel cas la faune, la flore et les milieux que je parcourais étaient moins virginaux que je le croyais, issus peut-être d'écosystèmes qu'ils avaient indirectement transformées.

Tombant fort à propos, au loin le vent poussait une ligne de feu qui dévorait devant elle les herbes jaunies de la savane et transformait les arbres en torchères. M'approchant, je vis une quantité inhabituelle d'oiseaux qui s'activait frénétiquement, ne laissant rien des insectes qui fuyaient devant les flammes. Entrèrent dans la danse, rolliers, pies-grièches, gobe-mouches, fauvettes, bulbuls, guêpiers… si excités que rien, ni les humains ni les busards ni les éperviers arrivant en nombre, n'aurait pu les détourner de cette manne inespérée. « Heureux oiseaux tropicaux, pensai-je, qui ne connaissent pas l'hiver et n'ont pas à s'y préparer… ».

Sans les feux de brousse de saison sèche allumés intentionnellement par l'homme depuis la nuit des temps, la flore ligneuse n'inclurait pas autant d'espèces d'arbres et d'arbustes capables de leur résister. De surcroit, qui sait si la biocénose des oiseaux insectivores et des rapaces n'avait pas évolué en interaction avec le feu ? A moins qu'après la révolution agricole des hommes sédentaires eussent vécu ici, y cultivant des plantes et y construisant des villages. Et ces tribus pouvaient avoir coexisté avec des pasteurs nomades ou semi-nomades utilisant le feu comme mode d'amélioration de l'espace. Toutes ces réflexions n'étaient que spéculations, on ne le saurait sans doute jamais car le sol avait réincorporé leurs fragiles vestiges de paille et de terre depuis déjà bien longtemps.

Je me demandais si le passage de la vie nomade à la vie sédentaire avait été pour l'homme un progrès ou... l'illusion d'un progrès. Il avait cru s'affranchir des aléas d'une nature dont il était symbiote, en se lançant à corps perdu dans l'agriculture et l'élevage. En réalité n'avait-ce pas été un chemin sans retour, car en accroissant sa population comme il n'eut cesse de le faire au cours des millénaires suivants, comment aurait-il pu faire machine arrière ? Quant aux civilisations dites « rayonnantes » ou « glorieuses » : Égypte pharaonique, Chine dynastique, royaumes d'Europe, empire napoléonien, Union soviétique, Chine communiste... qui ont *fait* l'Histoire jusqu'au XIXe siècle, n'ont-elles pas été d'abord des machines à broyer les paysans, les ouvriers et les soldats pour la gloire et l'enrichissement de leurs élites dirigeantes ? Malgré l'explosion des savoirs et des expériences accumulés, à l'exception du gratin des ploutocrates, l'immense majorité de la population patauge encore aujourd'hui dans un marécage de difficultés, en prise avec un quotidien la tenant de plus en plus dans ses serres. Le piège s'est refermé sur l'homme pour son plus grand malheur.

Les communautés de chasseurs-cueilleurs n'avaient pu survivre qu'en petites bandes, grâce à une entente solidaire, sur de vastes territoires prodigues en ressources naturelles. Mais après elles, l'homme se fourvoya dans une spirale de développement diabolique. Irréversiblement, il changea ses rapports à la nature et au temps, créant l'angoisse du lendemain, l'obscurité du futur, forgeant simultanément des mythes tels que les dieux, les lois, le pouvoir et l'argent. Sans s'apercevoir qu'il libérait des forces terribles d'oppression, d'asservissement et d'aliénation, car avec le passage de la prédation à la production se fabriquait aussi le rapport maître-esclave. Au cours de mes pérégrinations en Afrique, au Moyen-Orient et en Asie Centrale, j'ai toujours connu les nomades plus heureux que les sédentaires. Tout au moins ceux vivant pleinement libres, sans d'autre contrainte que la variable climatique. De là à penser que nos gènes nous prédisposaient davantage à ce mode de vie…

Ma vie en brousse avait l'inconvénient de s'écouler trop vite. Je n'étais nullement gêné de ne pas voir comme en France l'année scandée par les événements qui la rythment habituellement : anniversaires, jours fériés, tournois, élections, déclaration de revenus… ni de ne rien entendre des « bruits » du monde. Un météore aurait pu heurter la planète, j'en aurais été le dernier informé. Mon tempo de vie épousait naturellement celui de la brousse qui m'entourait : fracas annonciateurs des premières tornades, points d'eau en crue ou à sec, déplacements de la faune, passage des éléphants, départ ou arrivée des oiseaux migrateurs, activités des braconniers, feux de brousse, regain herbeux, brume sèche… Un cycle primitif digne de nos lointains ancêtres. Mais qui possède la force de s'arracher complètement du moule de son éducation ? A Noël je partis le fêter au *Campement du Buffle Noir*, en bordure du parc national de la Bénoué, à l'ouest de ma zone de travail. J'avais rencontré puis sympathisé avec François Lebrun, un ventripotent Breton qui gérait là une dizaine de bungalows simples couverts de chaume, construits sur une berge dominant la rivière Bénoué, et une grande paillotte ovale tenant lieu de restaurant. La renommée de sa cuisine n'était plus à faire. Sa clientèle de chasseurs et de guides de chasse lui permettait de mijoter de fins repas de gibier aux sauces riches en saveurs, pas franchement diététiques, mais tous d'une originalité débordante. Ce qui n'était pas le cas des conversations desdits chasseurs, axées invariablement sur leurs chasses et les mensurations de leurs trophées, unique raison d'être de leur voyage en Afrique. Au menu du Chef de la Bénoué, il n'était pas une viande qui ne trouvât son accommodement dans l'une de ses recettes de cuissots, terrines, civets, rôtis, sautés, ragoûts ou daube. Des plats dont le fumet seul auraient pu faire replonger dans la damnation le révérend *Dom Balaguère*, que le Bon Dieu avait pourtant déjà sévèrement puni pour ses trois messes basses[12] !

Et à Noël, ce n'est pas peu dire, François poussait simplement un peu plus loin son art des venaisons.

Je conservais les massacres des animaux que j'avais chassés dans la cour de ma case à N'dok. Sans trop savoir qu'en faire après en avoir pris les mensurations. Je n'eus pas à me le demander trop longtemps : vers la fin de mon séjour, l'Inspecteur passa par surprise (j'étais en brousse) et ne se priva pas de puiser (pour son compte) dans cette collection hétéroclite les trophées qui selon lui avaient les dimensions requises pour figurer au *Rowland Ward's* des records (notamment un guib harnaché exceptionnel).

Ce flambeau toujours vif d'une Afrique disparue que Flizot portait en lui avait suscité mon admiration, tout autant que le personnage haut en couleurs qu'il était et qui avait impressionné dès le début ma jeunesse malléable. Mais par cet acte, il venait de fêler le piédestal granitique sur lequel je

____

[12] *Lettres de mon moulin.* (A. Daudet, 1869).

l'avais placé. Je surmontai l'irritation que me causait l'inélégance de ce geste, en me convainquant qu'au-delà de la possession de ces trophées, leur témoignage était ce qui comptait réellement pour mon travail et dans l'absolu. Ainsi, j'avais mis en évidence une présence fréquente de vieux adultes dans presque tous les groupes zoologiques, de même qu'une abondance de juvéniles au sein des hardes. Ces indices démontraient le bon équilibre des pyramides des âges parmi les populations animales.

Un parc national fonctionne selon ses propres lois. En principe, nul besoin d'intervenir pour peu que son étendue soit suffisante et ses limites judicieuses. C'est un milieu en équilibre, une sorte de représentation miniature du monde d'avant les hommes. Ici, les lois de la vie jouent à plein : les prédateurs régulent les herbivores qui ainsi ne prélèvent pas plus de matière verte que la végétation n'en produit. Et plus la diversité (végétale, animale, milieux) est élevée, plus la résilience écologique du parc est grande, c'est-à-dire en gros sa capacité à se rétablir en cas de coup dur : braconnage, maladie, incendie… Il y a cependant un *hic* : les éléphants n'ont pas de prédateurs. Herbivores hors norme, leur consommation journalière est telle qu'ils ne peuvent se contenter de territoires exigus. Marcheurs invétérés, pour eux l'espace n'est jamais assez vaste. Leur domaine vital est à l'échelle de leur gigantisme. On ne conserve pas de baleines en *marineland* ! Aussi vaste que soit le parc national Krüger en Afrique du Sud, sa clôture empêche les éléphants de migrer et oblige les gestionnaires à limiter leur population (*elephant cropping*). On en est pas là, le futur parc national de la Vina, s'il voit le jour, aura cette chance de réunir toutes les conditions précédentes, avec la possibilité d'être relié, sans discontinuité de milieux, avec deux autres grands parcs nationaux camerounais : Bénoué et Boubandjidah.

Les zones cynégétiques, elles, sont plus délicates à gérer. Ces territoires de chasse dans lesquels s'effectuent des prélèvements contrôlés de gibier par des chasseurs qui payent une redevance, sont des écoles d'objectivité où l'observation est reine, ainsi que des terrains d'application fine de la science écologique où s'exercent les lois de la dynamique des populations. La gestion des zones de chasse est un travail d'équilibriste. La nature ne triche pas et toute erreur s'y paye par des années de réajustement.

En oubliant vite cet incident, je savais qu'un jour ou l'autre, ces trophées prendraient la route de Chaumont, où Flizot avait sa maison de famille. Une fois, il m'avait parlé du hangar qui abritait sa collection ; il m'avait même invité à venir la voir. Cela ne s'est jamais fait ; de ma vie, je crois bien n'être jamais allé en Haute Marne. Mais je me représentai sans trop de mal la galerie de *bêtes* dans le hangar en question, l'arche zoologique qu'il pouvait avoir rempli au cours d'une vie comme la sienne. Une panoplie complète de la faune d'Afrique centrale, figée à jamais dans les postures de la taxidermie. Sans doute une manière de se retirer en emportant son monde avec lui, tel un Noé des temps modernes ou un pharaon des savanes.

J'ignorais presque tout des mécanismes profonds à l'œuvre au cœur des systèmes naturels, ce qui ne m'empêchait pas d'admirer leur prodigieuse autonomie à partir des seuls apports d'air, d'eau, de soleil et de terre. Au bout de quelques mois d'apprentissage j'avais acquis quelques rudiments du *langage* de la savane. J'identifiais la plupart des arbres à leur silhouette, je pouvais mettre un nom sur les plantes préférées des herbivores, reconnaître les oiseaux communs ; il m'arrivait parfois d'anticiper le comportement des animaux, démasquer le type de faune côtoyant un milieu particulier. Si l'informatique avait existé à cette époque, j'aurais pu dire que sans rien comprendre aux rouages de l'ordinateur, j'étais en mesure d'utiliser les bases de son logiciel d'exploitation.

Puis il arriva un événement que je n'oublierai pas. Comme ce matin-là j'étais en panne de Land, Isaac me prêta sa mobylette pour effectuer les trente kilomètres de la (mauvaise) piste abandonnée qui séparait mon campement de la Vina. J'avais prévu de rentrer dans la soirée.
Rivière sauvage et bondissante parmi les blocs de granite qu'elle avait mis à nu et polis, la Vina avait

aussi intercalé des cordons de gros arbres entre elle et la savane. Épais par endroit, ils prenaient des airs de galerie forestière pareille à celles que l'on trouvait généralement plus au sud. Je m'étais dissimulé sous la frondaison d'un karité sans âge, entre ses racines qui rappelaient les pattes d'une araignée géante coincée sous les rochers. Parait-il que le *capitaine* a bonne vue ! C'était tout ce que je savais de lui, n'en ayant encore jamais pêché (certains spécimens atteignent de très grosses tailles[13]). Dans le profond trou d'eau où je lançai une grosse cuillère bariolée de rouge, un monstre ne tarda pas à la happer. Je n'entrevis que fugitivement son dos argenté, avant qu'il ne sonde. Puis ce fut une lutte des profondeurs qui s'éternisa pendant un très long moment et eut l'infortune de se terminer brutalement par la rupture du fil nylon (pourtant de belle grosseur) de mon moulinet. Dépité, je n'avais pas vu le temps passer, mettant au second plan de mon attention ce moment précieux, quand le soleil incendie les facettes micacées des roches.

Mais la *mob* d'Isaac refusa de repartir. Fâché avec la mécanique depuis ces temps éloignés où mon père n'avait pas eu la patience de me l'apprendre, ni moi l'envie suffisante de m'y intéresser, je n'avais plus qu'à attendre le matin, blotti dans un creux de rocher au bord de la rivière. J'avais au moins son eau à boire (sans être tout à fait sûr

---

[13] Le *capitaine* ou perche du Nil : *Lates niloticus*.

qu'elle fût sans danger), mais je réalisai mon insouciance, mon imprudence. Croyant naïvement à un simple aller-retour, j'étais parti stupidement sans rien apporter d'autres que mon lancer de pêche et ma gourde. Pas même une machette ni de comprimés d'hydroclonazone, ces minuscules et pourtant salutaires pilules capables de désinfecter n'importe quel liquide, de vous rendre buvable un pipi de girafe.

Je me disais qu'en partant le lendemain à l'aube je pourrais rejoindre N'dok dans la soirée. Mais périlleuse entreprise que de marcher aussi longtemps sans boire ! En saison sèche ! Sans points d'eau sur le trajet, ni lianes à eau comme dans une forêt équatoriale où elles regorgent. Si des plantes équivalentes existaient par ici, en savane ou dans les galeries forestières, je n'avais pas encore appris à les reconnaître. De plus, sans machette… autant couper un caïlcédrat avec un canif !
Comme pour rappeler qu'il régnait, dès le soleil couché un lion se mit à rugir dans le lointain. La puissance de son cri ne laissait planer aucun doute sur son droit de propriété qu'aucun litige ne devait entacher. A tout seigneur, tout honneur : la savane se tut d'un coup, jusqu'aux bruissements et crissements des insectes crépusculaires. Quant à moi, je craignais bien plus les panthères, ces reines silencieuses de l'obscurité. Souples sur leurs pattes aux coussinets feutrés, se jouant de l'injonction léonine, elles aimaient marauder à la nuit tombante

le long des rives boisées et noires des cours d'eau, pareilles à celles où je me tenais. Ces félins atteignaient des tailles particulièrement imposantes dans la région. Ma canne à pêche n'était pas étudiée pour les repousser, de plus je ne me connaissais aucune disposition de dompteur de fauves.

La lune était déjà haute, on pouvait l'apercevoir découpée dans les feuillages sombres surplombant la rivière. Inquiet, je n'arrivais pas à m'endormir, partagé entre deux attitudes contradictoires : me blottir sans bouger ou bien m'agiter pour indiquer d'assez loin ma présence aux fauves rôdant dans les parages.

Puis un phénomène bizarre se produisit, je ressentis une étrange perception qui chassa ma peur. Une sensation diffuse, passage d'ondes ou de vibrations, ou nouvelle sève qui percolait et se propageait en moi, une force nouvelle semblant venir du plus profond de ces amas inextricables de roches, de racines et de halliers, dont l'alignement désordonné formait le lit chaotique et sauvage de la Vina. Comme si mon corps s'était inscrit dans la pleine naturalité du lieu et que sa matrice me traversait… J'en composais une excroissance nouvelle, tous mes sens aiguisés, comme un animal à l'affût. La crainte de me sentir proie avait disparu...

C'est alors qu'un événement imprévu me sortit de cet état étrange, de cette métamorphose qui n'avait peut-être été qu'une illusion. Un bruit diffus, qui me semblait être celui d'un moteur… oui, c'en était un. Mon cœur se mit à bondir dans ma poitrine et en un instant, je me sentis redevenir vulnérable…

À des lieues à la ronde de mon campement il n'existait aucun autre engin motorisé en-dehors de ma Land et la mob d'Isaac, en panne toutes les deux. Était-ce des braconniers ? Dans la région je n'avais jamais entendu parler de braconnage motorisé. Ou pire, des soldats en vadrouille venus braconner sur la Vina ? Possible, mais étonnant vu l'éloignement de ce coin perdu. D'ailleurs, le pont était effondré et au-delà de la rivière, la piste du Sud vers N'gaoundéré disparaissait sous la végétation, abandonnée depuis belle lurette. Quoi qu'il en soit, j'étais sans arme, mieux valait faire profil bas. Et surtout cacher la mobylette que j'avais laissée trop en vue au bord de la piste.
J'avalai les dernières gouttes d'eau de ma gourde, puis allai me dissimuler, attendant que la menace se précise. Quelques minutes d'angoisse qui aiguisèrent ma curiosité. Au bruit émis, ce devait être un puissant véhicule. Dans la clarté lunaire, au dernier virage je le vis enfin débouler… C'était un gros et étonnant 4x4 réformé de l'armée qui avançait en cahotant lourdement, sans phares, du genre Dodge, un véhicule increvable de la dernière guerre. Deux ombres occupaient les places avant décapotées. Soudain, j'entendis crier mon nom. C'était la voix d'Isaac…

La nuit était bien entamée quand nous arrivâmes à

N'dok. Il avait fallu un chauffeur hors pair pour avaler ainsi les soixante kilomètres (aller-retour) de cette piste défoncée, en roulant à la seule clarté de la demi-lune. Nous étions en train de décharger devant sa case la mobylette d'Isaac, quand je vis approcher les deux chasseurs qui avaient généreusement envoyé leur véhicule à ma rencontre. Ils s'excusèrent d'avoir installé tentes et équipement si près de mon campement, mais ils s'étaient conformés au conseil d'Isaac. A Garoua, Flizot leur avait fait l'éloge de la zone et parlé de ma présence, ce qui expliquait en partie leur venue ici. Dès leur arrivée, le garde leur avait fait part de son inquiétude de ne pas me voir de retour. Plus tard, il me confiera que les deux hommes n'avaient pas hésité un seul instant pour missionner leur chauffeur à ma recherche.

De prime abord, leur présence m'avait contrarié : je trouvais cette initiative personnelle de l'Inspecteur quelque peu osée au regard de ma mission (inachevée) de reconnaissance. J'y voyais là (peut-être à tort) un rappel indirect de Flizot que la chasse devait primer sur la protection stricte. Et je crois que j'aurais grommelé mon désaccord aux chasseurs, si je n'avais pas su juger à sa juste valeur le service qu'ils venaient de me rendre.

Nous fîmes les présentations et parlâmes le restant de la nuit. Leur conversation me plut. Ils me parurent atypiques, la chasse était pour eux moins objet que prétexte. Recherche d'émotions, approche de la grande faune, voila en somme ce qui les motivait. Nous parlâmes avec d'autant plus de faconde qu'ils avaient débouché deux bouteilles de champagne *Dom Pérignon 1964*, dont je remarquai une caisse entière entreposée près de leur tente. En toutes circonstances, ils m'avaient dit préférer le champagne à l'eau. Je m'aperçus les jours suivants que ce n'était pas une galéjade. De ma vie je ne connus d'autres chasseurs s'en allant à la chasse non la fleur au fusil, mais le champagne en gourde ! Un champagne millésimé, pourtant tiède ! Ces bienveillantes personnes avaient même pris la délicate précaution de garder mon dîner en réserve, se doutant bien que j'allais revenir avec une faim léonine. Quelle prévenance ! Et quel dîner : un plat de rognons d'éland de Derby (un grand mâle abattu le matin-même et dont la viande avait pu rassasier le petit village - les plus gros spécimens atteignent 900 kg !), magnifiquement sautés au champagne sur un réchaud à gaz par leur cuisinier camerounais à la toque d'un blanc immaculé, servi je vous prie au tréfonds de la brousse à 3 heures du matin !

A côté de l'éland de Derby, ces deux parisiens passionnés de chasse africaine avaient aussi inscrit sur leur permis un éléphant. Pas n'importe lequel. Ce serait un beau porteur ou rien. Ils s'étaient promis de n'en tuer qu'un seul dans leur vie[14]. Ils insistèrent pour que je les accompagne. Je leur

---

[14] En ce temps-là, l'éléphant était une espèce chassable au Cameroun, et ses populations nullement menacées.

devais bien ça, même si la chasse d'un mammifère aussi extraordinaire me dérangeait dans son principe. Mais c'était vrai aussi qu'ils m'offraient l'occasion inespérée d'en vivre la pratique. J'acceptais donc. Je leur avais proposé un secteur situé au nord de mon domaine d'investigation, le long du mayo Rey, pas très loin de la bordure sud du parc national de Boubandjidah. Le pisteur qui allait nous conduire devait être métissé de Fulbé Bororo, car il en avait le type sémitique. Ces semi nomades, infatigables marcheurs, se montraient d'excellents pisteurs. Long et décharné, l'homme était sans âge, sa peau marquée de profonds sillons, avec des genoux et des coudes calleux d'aspect pachydermique. Il était couvert de grigris. Sa tunique dépenaillée et son bonnet incrusté des couleurs de la brousse semblaient soudés à sa peau. Je m'en veux terriblement d'avoir oublié son nom, mais le visage et l'allure de ce pisteur exceptionnel sont imprégnés à jamais dans ma mémoire, de même que les événements que cette journée nous réservait !

Des émotions, les chasseurs allaient en avoir au-delà de ce qu'ils auraient pu imaginer…

On quitta le village un peu avant l'aube. Quand le jour se leva la brume sèche envahissait tout, effaçant les couleurs et plaquant un gris diaphane et soyeux sur toutes les silhouettes de la brousse. L'homme y glissait avec une facilité déconcertante, comme s'il en connaissait les moindres recoins, ses arcanes les mieux cachés. Il lisait les signes des passages d'animaux sans un brin d'hésitation, un domaine dans lequel j'avais encore beaucoup à apprendre, mais c'était sans espoir car face à un tel niveau d'imprégnation l'« apprentissage » ne veut plus dire grand-chose. Il exprimait là un don inné des hommes de la brousse. J'aimais le regarder, autant que les traces qu'il nous désignait de ses longs doigts de momie. Il avançait par grandes enjambées balancées et prudentes, comme un sombre échassier ou un grand calao d'Abyssinie. D'ailleurs, je n'aurais pas été étonné qu'il pratiquât cette chasse traditionnelle dite de « l'homme-calao » : quand le chasseur, camouflé de noir, un bec de calao fixé au front avec un gros élastique, imite par ruse le grand et lourd oiseau en train de picorer et peut s'approcher, l'arc bandé, au plus près de l'antilope.

Infuse ou non, la science n'a jamais fait de miracles et c'est seulement en milieu de matinée, tandis que nous approchions du découragement, que le pisteur trouva enfin des traces fraîches d'éléphants. Un peu plus loin, des crottins encore fumants, fleuris par des essaims de papillons multicolores, confirmaient leur passage dans la nuit. La taille des empreintes laissaient augurer de gros mâles. Je les imaginai devant nous, sous la conduite d'une femelle expérimentée, avançant en silence sur le sol craquelé. Tout s'annonçait pour le mieux, sauf que… cette harde de quatre ou cinq bêtes marchait au moins aussi vite que nous, sans laisser aux chasseurs le moindre indice présageant de longues pointes ; habituellement, lorsque les éléphants franchissent des remblais ou des fossés un peu raides, leurs défenses impriment des sillons dans la terre, ce qui n'était pas le cas ici.

Avec ce temps brumeux, je ne pouvais pas distinguer la position du soleil, ni me repérer. Ses rayons diffractaient dans tous les sens, comme au travers d'une feuille de feldspath. Il n'aurait servi à rien de poursuivre les éléphants à ce train. A la mi-journée, recrus de fatigue, désappointés (c'est le cas de le dire), nous décidâmes de nous arrêter pour avaler quelque chose et penser au retour. Dans le feu de l'action, nous avions oublié que notre marche, ininterrompue et rapide, s'était faite sans cesse dans la direction opposée au village. C'eût été suicidaire de continuer avec nos gourdes déjà bien entamées (cette fois, les chasseurs y avaient mis de l'eau, s'étant délestés de leur caisse de champagne à N'dok !). La région ne montrait aucun signe d'humidité et mes pilules de désinfectant chloré étaient devenues de ce fait parfaitement inutiles. En nous embarquant si loin, le guide avait-il cru que notre résistance envers la soif égalerait la sienne ?

Nous ouvrîmes chacun une boîte de sardines, dans un silence déconfit... Je me souviens, ce fut à ce moment-là que quelque chose attira l'attention du pisteur. Comme tous les hommes de la brousse, il devait posséder cette extrême sensibilité aux choses de la nature, ce qu'on appelle un sixième sens, qui lui en faisait percevoir les plus fins signaux. Je le vis se figer dans une angoisse confuse qui dura une longue minute puis, sans cesser de regarder devant lui, il tendit lentement son doigt dans la direction où, invisiblement… il se passait quelque chose. « Invisiblement », car le regard ne pouvait guère pénétrer plus loin que l'avant-plan d'un rideau dense de jeunes arbres. Sur le qui-vive, les deux chasseurs allèrent prestement saisir leur grosse 458 Magnum, enclenchèrent chacu une balle blindée dans le canon et posèrent un genou à terre, se tenant tout près du guide. Ils épaulèrent et pointèrent leur arme dans la direction qu'il indiquait, dans l'attente de quelque chose impossible à deviner et qu'il était le seul à avoir détectée. Derrière eux, debout, je tenais prête la caméra qu'ils m'avaient confiée. Puis le bruit devint net… s'intensifiant de seconde en seconde… un bruit sourd de roulement grave et de craquements. Le sol vibrait… Une angoisse soudaine me noua le ventre, sans doute la prise de conscience d'un phénomène qui me dépassait, échappait à ma raison. Il eût fallu un haut degré de perception extra-sensorielle pour en deviner l'origine.

Tout à coup, l'inconcevable se produisit : la brousse s'ouvrit littéralement devant nous, le sol trembla, l'écran des arbres vola en éclat, et l'on vit quatre énormes éléphants en jaillir ! Affolés ils couraient droit devant eux, donc vers nous, les trompes balayant les obstacles, les puissantes têtes se balançant de tous côtés, ouvrant le boisement sur la largeur d'une avenue…

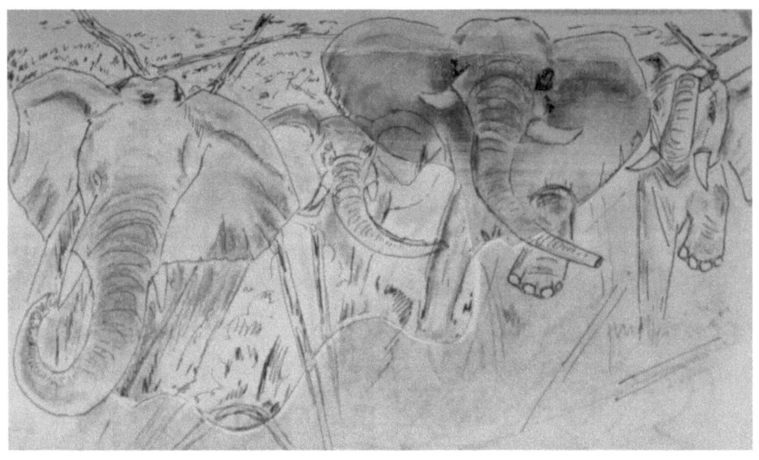

Quatre mastodontes côte à côte, bousculant, tordant ou cassant les arbres qu'ils faisaient gicler au-dessus d'eux comme de simples brindilles.
Vision terrifiante ! Effrayante déferlante grise prête à nous submerger…
A l'approche de ce tsunami sur pattes, je pensai une fraction de seconde à me ratatiner en boule sur le sol comme un pangolin affrontant le danger, mais un réflexe me fit rester debout et immobile ; autant voir la menace en face que l'attendre couché au sol. Par ailleurs, même si j'avais eu la cuirasse écaillée du pangolin ou les épines de l'athérure, je ne suis pas sûr qu'elles auraient suffi à me protéger contre un piétinement de plusieurs tonnes.
C'est à la seconde précise où je sentis les chasseurs prêts à tirer que les énormes bêtes incurvèrent leur

trajectoire pour nous éviter. Je crois bien que l'animal de gauche nous frôla à quelques mètres… en nous décochant un barrissement aigu, déchirant. Jamais je n'avais entendu barrir si près de moi. L'énorme et imprévisible vague grise déferla sans ralentir sa course infernale… Les quatre bêtes disparurent aussi soudainement qu'elles avaient surgi, laissant derrière elles une large trouée de savane dévastée, hérissée d'arbres fracassés.

Tremblants et choqués, il nous fallut du temps pour recouvrer nos esprits et notre respiration, que des couleurs reviennent sur nos visages blêmes, tant ces secondes périlleuses avaient été intenses. Une sorte d'ivresse m'avait traversé, dans laquelle le danger et le plaisir s'étaient emmêlés, qui n'avait curieusement laissé de place ni à la peur ni à une véritable crainte pour sa vie.

Au bout d'un moment d'hébétude commune, le pisteur prit tour à tour les mains des chasseurs et les regarda dans les yeux en se fendant d'un large sourire édenté. C'était sa façon à lui de leur témoigner sa reconnaissance. Ils avaient su garder leur sang-froid, rester immobiles, et s'étaient abstenus de tirer. Il est vrai que tout s'était joué en une seconde. Si les éléphants n'avaient pas incurvé leur course au moment ultime, ils auraient tiré. Que serait-il arrivé ? Au mieux (pour nous), deux d'entre eux se seraient effondrés à nos pieds, mais comment auraient réagi les deux autres rendus furieux par les déflagrations ? Réarmer dans l'instant était impossible aux chasseurs. Il valait mieux ne pas y penser. Un drame avait été évité de justesse.

Quelle était la cause de cet affolement inhabituel ? Car d'évidence les pauvres bêtes fuyaient éperdument, dans notre direction, sans l'intention de nous charger. Nous étions sur leur trajectoire, voilà tout ! Alors comment expliquer un tel comportement ? Selon le pisteur, il s'agissait bien de ces mêmes éléphants que nous traquions depuis le matin. Le vent avait dû tourner, leur apportant notre odeur. Nous sachant derrière eux, leur marche s'était faite plus rapide qu'à l'accoutumé. En cherchant à nous fuir, peut-être avaient-ils rencontré sur leur chemin un autre péril. Des braconniers ?

Quoi qu'il en soit, à un moment donné ils se sont sentis pris en tenailles et se croyant en danger ont brusquement fait demi-tour pour revenir sur leurs pas. En dépit de leur taille les quatre mâles ne portaient que de courtes pointes d'ivoire, bien en-deçà de ce que les deux chasseurs étaient venus chercher au Cameroun. C'était là une deuxième raison pour se réjouir qu'ils n'aient pas tiré. J'en ressentais une sorte d'apaisement, sans doute parce que le remord d'avoir stupidement ôté la vie à cette antilope et au petit qu'elle portait, était toujours vif en moi. Le choc émotionnel de ces brefs instants m'avait tant roidi que j'avais été incapable de placer mon œil derrière l'objectif de la caméra. Ceci me valut, pendant que nos nerfs se relâchaient, quelques quolibets ironiques de mes amis. « Sans doute ne suis-je pas de cette trempe d'hommes qui filment l'avalanche ou le tsunami qui va les emporter ! » leur répondis-je.

Il est plus que temps de rebrousser chemin. Dans la direction – sans doute plus directe - que prend le guide, on ne trouve plus comme à l'aller ce passage aplani, imprimé dans la terre par les énormes soles des éléphants que nous suivions le matin. Le sol craquelé, boursouflé, grêlé de termitières de toutes tailles, convulse nos chevilles et transforme notre marche en calvaire. Par moment, j'envie le Foulbé aux énormes pieds caparaçonnés par la corne de toute une vie qui épousent les déformations du terrain bien mieux que nos chaussures d'Occidentaux. Il avance sans porter d'autres objets que ses nombreuses amulettes et sa lance posée dans le creux prononcé des épaules et de son cou malingre, pour y suspendre ses longs bras décharnés. Il avance, tout entier courbé vers l'avant, las de résister à son géotropisme, comme s'il voulait rapprocher ses yeux de la terre familière d'où il a toujours puisé son savoir. Car ce pisteur est capable d'interpréter bien des signes du vivant ; les empreintes des éléphants ne sont pas les seules qu'il voie et qu'il date ; il en rencontre bien d'autres que nous ne soupçonnons même pas. Je suis presque sûr qu'il les devine dans les postures qui étaient les leurs au moment précis de leur passage ; comme si son présent allait à la rencontre de leur passé, comme si son monde s'enrichissait d'une dimension sensible, dans laquelle il retrouvait et croisait le passé de tous ces animaux…

Au fur et à mesure que le temps passe et que nous usons nos dernières forces, notre soif devient accablante. Il faut pourtant conserver un peu d'eau en fond de gourde, car nous sommes encore très loin du village. Par chance (c'est un avantage de la brume sèche), il ne fait pas trop chaud. Nous suivons tant bien que mal le pas rapide du pisteur. Il scrute la brousse et le sol dont aucun signe ne lui parait inconnu. Pas une fois il n'hésite sur la direction à prendre, aussi à l'aise dans cette savane qu'un paysan sur son lopin de terre. Depuis notre départ, je ne l'ai pas vu avaler une seule goutte d'eau.

J'ai fini par prendre cette région inhospitalière en grippe. Cette savane est bien différente de celle de N'dok, plus inhospitalière, uniforme, plate et surtout plus sèche. Elle est densément boisée de combrétacés aux troncs noircis, rachitiques et contorsionnés, mais les grands arbres font curieusement défaut et les graminées sont éparses, comme si la terre était soucieuse de garder pour elle seule ses ressources nutritives.

Au moins cette marche douloureuse s'effectue-t-elle avec une détermination rassurante, celle de notre guide, qui avance d'un pas décidé quels que soient les obstacles. Soudain, dans un bas-fond de gaulis denses, hautes graminées d'un jaune rance, champs de termitières et ravines anguleuses, je mets le pied sur une vipère cornue que les pailles et mon esprit engourdi ont caché à ma vigilance. Par chance, la grosse *Bitis ariétans,* lovée dans l'indolence ne réagit pas à l'agression, sans doute du fait de ses mœurs nocturnes et de l'air trop frais pour elle. J'imagine avec effroi ses deux centimètres de crochets effilés et venimeux se jouant de la toile de mes *pataugas* pour se planter dans mon pied… Sans sérum de l'Institut pasteur (dont la conservation exige du froid), il m'aurait fallu compter sur les éventuels talents d'herboriste de notre pisteur et un fort effet placebo !

Je repense à la charge des éléphants et à cette effrayante déferlante grise prête à nous submerger. Un danger mortel nous avait frôlés. Pourtant, quel risque y avait-il à suivre des éléphants à la trace ? Il était si faible que nous l'avions pris d'instinct sans même le calculer, nous sachant guidés par un pisteur aguerri et sous la protection des puissantes armes des chasseurs. Mais l'événement inattendu qui s'était produit avait modifié la règle du jeu et placé le risque sur un autre terrain. Étant donné qu'aucun de nous n'avait paniqué, cela signifiait qu'en une seconde nous venions tous de choisir implicitement de courir le risque de ce qui pouvait se passer. Avec sa part de calcul situé dans ce court espace de temps : tirer, c'était éliminer la moitié du danger d'être écrasé ; ne pas tirer, c'était en éliminer l'autre moitié. Dans les deux cas, une chance sur deux. Alors autant laisser la vie aux éléphants. Les chasseurs avaient fait le bon choix.

La chasse est finie depuis longtemps. Personne ne parle, chacun concentré sur ses pas, à mobiliser ses dernières forces pour suivre la foulée du guide et parvenir jusqu'au village. Pas plus que boire je ne l'ai vu prier de la journée. Plus animiste que musulman, sans doute qu'au moment de la charge des éléphants il a préféré serrer l'un de ses talismans plutôt qu'invoquer Allah. Dans cette immense brousse où les forces visibles et invisibles de la nature s'imposent aux sociétés traditionnelles, peut-être est-il l'héritier d'une herméneutique qui lui en révèle les mystères.

Le soir tombe tandis que nous progressons toujours, pareils à des mécaniques à la limite de la rupture, faisant appel à nos ressources ultimes. Les chasseurs, lestés par leur cartouchière, portent leur lourde carabine comme une croix… Déontologie cynégétique oblige ! Rompu depuis plusieurs mois à des marches en brousse quasi-quotidiennes, jamais pourtant je n'avais encore parcouru une telle distance d'une seule traite, une marche où le plaisir s'efface devant l'effort. Sensation désagréable de ravaler une salive amère. Au début, ce sont les pieds et les chevilles qui enflent, puis un feu intérieur vous brûle les mollets et les cuisses, enfin on finit par ne plus rien sentir du tout, comme si votre corps vous échappait. A part la courte halte du milieu de journée, nous n'avons pas cessé de marcher depuis l'aube. Ces tourments me persuadent d'idées paradoxales : plus nous repoussons la frontière de notre nature, moins sont nombreux les hommes qui s'en serons rapprochés. Pourtant, je ne prétends nullement avoir abordé un improbable « *rivage des Syrtes* » ; mais peut-être venais-je de pénétrer des territoires inexplorés du corps, qu'une vie sans doute trop aisée rétrécissant le champ des possibles m'avait jusque-là dissimulés. Dois-je prendre comme une chance d'expérimenter la soif et la fatigue du corps et de l'esprit poussés à ses extrémités ? Alors je suis en train de vivre une journée exceptionnelle, pas de quoi se plaindre ! Je me force à bien retenir : la terre qui tremble et tambourine, la fausse charge des éléphants, le goût de la salive amère, les muscles tétanisés, l'envie de dormir en marchant… Expérience rare de situations physiques extrêmes qui ne se renouvelleront peut-être jamais plus. Mon esprit travaille à vide : des pensées me viennent dans le désordre, incohérentes, saccadées, comme dans les rêves les plus flous…

20 heures : dernières gouttes d'eau de ma gourde...
21 heures : gourde et tête vides, drogué de fatigue, la hargne me force à avancer… 22 heures… le village, enfin… dans le noir complet, à part quelques modestes lampes à pétrole, à même le sol poussiéreux des cases. La face de mes amis est devenue livide, dépourvue d'expression, avec des airs de spectres. Je crains pour leur santé, garderont-ils des séquelles ? Devant la case où le cuisinier et le chauffeur les attendent depuis des heures, leur prodiguant de chaudes paroles de

bienvenue, ils ne pensent ni à s'asseoir ni à boire. Sans pouvoir articuler le moindre mot, ce sont deux hommes à bout de force, hébétés, qu'il faut abreuver, déchausser, allonger. Cette nuit-là, un cauchemar récurrent me hante. « Élé-*fantasme* » onirique ? La vision des quatre énormes bêtes de trois mètres au garrot, lancées à pleine vitesse sur nous, passe et repasse en boucle dans ma tête. De terrifiants cornacs masqués les dirigent comme des machines de guerre : éléphants du roi Poros fonçant sur les soldats d'Alexandre à la bataille de l'Hydaspe…

Cette épreuve de forçat nous avait épuisés physiquement. Au moment des faits j'avais vingt-quatre ans et j'étais assez bien rôdé aux marches en brousse. Mais les deux chasseurs, eux, atteignaient la quarantaine et arrivaient de Paris, sans entraînement particulier. Ils payèrent donc plus chèrement que moi cette folle randonnée, en restant cloués deux jours entiers sur leur lit de camp, fiévreux, les muscles tétanisés. Quant au vieux pisteur, lui, il ne se priva pas de passer nous voir le lendemain de l'équipée, tout sourire, fringant comme un gardon (du Logone), dans sa tenue inamovible, sorte de djellaba grise et poisseuse. Plein d'optimisme, il venait s'enquérir de nos projets, savoir quand nous comptions repartir à la chasse ? Un phénomène ! Ce qui avait été une dure épreuve pour nous n'avait été qu'une simple mise en jambe pour lui. Pourtant, j'avais estimé sur ma carte que nous avions parcouru près de… 70 km. Je ne voulais pas y croire. Pourtant un centimètre sur ma carte égalait deux kilomètres sur le terrain et l'itinéraire que j'y avais tracé mesurait au bas mot trente cinq centimètres. Nous avions donc marché quinze heures sur un sol difficile, n'ayant emporté qu'un litre et demi d'eau par personne ! De la folie pure ! Il fallut attendre le troisième jour pour que les jambes encore nouées de mes amis consentissent enfin à les porter. Mais cette fois, il n'était plus question de course en brousse.

Les mois passèrent...

Sur la fin de mon séjour de quatorze mois de coopération survint un autre événement peu banal. Qui changea le cours des choses. Sans lui, je serais peut-être revenu travailler sur la Vina une ou deux années de plus avec un contrat civil de coopérant pour finaliser mon étude. Je ne demandais que ça. Cette belle région me collait à la peau, chaque jour apportant un cortège de joies nouvelles me liant un peu plus à elle.

Cela arriva sur le chemin du retour, après que j'eus définitivement clos mon campement de N'dok, remettant *solennellement* la clé au brave gardien *solennel* du village. Isaac profitait de l'occasion pour m'accompagner à Garoua. C'était un grand détour, mais j'avais décidé de rentrer par la piste du Sud. Abandonnée depuis bien longtemps (d'après les villageois, aucune auto n'était jamais passée par là depuis l'indépendance du pays), l'ancienne piste de la Vina sur laquelle j'étais tombé en panne de mobylette quelques mois plus tôt, conduisait normalement vers le plateau de l'Adamaoua, jusqu'à N'gaoundéré, une soixantaine de kilomètres plus au sud. Je voulais vérifier la possibilité qu'elle pût être réaménagée pour doter le futur parc national d'un accès par le sud. Mais surtout, le moment était venu de déchirer les limbes qui enveloppaient le mystère de sa destination.

Quand nous arrivâmes à la Vina qui, avec son affluent la Djivorké, drainent toute la région que j'avais prospectée, le gué la franchissant (c'était pourtant l'étiage) était encore suffisamment profond pour que l'eau atteignît la moitié de la portière de la Land. En pleine action pour ne pas caler, je ne voulus point songer à la possibilité d'être bloqué à nouveau… près de l'endroit où le *capitaine* m'avait vaincu. Cette fois, on aurait attendu en vain un second *miracle* pour nous dépanner ! Curieusement, sur l'autre rive je vis que le tracé de la piste n'était pas complètement estompé. Plus loin cependant, nombreux étaient les passages où il fallait avancer au pas, Isaac me fut d'un grand secours dans le choix des alternatives. La savane se boisait d'autant plus qu'en se dirigeant vers le sud la pluviométrie augmentait. Intelligemment tracée sur les crêtes, la piste n'avait pas trop souffert de l'érosion du temps. Soudain, nous vîmes des traces de roues de bicyclettes imprimés dans le sol peu avant d'atteindre un assez grand village. Il ne figurait pas sur la carte, malgré de grands manguiers qui trahissaient une présence ancienne.

Encore plus retiré que N'dok, il était entièrement composé de cases traditionnelles : murs d'adobe, toitures coniques en chaume. A première vue il nous parut désert. Étrange sensation que de traverser dans cet océan de savane boisée, un village perdu et sans nom (il ne figurait pas sur la carte), accolé à une piste abandonnée. Je roulais entre les habitations, au pas, scrutant la moindre présence humaine… Les signes de braconnage étaient nombreux, d'après Isaac il s'agissait d'un village Baya. Ils étaient sûrement massivement partis en expédition de chasse, femmes et enfants compris. Soudain nous entendîmes hurler. C'était les cris déchirants d'une femme. Ils provenaient d'une case un peu à l'écart du village.

Nous bondîmes hors de l'auto, Isaac avec son fusil comme pour un assaut où il serait question de capturer des braconniers, puis nous nous projetâmes dans la grande case circulaire d'où provenaient les hurlements…

Mais ce que nous vîmes arrêta net notre ridicule action de *commando* : la jeune fille était allongée sur le sol en terre battue, ses mains ligotées, ses pieds entravés dans un socle en bois traversé de part en part par des fers de lance qui lacéraient ses chevilles au moindre mouvement. La flaque de sang qui stagnait sur la terre battue en témoignait. S'étant mise en même temps à rire et à sangloter, la pauvre fille nous regardait comme des messies. Je restais figé sur place un bon bout de temps, le corps comme ébranlé par un grand saut dans le passé. Mais je n'étais pas dans le passé, ni dans un rêve ni dans un film, cette barbarie était bien actuelle. Je n'arrivais pas à croire qu'on puisse encore infliger de tels sévices, même au plus profond de l'Afrique. Les gestes d'Isaac, précis et efficaces, me remontèrent à la surface du réel. Il avait désentravé la fille à qui il demanda en dialecte local des explications. Maîtrisait-elle mal le dialecte baya ou voulait-elle que je pusse comprendre, elle répondit en français. Délivrée de ses entraves moyenâgeuses, elle se mit debout et s'étira les muscles…, elle était grande et très belle.

Bien que Baya elle-même, originaire de ce village, elle avait vécu le plus souvent en ville. Elle s'était mise à crier en entendant notre véhicule. Elle était emprisonnée là depuis plusieurs jours. Ses parents l'avait mariée à un garçon du village contre son consentement. Je ne m'en étonnais point, elle paraissait du genre émancipée. La vie en ville avait dû lui donner un certain goût de la liberté et des plaisirs, loin de l'aliénation sociétale de ses consœurs des villages de brousse éloignés soumises au poids terrible des traditions, où la femme est réduite au rang d'esclave ménagère, au rôle d'une machine charnelle procréatrice dès l'âge de onze ou douze ans. Seulement voilà, le père du garçon avait déjà versé la dot à ses parents pour ce mariage. Et il entendait donc bien qu'elle cède à son fils. Dans un tel cas (je l'appris plus tard), la coutume lui donnait tous les droits.

Le « vieux » dit-elle, responsable de sa détention, lui apportait chaque jour à boire et à manger, donc il ne devait pas être bien loin. Pourtant nous ne le vîmes pas. S'était-il caché en nous entendant venir ? La fille délivrée, il fallut prendre une décision. Devant ses lamentations et ses souffrances, nous ne pouvions pas l'abandonner à son sort, n'en déplaise aux traditions des Bayas. Il fut décidé que nous l'amènerions à Garoua où nous comptions l'aider à déposer une plainte au Commissariat de Police. Je m'évertuai tant bien que mal à désinfecter et soigner ses plaies aux chevilles, puis elle partit à la case de ses parents rassembler quelques affaires dans un petit sac de couleurs vives.

Notre voyage se poursuivit sans autre aventure notable jusqu'à Ngaoundéré qui était bien la terminaison de la piste, puis le jour d'après vers Garoua par l'excellente route goudronnée fraîchement inaugurée. Nous fîmes comme nous avions convenu de faire avec Isaac et avec l'accord de l'intéressée. Mais une semaine environ après les faits, peu de temps avant mon départ pour la France, Flizot m'informa que le Gouverneur du Nord-Cameroun voulait me rencontrer.

Le Gouverneur me congratula d'abord pour le travail réalisé sur la Vina, puis changea de ton pour me dire que j'avais trempé dans une malheureuse affaire tribale, et que les Bayas ne me le pardonnaient pas. Je sentis à moment donné qu'il ne faisait pas que me répéter ce que le père du garçon éconduit était venu lui rapporter (il avait fait le déplacement à Garoua dans ce but). Représentant la plus haute autorité de l'État dans la province, sans me l'avouer franchement, il était en train de me reprocher d'avoir outrepassé mon rôle. J'en déduisis en mon for intérieur que l'animisme et les us et coutumes avait encore du bon temps devant eux au Cameroun puisque les administrateurs eux-mêmes ne parvenaient pas complètement à s'en dépêtrer. Dans le fil de son « réquisitoire », je compris que si les Bayas pouvaient à la rigueur accepter qu'un « Blanc surveille les animaux sauvages » dans la zone où ils prétendent avoir le droit traditionnel de chasser (mais non le droit officiel), et donc supporter toutes les conséquences de leur « braconnage », le Blanc en question ne pouvait aucunement se permettre de violer le code tribal. En conséquence, les Bayas me jugeaient seul responsable, considérant que mon assistant africain n'avait fait que m'obéir. Il réclamait « réparation », sous une forme dont le Gouverneur ne voulut pas me révéler la teneur, car il me dit avoir replacé son interlocuteur (ouf !) dans la ligne du droit civil camerounais qui condamne non seulement l'acte de se faire justice soi-même, mais aussi et bien entendu la torture. Ces réparations-là étaient donc plutôt illégitimes me dit-il avec une sorte de suffisance, maintenant qu'il m'avait fait passer son message. Je me doutais bien que la police n'allait pas ramener de force la jeune fille à son village, quant à moi je n'avais nullement envie de régler le montant de la dot, ni reconnaître devant les Bayas ou quiconque d'autre que j'avais mal agi.

A en croire le Gouverneur, le vieux Baya l'aurait quitté en proférant des menaces contre moi, et c'était bien là ce qui l'inquiétait. Car les Bayas, outre leur tristement célèbre capacité à braconner tout type de faune par tous les moyens à leur disposition (fusil, piège, empoisonnement des salines et des points d'eau permanents), sont aussi de redoutables professionnels de poisons en tous genres. J'avais eu l'occasion de croiser l'une de leurs victimes dans un dispensaire de brousse (je crois que c'était à Tcholliré). Et ce n'était pas beau à voir ! L'homme était transformé en zombie vivant et tremblant, les muscles raidis, incapable d'articuler la moindre parole, les yeux exorbités, la bouche béante dégoulinante de bave. Combien de temps le pauvre hère resterait-il plongé dans cet état de déchéance profonde, avant que la mort ne le délivre ? Je n'en avais aucune idée. Existait-il seulement un antidote au poison qui lui avait été inoculé ? Si oui, seuls les Bayas en avaient le secret. Le Gouverneur me dit aussi que les Bayas, tels certains chiens de sang, ne lâchaient jamais leur proie ! Ils finiraient tôt ou tard par mettre à exécution leur vengeance. Exagérait-il ? Quoiqu'il en soit, ces paroles me donnèrent froid au dos malgré la chaleur humide qui régnait dans la pièce… Sa conclusion tomba comme un couperet : dans les circonstances actuelles, il ne lui était évidemment plus possible d'envisager que je renouvelle mon contrat de coopérant. Partir le plus tôt possible et ne pas revenir était selon lui ce que j'avais de mieux à faire pour échapper à la vengeance des Bayas.

J'employais les quelques jours qui me restaient à mettre mes nombreuses notes au propre et à rédiger mon rapport de mission que je truffais de cartes et de photos. Confiné dans l'enceinte de l'Inspection des Chasses, je me méfiais machinalement des fenêtres du bureau à claire-voies que Flizot m'avait octroyé. Comme un gosse, j'imaginais qu'un Baya s'insinuait furtivement dans la concession, à l'image du diabolique fakir que Tintin affronte dans *Les Cigares du Pharaon*[15]. Pourrait-il subrepticement m'insuffler dans le cou une aiguille trempée dans un poison vengeur ? Mais les Bayas utilisaient-ils des sarbacanes ? J'en doutais. Alors quel était leur secret ? Comment empoisonnaient-ils leur proie ?
Quelques mois auparavant, un coopérant médecin m'avait raconté (avec une persuasion anxiogène) l'étrange histoire d'expatriés tombés soudainement et mystérieusement très gravement malades (encore Tintin et *Les 7 boules de cristal* qui me revenait à l'esprit, Hergé n'avait rien inventé !).

---

[15] Hergé (Casterman).

« Ils travaillent dans le sud-Cameroun, du côté de Yaoundé ou de Douala. Venus seuls en mission ils ont tôt fait de succomber, en boîte de nuit ou ailleurs, à la beauté des filles Boulou, une ethnie de la forêt tropicale humide. Sans se douter que, plus intéressées qu'amoureuses, ces filles engluent leurs proies comme des araignées dans leur toile. Pour ne pas être victimes de ce que j'appelle le syndrome de *l'abandon précoce non compensé*, c'est-à-dire refuser d'être quittées à la fin de leur séjour après quelques semaines (ou mois) de vie à deux, elles mettent en œuvre un dispositif redoutable dès les premiers jours de leur vie de couple. Au village, la fille Boulou se fait remettre la préparation d'un poison à action différée ainsi que son antidote en même quantité. Le matin elle inocule discrètement à son petit copain le Blanc une dose du poison (en général dans sa nourriture ou sa boisson), et le soir elle lui sert tout aussi discrètement l'antidote. Pour ne pas que la proie ne déchire sa toile, la belle araignée la ponctionne avec tact dans un crescendo habile. Puis, c'est l'habituel défilé des sollicitations : cadeaux (modestes au départ : accessoires, parfums, tenues vestimentaires…), qui montent en gamme au fil du temps (mobylette, voire plus). Tout sauf naïve, la fille sait que son copain (marié ou pas) ne la demandera jamais en mariage. Elle sait qu'il est de passage, que leur union restera éphémère, qu'il profitera d'elle, de son corps, sans jamais s'engager au-delà des rapports charnels. Dans la grande majorité des cas elle ne se trompe pas. Ces filles rétribuent leur famille et leur village d'une partie de l'argent ou des biens qu'elles reçoivent de leurs compagnons. Une économie souterraine en quelque sorte. Mieux vaut alors que le Blanc en ménage avec sa Boulou ne la laisse pas tomber comme une vulgaire chaussette, par exemple en prenant l'avion du retour en catimini ! Sa vengeance se déclencherait automatiquement et la rupture du subtil équilibre 'poison-antidote' ferait sombrer l'ingrat dans la pire des déchéances physiques ».

Le médecin m'informa qu'il avait eu à soigner de jeunes coopérants imprudents qu'on pourrait comparer de nos jours à un stade 3 Alzheimer : une destruction cérébrale irréversible. Mais le plus extraordinaire est que certains n'en sont affectés que bien des jours après leur séparation, quand se croyant tranquilles au fin fond de leurs pénates métropolitaines, une mystérieuse maladie vient d'un coup les frapper. Puissance de la nature, connaissances approfondie et raffinée de la pharmacopée acquises par les peuples forestiers !

Sur une nouvelle carte je traçai avec autant de précisions que possible le futur parc auquel je pensais, entouré de plusieurs zones cynégétiques. Si jamais il voyait le jour, tout y serait à faire : pistes d'accès, postes de contrôle, *boucarous* (magnifiquement situés avec vue panoramique) pour touristes et chasseurs, Puis je notai les résultats de nos innombrables observations fauniques, les pistes de déplacement des éléphants, l'emplacement des points d'eau, des salines, les points de vue, les indices de braconnage, etc. En laissant mon rapport à Flizot, je lui demandai de bien vouloir en remettre une copie à Isaac qui entre temps était reparti à N'dok.

L'année suivante, je revis mes amis chasseurs au domicile de l'un d'eux, à Paris. Autour d'une coupe de *Dom Pérignon*, il va de soi. Ils m'avouèrent que notre odyssée avait été l'une des pires épreuves de leur vie (avec le recul de l'âge, je crois bien que pour moi aussi d'ailleurs). Mais nous parlâmes surtout de l'époustouflante rencontre avec les quatre éléphants affolés, la fulgurance d'un instant qui marquerait nos mémoires à jamais, un moment unique sur lequel l'érosion du temps n'a pas de prise.

Les nouvelles zones de chasse furent créées, concédées à des guides de chasse professionnels agréés, et le braconnage un temps jugulé. Le parc de la Vina, lui, n'a jamais vu le jour. Sur place, il n'y aurait eu que Flizot pour le défendre. Or, il avait atteint l'âge de la retraite et devait quitter définitivement le Cameroun à peine quelques mois après mon départ. Il emportait avec lui les derniers vestiges d'un monde disparu. Dernier *Blanc* à occuper une fonction de cadre administratif dans la fonction publique camerounaise, après son départ son poste fut dissous. Les Eaux et Forêts récupérèrent les Chasses, un directeur camerounais des parcs nationaux fut nommé. Malgré un appel à projet, il n'y eut jamais les fonds nécessaires pour mettre en oeuvre cette aire protégée et le projet tomba aux oubliettes.

Quarante années se sont écoulées. J'allume mon ordinateur. La curiosité m'incite à jeter un œil sur la région qui me valut parmi les plus beaux moments de ma vie. Ce que j'appréhende se vérifie, *Google earth* n'exagère pas : la brousse autour de N'dok a laissé la place à d'immenses champs (certainement du coton), et un peu partout on devine l'implantation de villages pionniers agricoles. N'gaoundéré, jolie bourgade ombragée et fraîche dont les images me reviennent en mémoire, a monstrueusement enflée. Je reste songeur. Ce territoire en pleine transformation n'est qu'un échantillon de ce qui se déroule partout en Afrique noire. L'idée que ce continent, aux ressources naturelles délitées, fragmentées, rapetissées, sous les coups de butoir d'une croissance démographique fulgurante[16], me serre le coeur comme dans un étau. Je pense à la grande faune, à son besoin d'espace. Combien de temps les parcs et les réserves actuels joueront-ils leur rôle face à la soif de terres inextinguible des paysans africains, au braconnage commercial, à l'accaparement de terres par les multinationales, à

---

[16] Surtout en Afrique subsaharienne et centrale où le taux moyen de fécondité des femmes dépasse 5 enfants !

l'extension urbaine ? Ces territoires sont les derniers refuges d'une prodigieuse vie animale, mais je ne suis pas sûr que leurs digues tiennent encore longtemps.

Post-scriptum

Les immensités sauvages du Nord-Cameroun des années 70 ont attiré de nombreux touristes et chasseurs européens. Les premiers venaient y visiter les célèbres parcs nationaux, les seconds participer à des safaris dans les zones cynégétiques périphériques des parcs. C'est à cette époque que, mon diplôme d'ingénieur forestier encore chaud en poche (je ne devins écologue que bien des années après), je me vis offrir un poste de Chargé de mission auprès de l'Inspection des Chasses. A cette époque, la « Coopé » était un substitut possible au service militaire. Je n'ai pas besoin de vous dire que je ne mis pas longtemps pour choisir entre l'aventure au Cameroun et simple troufion à la caserne de Tarascon.

Je me vis confier la responsabilité de prospecter une vaste région méconnue entre la rivière Bénoué et la frontière du Tchad, l'objectif étant d'y créer un nouveau parc national et de nouvelles zones de chasse. Je disposais pour cette mission d'une durée de quatorze mois, de l'assistance d'un garde-chasse local, d'une vieille land-rover et... d'une carabine usée. Je bénéficiais aussi d'un campement de brousse sommaire et de quelques fonds.

Une carabine ! Moi qui de ma vie n'avait jamais tenu une arme ! C'était paraît-il pour ma sécurité (la région étant braconnée), mais également pour procurer de la viande aux porteurs qui m'accompagneraient dans mes prospections. C'était l'usage à l'époque : une part de la rémunération des porteurs et pisteurs se faisait en nature. Les animaux que j'ai dû chasser en ces mois d'exploration pourraient se compter sur les doigts de mes deux mains. Heureusement, pas un seul kilo de viande ne fut perdu. Au-delà de mes employés, leurs familles en ont profité et, cerise sur le gâteau, grâce aux informations de terrain recueillies pendant mes mois de brousse, le braconnage fut un temps affaibli. Les pauvres bêtes que j'ai abattues ne sont donc pas mortes pour rien. Je n'ai jamais repris une arme depuis.

Le lecteur sera probablement choqué par cette chasse à l'éléphant décrite dans mon histoire. J'ai hésité avant d'incorporer ce récit dans mon livre. C'est vrai, j'y étais, même sans arme, en tant qu'accompagnateur, même si aucun éléphant ne fut tué ce jour-là. C'est moi qui avais dirigé les deux chasseurs vers cette zone. Certains m'en feront le reproche. Mais c'était ainsi, à cette époque l'éléphant figurait sur la liste des espèces chassables, le Cameroun était même réputé dans ce domaine. Aurais-je dû refuser de travailler pour une Inspection des Chasses ? Je ne crois pas puisque mon travail fut axé sur la conservation de la nature.

Mais par-delà ces interrogations d'éthique, il y a beaucoup plus grave. Si d'aventure le lecteur partait aujourd'hui en voyage dans cette région, il ne reconnaîtrait plus rien de l'éden faunique décrit dans ce récit. Les villages ont poussé comme les champignons en saison des pluies. Les champs de coton qui s'étendent à perte de vue ont remplacé les savanes arborées et les forêts claires, les troupeaux de zébus ont volé les pâturages disponibles aux éléphants, buffles et antilopes. Les rhinocéros ont été éradiqués. La population humaine a plus que décuplé dans ce pays qui, comme les autres pays subsahariens, a subi et continue de subir des taux de natalité explosifs.

Une page (magnifique) de l'Afrique d'antan s'est tournée.

Mille éléphants,
ça compte énormément

Montpellier, décembre 1985

La vie offre en germe un large éventail d'aventures, mais ce matin-là j'étais loin de me douter que la grande enveloppe de papier kraft qui venait d'arriver au bureau, scellée au cachet de la CEE, contenait la graine de l'une des plus palpitantes qui fut. L'Europe venait de nous *shortlister*[17] pour un projet qui concernait la faune sauvage du Tchad. C'était la première fois que notre bureau d'études était invité à répondre à un appel d'offres international qui cadrait bien avec nos compétences.

« Bureau d'études » ! Le terme prêtait à sourire, appliqué à cette minuscule *s.a.r.l.* qu'un collègue géographe et moi-même avions créée à Montpellier

---

[17] Une présélection de bureaux d'études aptes à répondre à l'appel d'offres.

quelques années auparavant. Une idée qui avait fleuri à mon retour d'Afrique : à peine libéré d'un contrat avec la FAO, je me retrouvai sans travail, quand sa situation à lui n'était guère plus confortable. Optimistes, nous avions jugé le moment favorable pour lancer notre petite entreprise dans le sillage de l'écologie. Moyens limités obligent l'esquif aurait pu paraître frêle, mais notre parcours et notre passion l'avaient empêchée de couler, et surtout, en ce temps-là, l'horizon se trouvait bien dégagé. S'il y avait bien en France quelques associations et institutions publiques s'occupant d'écologie, aucune n'existait dans la sphère privée ! Or, l'écologie était déjà plus qu'une vogue, une *vague* : une vague de fond grossissante et déferlante qui, dans tous les domaines, remettait en suspension les idées de progrès et d'aménagement. Une vraie mutation sociétale qui allait filtrer faits et gestes au vaste crible de la nouvelle culture environnementale. Avec elle, le temps était venu de ne plus tolérer ce qui autrefois laissait indifférent.

– Est-ce qu'une étude sur les mangroves d'Afrique et de Madagascar vous intéresse ? nous avait demandés à brûle-pourpoint, trois ans plus tôt, l'amène chef de l'Unité « Environnement naturel » de la Commission, rencontré fortuitement dans l'un des immenses couloirs du Berlaymont[18]. J'ignore

---

[18] Bâtiment, siège de la CEE à Bruxelles.

pourquoi, cette rencontre me revenait souvent à l'esprit. Il est vrai que telle une rampe de lancement, la proposition avait catapulté mon imagination vers des mondes chauds et lumineux, au plus profond de ces transitions saumâtres et spongieuses, entre terre et mer, où je savais les forêts de palétuviers plonger dans la vase l'entrelacs exubérant de leurs racines-échasses. Flottant parmi ces représentations floues de milieux étranges, où je n'avais jamais enfoncé les pieds, j'avais mis du temps pour lui répondre par l'affirmative, presque en bégayant d'émotion. Nous l'avions suivi dans son bureau pour en apprendre plus, et le rêve s'était réalisé, au-delà de nos espérances. Sa francophilie sincère et la rareté en Europe des structures comme la nôtre, spécialisées en environnement, avaient bien entendu joué en notre faveur. La chance s'octroie toujours une part dans le destin d'une vie. Ce projet mangrove fut la première étude comparative réalisée sur cet écosystème à l'échelle d'un continent. Pendant deux années, il nous fit parcourir les littoraux de vingt pays africains, Madagascar compris et… nous évita la noyade. Grâce à lui, l'écologie pava la voie de notre métier, s'érigea en arbre à pain nourricier.

Le voyage à Bruxelles n'avait pas été inutile...

Le Tchad ? La première surprise passée, des questions affluaient à l'esprit, puisées dans l'actualité récente : pouvait-on encore s'y rendre ?

Et *a fortiori* y travailler ? Car cette année-là, l'immense cœur de l'Afrique centrale saignait par ses plaies béantes. Déjà doublement meurtri par l'épouvantable sècheresse qui avait fait plier l'ensemble du Sahel et une grave épizootie de peste bovine, le Tchad restait empêtré dans une interminable guerre civile et un conflit avec la Lybie. Des nouvelles peu rassurantes dont les médias se faisaient quasi quotidiennement le relais, parlant surtout de cette guerre avec la Libye, parce que la France y était impliquée. Excitée par le sang de ses meurtrissures, la hyène khadafiste s'était mise à déchiqueter le territoire de son voisin méridional, dont la bande d'Aouzou ne faisait déjà plus partie. Ces désastres quasi simultanés dans un pays parmi les plus déshérités au monde n'avaient pas seulement ému la communauté internationale, ils lui avaient donnée mauvaise conscience. Car était-il acceptable en cette fin de XXe siècle que ce genre de calamités naturelles coutumières des strates obscures du passé, frappât encore des régions entières de la Terre, tandis que l'humanité avait en sa possession tous les outils pour relever de tels défis ?

Tchad et Libye étaient donc en guerre. Liée au premier par des accords de coopération, la France avait mis en place l'opération militaire *Epervier* pour contenir les avions de chasse du belliqueux voisin septentrional. Le lunatique et impulsif colonel libyen violait impudemment et régulièrement l'espace aérien du vaste pays d'Afrique centrale, en grande partie désertique comme le sien. Khadafi soutenait Goukouni Ouaddei qu'Issène Habré avait renversé en 1981 et repoussé vers le nord. La France avait d'autant moins de scrupules à prendre le parti de son ancienne colonie contre la riche Libye, que ses approvisionnements pétroliers ne dépendaient pas d'elle. Ils étaient en effet déjà confortablement assurés par les bases arrière de la *Françafrique*[19]. *Epervier* succédait à *Manta* mise en place deux ans auparavant dans un but identique. C'était la dernière d'une série d'opérations de soutien au gouvernement de N'djamena, ininterrompues depuis 1972, quand s'était constituée l'opposition des grands chefs du Nord ; des chefs à l'ambition aiguisée et aux rivalités fratricides, capables de rapts comme celui de l'archéologue Françoise Claustre et de froides exécutions comme celle du Commandant Galopin venu négocier sa libération ; des chefs pour lesquels l'appui libyen s'avérait essentiel dans leur lutte pour la prise du pouvoir à N'djamena[20].

Cette guerre devenue interminable avait pris le visage grimaçant d'un vieux règlement de compte. Le Tchad (et la France par la même occasion) épongeaient un vieux passif douloureux, au travers d'une indépendance construite sur une instabilité chronique. Les limites territoriales dessinées dans

---

[19] Notamment Elf-Aquitaine au Gabon et au Congo-Brazzaville.

[20] Capitale du Tchad. Fort Lamy avant l'indépendance.

l'intérêt des puissances coloniales l'expliquaient en partie, mais les divisions ethniques, religieuses, et les déséquilibres socio-économiques entre le Nord désertique des nomades musulmans et le Sud des cultivateurs animistes ou chrétiens, plus peuplé et plus riche en ressources naturelles, l'expliquaient bien davantage.

L'appel d'offres précisait les contours de l'étude écologique demandée par la CEE : faire l'état des lieux de la faune dans une zone de cinq millions d'hectares, au sud-est du Tchad. Rien de moins ! Ce thème et son envergure me séduisaient, malgré le sombre contexte dans lequel il se situait. Inconscience et optimisme de la jeunesse ! Sans doute. Mais au-delà des risques inhérents à tout pays en guerre et les obstacles qu'il nous faudrait franchir pour remporter le concours, je voyais se déployer les ailes envoûtantes d'une belle aventure…

L'aspect extérieur des choses est trompeur et ce qui semble être cache souvent ce qui est. Comprendre une réalité consiste à en débusquer d'autres moins visibles qui la sous-tendent. Dans leur propre langage, les fossiles, vestiges de millions d'années, que j'avais trouvés sur les causses de ma jeunesse, racontaient leurs origines ; ils témoignaient avec force qu'un océan se tenait autrefois là où je les avais collectés. Fasciné à l'époque par l'objet de mes découvertes, j'avais à peine réalisé que ces plateaux d'altitude, sauvages et vallonnés, où j'errais des journées entières, libre et le cœur battant comme à la recherche d'un trésor, n'étaient rien d'autres que d'anciens planchers marins surélevés. D'ailleurs, sans ces humbles témoins, qui l'eût cru ? Ils constituaient les preuves tangibles d'une réalité sous-jacente, enfouie, complexe, qui expliquait celle d'aujourd'hui. Le message que transportaient ces organismes pétrifiés me fut une leçon profitable.

En écologie, par-delà la perception immédiate que donne l'étude descriptive d'un milieu naturel, sa compréhension dépend bien souvent d'une réalité au sens caché : comme ces aires protégées où la biodiversité est menacée par le braconnage local. Un problème apparemment simple mais que l'analyse des causes décortique en injustices sociales ou économiques, pauvreté, déséquilibre population-ressources. Adoucir ces causes vaut mieux que la seule répression. Dès lors, les actions prioritaires diffèrent, se diversifient, se transforment en : amélioration de la gouvernance locale, formation, lutte contre la corruption, développement approprié… qui à leur tour mettent en jeu d'autres sciences : sociologie rurale, économie locale, agriculture, politique…

Ce dénombrement d'animaux sauvages n'était pas une fin en soi ; il dépassait la portée de l'écologie. Au-delà, s'ouvraient des perspectives d'améliorations sociales et économiques pour les populations locales. Misant sur la fin de la guerre, la finalité et les motivations de l'initiative de la CEE reposaient sur un double constat : 1) l'Afrique demeurait envers et contre tout le continent où vivait la faune la plus spectaculaire et la plus diversifiée au monde. Les safaris vision avaient pris un développement considérable dans les parcs nationaux d'Afrique orientale et australe riches en profondeur de champ et vastes perspectives, tandis qu'en Afrique occidentale et centrale, le tourisme restait surtout basé sur la grande chasse, et 2) partout en Afrique où les sols étaient ingrats, l'eau rare, les savanes infestées de tsé-tsé, c'est-à-dire partout où agriculture et élevage étaient hasardeux, la faune sauvage était, pour la population, à la première place des sources de protéines[21].

La région que ciblait l'appel d'offres touchait *normalement* à ces deux problématiques. Nous pensions que l'Europe avait dû mûrement analyser le contexte local avant de lancer cette étude, que le sud-est était sans doute suffisamment éloigné des zones de conflit, ou, peut-être, qu'elle était informée d'une issue prochaine des hostilités.

Il n'en demeurait pas moins que de nombreux

---

[21] La situation a passablement changé depuis, car la population africaine, de 100 millions en 1900, 500 millions dans les années 80, est passée à 1,3 milliard en 2016. Les projections sont de 2 à 3 milliards pour 2050, plus de 4 milliards en 2100 ! Hors des aires protégées et des régions arides ou désertiques (pauvres en biodiversité), les espaces sauvages dévolus à la faune fondent partout comme peaux de chagrin !

Africains croyant à tort les animaux sauvages en quantité illimité et offerts en cadeau par Dieu aux hommes, s'adonnaient sans vergogne au braconnage, considérant la conservation de la faune comme un caprice de Blancs. Semblable à une braise mal éteinte, ce fléau couvait donc en permanence sous la surface instable et fragile de la règlementation et s'enflammait à la moindre faiblesse des autorités. Sans se flageller avec le fouet de la pénitence, les pays occidentaux pouvaient difficilement ne pas reconnaître leur part de responsabilité et notamment ce fâcheux contresens d'avoir jadis fixé aux peuples africains une législation limitant ou interdisant les prélèvements d'un gibier que d'éternité, croyances, rites et codes traditionnels, avaient suffi à tempérer. La main mise coloniale avait irrémédiablement déstructuré l'Afrique, l'œuvre *civilisatrice* des missionnaires (même si la plupart furent animés des meilleures intentions) en étant l'un des bras les plus dévastateurs. Car en plaçant l'homme au centre de l'univers pour disposer sans vergogne de toutes les ressources de la nature, la religion chrétienne avait, par ce dogme, semé les germes de leur prédation irraisonnée. Sur ce terrain, l'islam semble plus respectueux de la nature : de nombreux versets coraniques en témoignent[22].

---

[22] Tel celui-ci : « *Mangez et buvez des dons que Dieu vous a octroyés ; ne semez pas le trouble sur la Terre !* » (Coran : sourate 2, extrait du verset 60).

La grande faune du Tchad ! Les bruits les plus alarmistes couraient à son sujet : les fléaux précédents l'auraient anéantie. D'autant que cette année-là, le *Service des Eaux et Forêts* traditionnellement responsable de cette ressource dans les anciennes colonies françaises, et une administration plus récente, *Tourisme et Parcs Nationaux,* étaient devenus les dernières roues de la charrette (à zébus) d'un État tchadien moribond qui consacrait son énergie et ses maigres ressources à la guerre.

Le projet d'aide de la CEE tombait donc à pic.

Mais pourquoi le sud-est ? Non pas à cause de son éloignement géographique des zones de conflit (ou pas seulement !), mais parce que c'était la seule région du Tchad où la faune avait une chance de subsister et surtout parce que dans le passé y brillait une pépite, un parc national prestigieux. Le sud-ouest, trop cultivé, peuplé, et donc braconné, était irrémédiablement perdu pour elle. Quant à la moitié nord de ce pays, grand comme trois fois la France, c'était une zone interdite, provisoirement sous contrôle libyen ; une moitié désertique, quasiment éradiquée de toute vie sauvage. Des militaires et des nomades déracinés s'étaient adonnés là, comme partout ailleurs au Sahara, au jeu de massacre de ses magnifiques antilopes : gazelles, addax, oryx, que la nature avait au cours des âges dotées de prodigieuses adaptations à ce milieu extrême. Gratuitement. Exercice de tir ou simple passe-temps, comme à la foire foraine !

Depuis leurs 4x4, plaisir de faucher les hardes à la mitraillette ou de courser les animaux jusqu'à l'éclatement du cœur ! Aberrante et stupide destruction d'une vie sauvage irremplaçable.

Restait le sud-est. Ma carte (la moins imprécise que j'avais en ma possession) montrait d'immenses territoires presque vides de villages, une platitude de savanes sèches et de dépressions inondables s'étendant le long du *bahr* Aouk, à la frontière avec la République Centrafricaine. Avec en leur cœur, l'un des plus beaux parcs nationaux du temps de l'AEF[23] : Zakouma ! Un sanctuaire qui devait sa célébrité à l'étonnante richesse de sa faune : d'impressionnants troupeaux d'herbivores sauvages (appartenant à dix-sept espèces différentes) et pas moins de dix-neuf espèces de carnivores ! Une faune reflétant la grande diversité des habitats naturels du parc : des savanes plus ou moins boisées, des plaines herbeuses à perte de vue, des pics granitiques, de nombreuses mares et *bahrs*[24] ourlés de minces galeries forestières. Un condensé d'Afrique « intacte » au carrefour des influences d'Afrique occidentale et centrale, un éden zoologique que quelques visiteurs et scientifiques avaient eu à cette époque la chance de parcourir et qu'en langage écologique moderne, on qualifierait de « point chaud » (*hotspot*) de biodiversité.

---

[23] Afrique Equatoriale Française.

[24] Rivières périodiques (équivalent d'oued).

Mais en ces années troublées, le mystère demeurait entier. Le visage du parc de Zakouma se dérobait derrière le mur de l'isolement et les affres d'un conflit ravageur. La situation des vastes zones humides de l'Aouk restait elle aussi totalement méconnue. Les fléaux indiqués précédemment avaient plongé le Tchad dans d'obscures limbes, comme si à rebours du temps, revenant à l'époque des grandes explorations, ma carte s'était cachée sous un épais voile de *terra incognita*.

Là se situait l'autre intérêt de cet inventaire : si l'on parvenait à retrouver des reliques de faune sauvage dans les vastes étendues inhabitées du sud-est tchadien, nul doute que dans un contexte politique stabilisé (et avec un coup de pouce de l'assistance technique internationale), elles seraient susceptibles de les repeupler. La résilience écologique des savanes africaines était assez forte pour que tout renaisse à partir de groupuscules d'animaux résiduels.

Toujours est-il que pour lever ce voile opaque, encore devons-nous gagner l'appel d'offres ! Toutes affaires cessantes, me voila donc plongé dans la préparation d'un dossier dont tous les volets sont à construire : technique, personnel, matériel, logistique, financier.

Dans le temps imparti, l'estimation de la faune d'une zone aussi vaste, dépourvue d'infrastructures, impose le choix d'un inventaire aérien. Me voilà donc lancé à décrire en détail la méthode de recensement, théorie et mise en pratique, en tirant profit du projet FAO qui, sur le même thème, m'avait occupé pendant deux années en Afrique de l'Ouest. Puis, c'est la recherche d'un avion qui réponde à nos besoins et la constitution d'une équipe : deux recenseurs d'animaux, un pilote et un copilote. Je m'octroie ce dernier rôle. Enfin, trois semaines plus tard, non sans appréhension, je boucle la proposition financière.

Je sais que la compétition sera rude : de grands bureaux d'études européens ont été invités à présenter une offre. Mais dans un domaine aussi spécialisé, très peu disposent des compétences requises ; la plupart feront donc appel à des équipes d'experts confirmés d'Afrique orientale et australe, rôdées aux comptages d'animaux dans les vastes plaines des Serengeti, Masaï-Mara, Tsavo et autres eldorados faunistiques de la région. Face à ces gros calibres de l'étude, notre structure fait figure de lilliputien. Peu importe, nous ne partons pas battus, avec quelques flèches dans notre carquois : l'étude mangrove (qui nous a sorti de l'ombre) et cette précédente expérience ouest-africaine d'inventaire faunique. Nous savons aussi Bruxelles préférer les compétences internes aux montages opportunistes. Dans cette compétition un autre petit avantage nous sert : l'offre doit être remise en français, la langue officielle du Tchad, quand nous savons la majorité de nos concurrents non francophones. C'est donc rempli d'espoir que nous rendons notre copie (de justesse), la veille de la date de clôture.

Environ deux mois plus tard, alors que penchés sur d'autres thématiques la perspective de remporter cet appel d'offres s'est envolée vers la stratosphère, une bonne nouvelle nous arrive en même temps que les premiers jours du printemps : notre bureau a été retenu. Les moments d'euphorie n'étant pas légion dans notre microcosme professionnel, celui-ci mérite de déboucher le champagne. Quelques coupes de bulles pétillantes suffisent pour titiller notre curiosité d'en savoir un peu plus. Haut-parleur du téléphone sur *on*, nous entendons le responsable du projet à Bruxelles dire que notre méthodologie a décroché une bonne note, que l'équipe technique a été bien jugée, mais c'est l'offre financière qui a creusé l'écart avec nos concurrents, notre prix étant *nettement* inférieur à celui des autres challengers. Ayant préparé une grosse part de la proposition, les paroles et le ton de notre interlocuteur me pénètrent avec une acuité particulière qui met subitement fin à ma liesse éthylique. Et mon esprit se met alors à ballotter en tous sens, comme une herbe au sommet d'un col venté. Ce « *nettement* » me questionne insidieusement. Se pourrait-il que… ? Je rejoins mon bureau en catimini, allume l'ordi. Fébrile et à contre cœur, j'épluche sur *Excel* les postes budgétaires… et là mon sang se glace, je ne retrouve aucune trace du transport du carburant avion ! J'ai beau faire et refaire mes calculs, énumérer fiévreusement les lignes du tableau, j'ai bel et bien omis ce satané coût. Je me suis fait plaisir à décrire dans le détail la méthode de comptage, sans passer assez de temps sur les autres volets de la proposition. Une imprévoyance dont je suis bien sûr seul responsable. Ah le piètre comptable que j'aurais fait ! Heureusement, je ne me suis jamais lancé dans les affaires (dont j'avais de bonnes raison de penser qu'elles n'auraient jamais voulu de moi !). Un second flot d'angoisse me submerge quand j'évalue à la louche mon oubli… qui n'est pas du pipi de genette ! Il s'agit rien de moins que de transporter trente six fûts de carburant avion jusqu'à Zakouma, une « bagatelle » de 7200 litres de kérosène que l'avion loué, un Cessna monomoteur de quatre places choisi pour effectuer les survols aériens, consommera durant le mois de mission en brousse. Zakouma serait la base principale du projet, où le vieux terrain d'aviation, croyons-nous savoir, est encore utilisable. Problème : 800 km de piste la séparent de N'djaména ! Une piste laissée sans entretien depuis le début du conflit, à la merci des saisons des pluies successives qui n'ont eu de cesse de la dégrader. Sans compter l'incertaine situation du pays qui complique terriblement les choses. Trouvera-t-on un transporteur et à quel prix ?

Voila donc quelle était la cruelle explication de ce « nettement inférieur » ! Tel un poisson en souffrance je jette un œil à travers l'*aquarium,* une baie vitrée qui délimite mon bureau : hypnotisés par leur écran, mes collègues ignorent tout de la tempête intérieure qui m'agite. Travaillant depuis l'origine en étroite synergie et en toute transparence (d'où les baies vitrées), je vais devoir leur apprendre la consternante nouvelle, rechercher avec eux une issue, si tant est qu'il s'en présente une. Réunion d'urgence ! Marqueur en main, je dessine les éléments du problème sur le chevalet de conférence et une grossière esquisse géographique du Tchad, autant pour clarifier mes idées et nous faciliter en parlant la recherche d'une solution, que pour évacuer mon angoisse. Mais un silence pesant clôture mon monologue. Personne n'a *la* solution. Je n'ai réussi qu'à disséminer mon angoisse et à gâcher le plaisir que la nouvelle de notre sélection avait durant un moment apporté à tous. A moi de me débrouiller, donc.

L'esprit de la nuit imagine, celui du matin transcrit. Les idées naissent souvent dans ce magma intermédiaire qui dope les facultés mentales, quelque part entre veille et sommeil. Mais cette fois-ci la lucidité nocturne me boude. J'ai beau tourner et retourner le problème autant de fois que je change de position dans mon lit, le décortiquer et le malaxer dans ma tête, pas le moindre exsudat de solution n'en jaillit. Pas question de tirer sur les autres postes budgétaires déjà très tendus et qui ne permettent aucun report. En ces temps de guerre larvée, le convoyage du kérosène par un camion-citerne (une « bombe ambulante ») risque de coûter une fortune, si tant est qu'on trouve un candidat au voyage ! Pour un remake du *Salaire de la peur* en somme ! Depuis le ciel, un véhicule doit se repérer de très loin sur les pistes poussiéreuses de la saison sèche, de surcroit un gros camion-citerne. Et si, par malheur, un avion de chasse libyen croise dans les parages… !

Les heures de la nuit s'écoulent impitoyablement, sans faire de quartier. D'obscures pensées viennent m'assaillir en désordre : des choses ayant existé, d'autres comme allant se produire. Idées noires pour nuit blanche… Un sommeil tourmenté finit par m'emporter, loin, là-bas, au cœur de l'Afrique, sous un soleil implacable. Le binôme de chauffeurs noirs, aux gueules de Vanel et Montand, se bat avec les difformités d'une piste infernale, aux pièges incessants… Première, seconde, première seconde… Les vitesses craquent, la chaleur du moteur rugissant s'ajoute à celle de l'air immobile. Le danger est autant dans la cuve du gros camion-citerne que dans le ciel. Debout sur le marchepied, le deuxième homme scrute alternativement la route et l'aveuglante coupole bleue acier. Soudain, comme un aigle fond sur sa proie, le chasseur, un Mig rugissant surgit de l'arrière en rase-mottes…. crée une déflagration assourdissante qui dézingue le camion du cul au moteur, désintègre ses vitres et convulse les deux visages dégoulinant de sueur…

Réveil en sursaut. L'intrusion sonore de cette alarme est décidément insupportable. Quand me résoudrai-je à la régler ? J'ai la migraine et des crampes d'estomac. Si « *le rêve est l'oxygène de l'esprit* » pour Teilhard de Chardin, je crois que le cauchemar en est son CO_2 ! Les insomnies de la veille, les torrents de bile et ce délire matinal m'ont fait passer la plus mauvaise nuit de ma vie.

Ce matin-là, au bureau, deuxième réunion d'urgence sur le Tchad, cette fois pour résoudre un cruel dilemme : ou bien se retirer de l'appel d'offres, avec le risque de ternir irrémédiablement notre réputation auprès de la CEE (j'entends d'ici les quolibets : un bureau moins sérieux qu'il n'y parait, se prenant pour la grenouille de la fable, etc.), ou bien passer outre, en dissolvant ce surcoût dans les vapeurs acides des pertes et profits, c'est-à-dire en le considérant comme le sacrifice auquel nous consentons pour ne pas renoncer à la notoriété que ce projet est susceptible de nous apporter à l'avenir en matière d'inventaire des ressources naturelles. Mais notre petite taille nous dessert, une épée de Damoclès pend au-dessus de nos têtes, et c'est la banque dont nous dépendons qui la tient. Notre envergure financière est hélas bien trop mince pour que nous absorbions cette dépense imprévue. La raison dictée par l'hégémonie des chiffres et la dictature cruelle de la logique comptable veut que l'on se retire. Téléphoner au responsable du projet à Bruxelles au plus tôt, lui donner une bonne fausse excuse pour justifier notre retrait en tâchant d'en minimiser les conséquences pour l'avenir. Et l'implacable mécanisme des appels d'offre désignera d'office le second bureau d'études sélectionné pour effectuer l'étude.

Comme la lune, mon bureau d'études a deux

faces : je travaille sur sa seule face éclairée, ignorant celle à l'ombre et sa machinerie cachée. C'est un tort. Mais l'idée de laisser notre place à un concurrent me donne la nausée et aggrave le mal de crâne que je traîne depuis le matin. De nous tous, c'est moi que cette cruelle logique ébranle le plus. Le coup est rude : tant d'heures de travail préparatoire pour se résoudre à voir le fruit de ses efforts partir à vau-l'eau ! Sans parler de mes rêves d'aventure africaine. Au départ, cette mission s'offrait à moi comme une aventure triplement excitante : pour l'exploration d'un territoire reculé que je ne connaissais pas, l'intrigant mystère qui planait sur la situation de la faune tchadienne et le défi technique de faire aussi bien qu'en Afrique de l'Est.

Durant ces heures pénibles, je constate que mon cerveau se recroqueville dans une posture obsessionnelle, rejetant tout ce qui n'est pas relié de près ou de loin au Tchad et à cette histoire de transport de carburant. Ce projet, alléchant au départ, s'est transformé en radeau d'incertitude flottant sur une mer agitée. Dans la soirée, seul chez moi, la mine déconfite, je rumine ce triste Trafalguar, allume la télé comme un automate, puis m'effondre dans mon divan, passant à la trappe les tâches ménagères qui accablent le quotidien du célibataire… Tiens, justement, au Journal de 20 heures on parle du Tchad : évidemment, des images de guerre. Khadafi ne renonce pas à remettre en selle Goukouni à N'djaména et veut se payer de retour en s'appropriant de nouveaux territoires dans le nord du pays. La Libye occupe déjà militairement la « bande d'Aouzou » dont elle revendique historiquement l'appartenance (on se demande bien pourquoi !). Une « ligne rouge » sépare les belligérants : c'est le 16ième parallèle, qui coupe approximativement le pays en deux. Une ligne théorique qui n'empêche pas Mirages français et Sukhoïs libyens de se combattre au-dessus des immensités sableuses du désert...

Au-dehors, la nuit claire et les senteurs fortes des floraisons printanières dans les jardins de la ville incitent au transport de l'esprit. J'imagine les vaines expéditions du XIXe siècle que l'Europe envoyait vers la mythique Tombouctou, la cité des sables, dont aucune ne revenait. Exagérément ostentatoires, elles suscitaient l'envie des potentats locaux qui les interceptaient, pillaient leurs biens et massacraient souvent ses membres. J'imagine Zakouma tel un Tombouctou de savane inaccessible... Un camion-citerne pourrait-il l'atteindre sans la protection de l'armée ? Comment rester indifférent au passage d'une telle manne dans ces territoires de pénurie laissés pour compte ? L'armée... l'armée... Bon Dieu, mais n'allons-nous pas intervenir sur le territoire d'un pays en guerre ? Voyons voir, le 16ième parallèle sur la carte... C'est bien ça, à vol de Mirage il n'est pas très éloigné de notre zone de prospection et les risques d'une attaque libyenne sont réels. Dès lors, pourquoi ne pas solliciter l'appui logistique d'*Epervier* dans cette affaire de transport de carburant ? Quoi ? Suis-je naïf... la faune sauvage ? Qui donc s'y intéresserait dans ces moments de troubles ? C'est un thème si éloigné des préoccupations des militaires ! Je me fais des illusions, nos chances sont infimes...

S'il subsiste encore dans notre cerveau reptilien des particularismes comportementaux innés, des intuitions archaïques issus du fond des âges, le pressentiment en fait partie ; celui de retarder notre coup de téléphone fatidique à Bruxelles en est un. Une intime conviction me pousse à agir, ne serait-ce que pour soulager mon désarroi, ne pas se dire après coup que tout n'a pas été tenté. Dans l'écheveau des rencontres, ce que j'appellerais pour simplifier un heureux concours de circonstances (que je dois au hasard et à pas mal de persévérance), me permet de rencontrer le Colonel F** qui dirige la base aérienne de Nîmes. Evitant les circonlocutions, auxquelles je sais les militaires allergiques, je lui présente la situation sans détour et lui demande conseil. Les choses ne se présentent pas trop mal : l'Afrique ne le laisse pas indifférent ; sa faune et ses grands territoires sauvages suscitent son enthousiasme. Il m'envierait presque. Mon cœur bondit quand il me dit connaître l'Attaché militaire français au Tchad : le Colonel M** et qu'il se propose séance tenante de lui écrire pour demander son aide.

L'horizon se dégagerait-il ? Rien n'est encore joué,

mais je crois en sa parole. Elle me regonfle d'optimisme : à présent, plus question d'abandonner le projet. Privilège de la jeunesse : sous-estimant la part d'incertitude existant dans toute promesse, on décide de faire « comme si », et de lancer l'opération. Enfin, au moins sa préparation. « Notre » opération. Pas *Epervier*, mais plutôt *Eléphant* (un nom prémonitoire que l'avenir allait justifier). Sur place il faudra bien entendu vérifier la suite donnée à la lettre du Colonel F**, et si tout se passe comme nous l'espérons, dénicher un véhicule 4x4, acheter le carburant avion, l'équipement, les cartes IGN (délivrées au comptoir du service national de cartographie à N'djaména), la nourriture… bref, la logistique et tout ce qui fera vivre la mission en brousse le temps de l'inventaire.

Les dés sont joués, je viens de pousser notre bureau comme un véhicule sans frein sur une pente hasardeuse...

N'Djaména, Tchad : fin de saison sèche 1986

Echo de vie du lac Tchad voisin, un vol de limicoles traverse le ciel bleu électrique de N'Djaména, haché par le découpage des claustras ajourés de la pièce où je patiente… Bon ou mauvais présage ? Dans les instants qui viennent, un planton va m'introduire dans le bureau du Colonel M**. Jamais voyage n'aura été aussi improbable ! Je suis à la base *Epervier*, l'estomac

noué, la psyché oscillant entre prairies verdoyantes et champ de cendres. Toute la mission repose sur les minutes qui vont suivre... Cent questions angoissantes sont venues me tarauder l'esprit : quelle suite a-t-il donné à la lettre du Colonel F** ? L'a-t-il seulement reçue ? Et si tout s'écroulait ? N'ai-je pas péché par excès d'optimisme ou de naïveté ? Les militaires n'ont-ils pas d'autres chats (de Libye) à fouetter par les temps qui courent, que de nous aider à compter des animaux improbables dans un coin de brousse lointaine ? Secondes cruciales devant la porte du bureau du Colonel, mon sang bouillonne devant l'enjeu, mes dents baignent dans l'adrénaline.
Le planton me fait signe d'entrer…
Contre toute attente, le Colonel M** se montre direct et concis. Il est au courant de notre opération d'inventaire aérien (il a donc bien reçu la lettre), une « campagne » qu'il trouve courageuse et utile... Cependant (durant le bref silence qui s'instaure, je sens les muscles de mes jambes prêts à se dérober), il n'a qu'une vague idée de nos besoins (ouf, ce n'est que ça !). Je lui précise alors notre objectif (un terme que les militaires apprécient), l'enjeu (un autre mot de choix de leur vocabulaire) et ce que nous attendons de lui. Il réfléchit un court instant, mais encore trop long pour qu'une appréhension ne vienne me submerger : ma demande est-elle excessive ? Quelles objections va-t-il formuler ?
Mais sa réponse fuse, nette et déterminée : « J'ai examiné votre demande. Elle est légitime et j'ai

décidé d'y donner suite. Sauf imprévus, le transport du carburant aura lieu après-demain. Un Transall C160 de l'armée décollera avec les trente six fûts à 6 heures du matin. Ils devront être livrés la veille du décollage. Ici-même, sur le tarmac de la base *Epervier.* Bien entendu, je compte sur votre discrétion ; vous comprendrez que cette opération doit rester secrète ».

Ces paroles m'inoculent une dose de bonheur brut. Je ne pensais pas que le Colonel réagirait aussi promptement. Son *timing* donne un coup de fouet à notre programme. On ne va pas s'en plaindre, on s'adaptera ; je n'ai pas l'audace de lui proposer une autre date.

Une explosion de joie sauvage m'étourdit en sortant de la base, comme si une soupape interne libérait d'un coup le trop plein de pression de mon angoisse qui a trop longtemps fermenté dans le noir de mes pensées. J'ai l'impression de planer le long de cette avenue cossue bordée de maisons coloniales enfouies dans les frondaisons obstinées des bougainvillées et à l'ombre des jacarandas. Mes bonds excentriques doivent ressembler à ceux d'un adolescent amoureux… Un brave cycliste passant par là, observant mes mouvements irrationnels de ses yeux exorbités d'étonnement, en heurte le trottoir et perd le contrôle de son vélo… Je passe en coup d'alizé aux PTT de N'djamena pour informer mon bureau de la bonne nouvelle. Je me prends à sourire devant le fronton de l'édifice où les trois célèbres initiales incomplètement effacées, vestiges d'un passé révolu, ont eu leur sens détourné en *Parti des Travailleurs Tchadiens*. Vieille signature ironique anticolonialiste en même temps que pied de nez au PPT[25], le parti unique de Tombalbaye dans les années 60, juste après l'indépendance ; un parti réputé plus autoritaire et liberticide que le gouvernement colonial de l'AEF. Ce n'est pas peu dire !

Courte diversion historique qu'efface le futur immédiat : embarqué sur le fleuve espérance depuis le début de cette affaire, je distingue enfin l'estuaire et l'océan lumineux qui nous tend les bras... Le cœur en fête et débordant de l'énergie d'un réacteur, je file illico avec le pilote acheter le carburant... en prenant toutes les précautions pour qu'il soit livré en temps et heure à la base d'*Epervier*. Dans l'intervalle, nous rachetons sa vieille, mais toujours vaillante Land Rover, à un coopérant en fin de contrat. On l'équipe, on l'aménage pour notre travail. Jean-Luc fait installer un énorme réservoir de gas-oil sur le plateau arrière. L'autonomie du véhicule se trouvera accrue dans des proportions à la mesure des territoires semi-désertiques qu'il devra traverser. Grosse bosse en métal d'un chameau mécanique ! Sauf qu'une Land n'a pas la frugalité des camélidés, loin s'en faut ! Elle devra pourtant effectuer l'aller-retour N'djamena-Zakouma sans le moindre ravitaillement. Dans ces contrées isolées du sud-est

---

[25] Le PPT : Parti Progressiste Tchadien.

du Tchad, les pompes à essence sont aussi rares que les chocolats glacés ! C'est à peine si les mobylettes de brousse parviennent à siroter quelques gouttes chez les petits revendeurs de case d'un carburant qui n'en a que le nom. Le ravitaillement concerne aussi la nourriture, car nous serons basés en pleine brousse, loin de toute source d'approvisionnement. Il est difficile de trouver de quoi se nourrir dans les villages africains dont la plupart ont juste assez pour vivre. Tout devra être apporté ; la mission durera un mois sur site, sans retour à N'Djaména.

Jean-Luc et sa femme conduiront la Land avec toutes nos affaires jusqu'à Zakouma. Djimet, chef du service de la faune, les accompagnera. La présence d'un officiel tchadien sur un itinéraire aussi peu fréquenté est indispensable. Djimet est affecté dans le projet par son chef, le directeur du Tourisme et des Parcs Nationaux du Tchad, comme le seront, par l'ordre de mission qu'il leur portera, les gardes du parc que nous trouverons à Zakouma.

Lors des comptages aériens, Djimet, assis à la place arrière gauche de l'avion, fera office de recenseur gauche, Jean-Luc de recenseur droit. Quant à moi, à l'avant, ma tâche consistera, la carte sur les genoux, à aider le pilote à maintenir du mieux possible les paramètres de vol de l'avion (altitude, direction, vitesse) et entrer dans mon magnétophone de poche les indications que me communiqueront les deux recenseurs de l'arrière.

Je partirai à Zakouma avec le Cessna et le pilote,

dont j'ai fait la connaissance à N'djamena : c'est Léonce Metge, le frère de René, le pilote automobile. Il est grand, le visage doré et buriné pareil à un bloc d'acajou équarri à coup de machette et qu'une sorte de tectonique faciale a prématurément creusé de rides. Il fait penser à Haroun Tazieff, ce « Cousteau des volcans » que les moins de vingt ans ne peuvent pas connaître. Un sourire généreux bloqué entre des mâchoires carrées l'illumine de temps en temps avec un zeste de tristesse. Quant à son allure, c'est plutôt celle de *popeye* : large torse (un peu plastronnant) et gros bras contrastant avec des jambes maigres comme des pattes d'échassier. Ombrageux, irascible, mais le cœur généreux, le bonhomme inspire confiance. Il me fait vaguement penser à ces baroudeurs à la force fragile qui naviguent entre Dakar et Brazzaville en n'ayant plus que l'Afrique comme horizon. Aviateur confirmé, pilote sur bimoteur à la *Coton-Tchad*, rôdé aux conditions de vol sous les tropiques, cet horizon, Léonce l'a souvent eu en ligne de mire.

C'est la fin de la saison sèche et pourtant l'air est limpide et léger, sans la moindre suspension de sable saharien dans l'air. Le fameux jour « J » je me rends sur la base *Epervier* un peu avant l'heure convenue pour assister à l'embarquement de notre carburant. J'ai à nouveau le cœur serré, appréhendant une mauvaise nouvelle, un retournement de situation. Pourtant la météo est excellente et à ma connaissance aucune tension particulière n'est venue aggraver le conflit tchado-franco-libyen depuis mon entrevue d'avant-hier. Mais il y a encore place pour des impondérables de dernière minute : ordre contradictoire, panne mécanique, pilote souffrant…

La réalité qui s'offre devant mes yeux ébahis balaye mes craintes d'un revers de main : un Transall vert gris, stationne devant un grand hangar, la trappe arrière ouverte. Je devine que ce mastodonte de métal est l'appareil affrété pour le transport de nos sept mètres cubes deux-cents de kérosène. Le Colonel a tenu parole. Des militaires en combinaison grise s'affairent avec des élévateurs à charger nos lourds fûts bleus, dérisoires pièces de légo, dans l'énorme ventre du monstre. Sur la piste orientée à l'est les Mirages sont alignés comme à la parade le long du ruban de bitume gris dont l'extrémité part s'engloutir dans la gueule incandescente du soleil rasant. Ce sont ces mêmes appareils qui se battent contre les Libyens pour défendre la *ligne rouge* séparant les protagonistes.

Je n'assiste pas au décollage du Transall, j'ai encore beaucoup à faire à N'djamena. Mais une immense joie m'envahit, l'opération d'inventaire est véritablement commencée, les principaux obstacles sont surmontés. J'éprouve une reconnaissance sans bornes pour les deux Colonels et les militaires d'*Epervier* qui, à travers cette généreuse collaboration (l'aide qu'ils nous accordent est sans contrepartie), démontrent leur intérêt pour la conservation de la grande faune d'Afrique centrale. A notre retour, je leur rendrai compte de notre mission, c'est la moindre des choses, car ce n'est pas une fière chandelle mais un candélabre gros comme un phare que nous leur devons !

La synergie prête à sourire… J'imagine une gazette titrant : « *Au Tchad, l'*Epervier *vole au secours de l'*Eléphant *; l'armée française se bat aussi pour la défense… de la nature.* ». Mais je redescends sur terre et m'efforce de ne pas croire que les militaires se sont engagés pour nous sous la seule bannière verte de l'écologie. Après tout, que sais-je de leurs vraies motivations ? Et si cette opération arrangeait tout simplement leurs affaires ? Un prétexte pour des manœuvres d'entraînement ou l'occasion d'aller montrer leur force dans un coin oublié du pays ?

Quant à cette omission dans notre réponse à l'appel d'offres, n'est-ce pas grâce à elle que nous avons été choisis ? Si notre prix avait été augmenté du coût du transport du carburant (de surcroit par les airs !), aurions-nous gagné ? J'en doute. Ce fut, sans le vouloir, un joli coup de bluff, comme la vie en réserve parfois.

Ces moments de tension permanente m'ont liquéfié. Je rejoins Léonce Metge en bordure du Chari, à la terrasse ombragée de *La Tchadienne,* où la blonde et fraiche bière *Gala* ingurgitée face à la silencieuse et éternelle coulée du fleuve en contrebas, vient m'apaiser comme un baume jusqu'au fond de moi-même. Léonce fait la même analyse : d'après lui, aucun transporteur privé n'aurait couru le risque de véhiculer pareille quantité de carburant jusqu'à Zakouma, sauf à prix d'or. Je me demandais comment s'y étaient pris nos concurrents. Sans faire la même erreur que moi avaient-ils eux aussi bluffé ? Si l'armée française était le passage obligé, la clé de voûte du projet, en nous retirant de l'appel d'offre cet inventaire faunique aurait-il pu avoir lieu ?

Au baromètre du moral de la mission, l'aiguille est au beau fixe. L'opération *Eléphant* n'est plus un mirage, elle s'est consolidée dans le moule du réel. Bardés des autorisations nécessaires pour circuler dans le sud du pays, Jean-Luc, Anne-Evelyne et Djimet sont prêts à affronter les deux à trois jours de piste qui les séparent de Zakouma. Pas en profanes : Jean-Luc a travaillé quinze ans en République Centrafricaine où il s'est passionné avec sa femme pour la cause des éléphants. Fin observateur de la faune, ses dessins animaliers saisis sur le vif sont d'une étonnante justesse[26]. Six ans plus tard, ils illustreront le *Guide des Parcs Nationaux d'Afrique* que j'écrivis pour les éditions Delachaux et Niestlé. Quant à Anne-Evelyne, apôtre de la logistique, on la sait munie d'une panoplie d'astuces pour survivre en brousse, à faire pâlir d'envie un commando en opération. Au fond

---

[26] *La Chasse oubliée.* Jean-Luc Temporal. Gerfaut Club, 1989.

de la savane la plus désolée, nulle autre mieux qu'elle saurait apprêter une simple conserve alimentaire en un plat de restaurant étoilé. Djimet, lui aussi, est rôdé au travail de terrain. Il connaît parfaitement les animaux de savane et la problématique de leur conservation. Son affectation à N'djaména est récente ; on ne lui a pas demandé son avis. Il est jeune, son enthousiasme à partir en brousse est révélateur de ses préférences. Je suis content pour lui : ce projet compense ses déceptions et atténue sensiblement son amertume.

Le petit avion glisse dans l'air matinal, cap plein est. A six mille pieds d'altitude, avec les vitres en position ouverte, nous retrouvons la fraîcheur revigorante que nous avions finie par oublier à terre. Le ronronnement régulier du moteur est rassurant. Tout paraît si facile d'en haut ! Les obstacles semblent arasés. Les ailes hautes du Cessna 180 sont parfaites pour dégager la vision du sol, révéler toutes les géographies. C'est l'avion idéal pour les comptages de faune[27].

Des pistes claires sillonnent et quadrillent la savane avec obstination, puis se raréfient comme les cultures au fur et à mesure que la capitale du Tchad se rapetisse dans notre dos… Sur l'une d'elles, j'imagine la Land conduite par Jean-Luc, improbable point mobile fusant vers l'est, dans

---

[27] De nos jours, on lui préfère l'ULM, plus économique et volant plus lentement. Quand leur autonomie sera suffisante, les drones prendront le relai.

l'immensité bistre et grise... Mais non, partis il y a trois jours, ils ont dû normalement arriver. Dans deux heures au plus tard, nous serons tous réunis...

Zakouma

Le ruban de latérite rouge du rustique terrain d'aviation de Zakouma est en vue. Pour annoncer notre arrivée, Léonce survole d'abord Am-Timan, le gros village voisin. Qu'étrangement, la vie semble avoir quitté... Anomalie vite oubliée quand, à l'atterrissage, apparaissent nos fûts bleus cobalt sagement ordonnés en bord de piste. Les militaires ont bien fait leur boulot.
Avion garé, moteur arrêté, cockpit repoussé vers l'arrière, à nouveau le silence... et ce cocktail d'odeurs de brousse familières qui s'engouffre dans l'habitacle. Avec la sensation fugitive mais oppressante d'un isolement total dans l'immense savane qui nous entoure, je retrouve avec délectation ce plaisir organique et sensuel dont l'Afrique m'avait jadis profondément imprégné[28].
Le silence se prolonge, nous essayons de retenir le temps, hésitant à sortir de l'avion. Personne. Sans dire mot, nos deux pensées se rejoignent, échafaudent les pires scénarios...
Le bourdonnement d'un véhicule qui s'approche balaye notre angoisse. Jean-Luc et Djimet descendent de la Land. Anne-Evelyne n'est pas

---

[28] Voir : *La déferlante grise.*

avec eux, c'est donc qu'ils ont déjà repéré le lieu de notre campement. Leur long et éreintant voyage par la route s'est déroulé sans incident notable. Arrivés à Zakouma bien après la livraison du carburant, les gardes leur ont racontés l'impressionnant atterrissage du Transall, le déchargement des fûts effectué en un tour de main. Et pendant que l'engin « tous terrains » posait ses roues sur la latérite dans un nuage de poussière rouge, s'immobilisait en moins de 400 m, puis déchargeait le précieux carburant, plusieurs Mirages F1 veillant à sa protection tournoyaient dans le ciel en une parade dissuasive, comme les Harpies, chiennes de Zeus, crachant le feu d'un cerbère. Je revoie la flottille des Mirages alignés à N'Djaména… Je n'avais pas réalisé qu'elle allait décoller avec le Transall. Je me prends à sourire : les militaires d'*Epervier* n'ont rien laissé au hasard. Je comprends que cette escadrille au vrombissement infernal ait donné à la population d'Am-Timan l'impression d'être attaquée et pourquoi tout le monde a fui dans la brousse environnante, désertant le village en pensant peut-être à un raid libyen ! J'évalue rétrospectivement la peur ressentie par les villageois et le désordre causé à basse altitude par ces engins rugissants et menaçants, venus troubler sans prévenir la quiétude immémoriale de ce village perdu dans un océan de savane.

Réflexion faite, la réaction des villageois me met mal à l'aise. Ils pourraient avec raison nous en vouloir de ne pas les avoir prévenus. Mais comment aurions-nous pu informer à l'avance un village si éloigné, où n'arrive ni téléphone ni électricité ? Et puis c'était à l'administration de les prévenir ! Les gardes de Zakouma eux-mêmes n'avaient pas mieux été avisés, pour la bonne raison que leur radio ne fonctionne plus depuis le paléozoïque ! Et n'était-ce pas une opération secrète ? Par la force des choses, Djimet ne leur a expliqué l'opération d'inventaire et remis leur ordre de mission, qu'à son arrivée.

Il faudra sans tarder réunir les notables du village pour s'excuser du remue-ménage, rassurer, parler de notre étude. Il faudra surtout intéresser et motiver...

Le social n'est pas mon fort. A chaque mission je dois pourtant pousser ma nature vers ces chemins où elle peine à s'engager. C'est indispensable pour éviter (c'est la moindre des choses) des malentendus avec les populations locales. Si le jeu en vaut la chandelle, l'Europe donnera une suite à la présente étude ; sous une forme dont les bailleurs de fonds raffolent : un projet mixte associant conservation de la faune et développement économique, et qui s'appuie sur un plan d'aménagement. *Aménagement* ! Un mot qu'il convient de préciser. Il pourrait être mal perçu, voire antinomique du concept d'aire protégée ! N'y voit-on pas se construire des routes, des ponts, des bâtiments… bref, tout le contraire de ce à quoi on devrait s'attendre dans une zone naturelle. Voyage séculaire des mots ! Celui-ci dérive probablement d'une mauvaise traduction de l'anglais *management* (lui-même empruntant au vieux français), qui dans ce contexte trouve en *gestion* une traduction tout aussi peu satisfaisante. Retenons qu'*aménagement* est donc ici dépourvu du sens matérialiste et constructiviste qu'il a dans l'esprit d'un ingénieur des Ponts, des Arts et Métiers ou de tout autre aménageur. *Aménager une aire protégée* c'est la doter des atouts nécessaires en organisation, zonage, surveillance, formation, infrastructures légères, recherche, tourisme, afin qu'elle conserve son aspect originel et sa richesse biologique. Les infrastructures y sont réduites à leur plus simple expression, avec le minimum d'impacts négatifs. Et le concept peut être étendu aux actions socio-économiques dans les zones périphériques.

La population locale de cette contrée reculée est dans un dénuement extrême : villages dépourvus d'infrastructures sociales, médicales et éducatives, production agricole aléatoire, éleveurs sans appui vétérinaire. Et les calamités traversées par le pays ont aggravé la situation. Notre étude paraitra incompréhensible à beaucoup qui ne voit dans la faune sauvage qu'une entrave au développement. Je songe aux inévitables interrogations, aux inquiétudes, aux doutes, au scepticisme des habitants. Familier des projets faune en Afrique, j'anticipe leurs réactions : au début de la réunion ils écouteront aussi attentivement que s'il s'agissait d'un office religieux, puis ils me diront : « Si vous les Blancs voulez nous aider, pourquoi ne pas financer directement notre village, notre bétail ? Il y a tant à faire : puits, électricité, routes, écoles, centres de soins, troupeaux… Tout est à construire ou reconstruire, pourquoi, au lieu de cela, vous intéresser aux animaux sauvages ? Sont-ils plus importants que nous-mêmes ? » Une dialectique pleine de bon sens. Le développement par le biais de la protection de la faune n'est jamais simple à expliquer.

A l'époque des faits, l'écologie était encore considérée comme une problématique de pays riche, et en Afrique comme une lubie de Blancs. J'étais bien sûr convaincu du contraire et je m'efforçais de le faire savoir. L'écologie est encore plus nécessaire là où la pauvreté sévit. La population locale n'était pas consciente des conséquences issues de la dégradation des écosystèmes, faune incluse. Et pourtant que de dégâts infligés aux ressources naturelles, même dans ces régions à faible densité humaine ! Les feux de brousse, le braconnage, le surpâturage du bétail demeuraient les principales causes, mais leurs effets étaient amplifiés par la corruption et la mauvaise gouvernance. Ici, la guerre, la sècheresse et les épizooties étaient venues s'enduire en nappes de malheurs supplémentaires.

En écologie, la part prédictive est importante : les pressentis, l'empirisme, jouent un grand rôle. Le long terme s'oppose au court terme. D'où la difficulté de donner des réponses définitives à des problèmes simples. Surtout que nos interlocuteurs n'étaient pas des spécialistes à convaincre, mais une population dans le besoin. Même si j'avais pu affûter ma pédagogie rugueuse lors d'expériences africaines précédentes, rien n'était gagné d'avance. Lors des prochaines réunions que nous tiendrions au village, il me faudra, avec des mots simples et clairs, insister sur les avantages qu'apporte la conservation de la diversité des espèces sauvages, l'espoir qu'une renaissance de la célèbre faune tchadienne ramène des touristes de vision dans le parc de Zakouma et des chasseurs de trophées dans les grandes réserves cynégétiques alentours ; avec des emplois à la clé et quelques retombées économiques dans cette région aux ressources limitées. C'était un angle d'attaque possible de la pauvreté et du sous-développement, surtout dans cette région historiquement tournée vers la préservation. Un angle qu'on pouvait aussi artificiellement ouvrir par des mots pleins d'espérances fumeuses et des promesses. Or, l'Afrique souffrant d'indigestions chroniques de promesses non tenues, je ne voulais pas m'engager trop loin sur cette voie hasardeuse. Mais je savais que, même avec la participation active de la population et un changement des mentalités et des attitudes, cela ne suffirait pas pour atténuer significativement leurs difficultés, tel que pourrait le faire un projet faune pondéré d'une importante composante socio-économique. Nous n'en étions pas encore là !

Anne-Evelyne a posé notre camp dans un petit coin de brousse agréable, près d'anciennes paillottes, dans l'ombre bienfaisante d'un bouquet de grands karités et de vieux manguiers. Pas très loin de la piste d'atterrissage où l'avion a été solidement amarré. La saison des pluies est proche, et avec elle les bourrasques de vent et les premières tornades dévastatrices.

A peine installés, le contingent des gardes du parc national de Zakouma nous gratifie d'une première visite, à la fois émouvante et pathétique. Ils arrivent en bon ordre : une quinzaine d'hommes, dans une tenue élimée, la seule qui leur reste. Les plus vieux (les plus nombreux) ont voulu rehausser son misérable éclat en y accrochant fièrement leurs médailles. Mais la vétusté de leur uniforme n'enlève rien à la grande dignité de ces hommes. J'ai le cœur qui se serre en regardant ce peloton à l'allure surannée. Ils sont venus à notre rencontre, montés sur leurs petits chevaux nerveux, harnachés comme à la parade. Tous appartiennent à la tribu des Arabes Missirye, autant dire d'excellents cavaliers. En cette période trouble de l'histoire du Tchad, les gardes de Zakouma étaient abandonnés à leur sort, ne percevant plus de salaires depuis au moins six mois. Pourtant, tous continuent leur travail de surveillance, patrouillant à cheval avec leur sagaie et leur vieille pétoire, au risque de leur vie. Même ceux qui nous paraissent déjà fort âgés.

Derrière les sourires francs que notre présence suscite, les replis des visages cachent tristesse et amertume. Il y a longtemps que ces gardes ne vivent plus comme au bon vieux temps, quand ils pouvaient exercer leur métier avec la fougue de leur jeunesse et la considération attachée à leur fonction. Ils ne peuvent cacher leur grande inquiétude face à l'avenir et craignent que leur travail soit devenu inutile. Chez certains, il y a même des marques de colère devant cette sclérose de leur administration et ce manque de reconnaissance officielle, alors que la défense du parc a coûté la vie à plusieurs de leurs compagnons. Conscience d'un gâchis, d'un sacrifice vain ? Ceux qui l'ont connu parlent volontiers de Monsieur Anna, devenu une légende locale, à qui s'attache la nostalgie d'une époque révolue. Anna, l'ancien Inspecteur des Chasses du Tchad, à qui l'on doit la création du parc de Zakouma dans les années cinquante, ainsi que le recrutement et la formation de ce peloton de gardes. Le plus âgé grommèle (par dépit) que la colonisation et l'ordre valait mieux que l'indépendance et le chaos. Puis, il se tait subitement, comme s'il voulait ravaler ses mots… Trop tard. En disant cela, et bien qu'il ne l'ait pas regardé, je comprends qu'il n'a pas cherché à raviver l'éventuelle nostalgie d'une époque révolue parmi les trois Blancs que nous sommes, mais qu'il cherchait seulement à décocher ses flèches provocatrices en direction de Djimet, leur supérieur hiérarchique et représentant de l'Etat. Mais Djimet n'est pas du genre à s'offusquer de cette attaque en règle contre les institutions nationales. Peut-être même en est-il solidaire. Je le vois sincèrement désolé, presque accablé. Il n'avait vraisemblablement pas prévu cette avalanche de doléances. Il doit en vouloir à son directeur qui ne lui a pas laissé de consignes, encore moins les salaires impayés des gardes. Il n'a que la lettre qui les lie officiellement à notre projet. Puis, Djimet parait se figer. La présence de « Blancs » l'embarrasse peut-être pour répondre aux gardes. Alors, prenant un ton grave pour soulager son malaise et éviter tout malentendu, j'explique que la situation actuelle n'est pas entièrement la faute de l'Etat tchadien, que bien d'autres pays subissant les fléaux du Tchad seraient dans une situation pire, et que si l'armée française est venue donner un coup de pouce, la présente opération est d'abord une initiative solidaire de l'Europe. Djimet approuve d'un hochement de tête, puis sa parole se délie enfin : il explique le contenu et le but de la présente étude. Au fur et à mesure qu'il parle, je vois la méfiance disparaître et se redessiner des signes d'espoir sur les visages de ces hommes qui pendant ces années difficiles ont survécu tant bien que mal, comme asphyxiés au fond du grand trou noir de la fatalité. Je réalise que notre arrivée vient leur apporter une lumière et une bouffée d'oxygène... Pourvu que nous ne les décevions pas ! Pourvu que les sourires ne se transforment pas en grimaces !

Oui mais voilà, impossible pour l'instant de dévoiler nos cartes... Pour un engagement substantiel de l'Europe dans un projet futur, encore faut-il qu'il reste quelque chose à sauver dans l'immense savane qui nous entoure !

Chaleur torride de ce mois de mai. Des nuages grands comme des Everest flottent dans le ciel et passent, majestueux, au-dessus du camp... sans déverser leur eau.

Une journée entière s'écoule à compléter la préparation de l'inventaire, à l'ombre de la paillotte, sur la petite table de camping. On va fidèlement suivre le *modus operandi* exposé dans notre méthodologie pour collecter, traiter et interpréter les données. Qui dit recensement, dit échantillon. Sauf à consacrer de longs mois et dépenser des sommes énormes, un dénombrement de la faune ne peut pas être complet sur des espaces aussi vastes. On travaillera donc sur une fraction de la surface. Le taux prévu dans ma méthodologie est de quatre pour cent, ce qui signifie que nos balayerons *à peine* quatre pour cent de l'aire totale de la zone d'étude. C'est suffisant du point de vue statistique. La vitesse de vol et le temps dont nous disposons ne permettent pas de faire mieux.

Déité des temps modernes, la statistique s'est saisie du monde, l'a transformé en objet numérique. De l'impalpable elle fait du mesurable, dans tous les secteurs d'activité : économie, sociologie, biologie, informatique, physique,... pas un ne lui échappe. Science de l'extrapolation ! Outil mathématique miraculeux qui grâce aux ailes de ses équations prédictives permet de franchir d'un bond le fossé séparant l'échantillon de la population totale : êtres humains, électrons, scarabées xylophages... ou animaux de cette savane, à qui les valeurs de *moyenne, écart-type, variance*, révèleront comme par enchantement l'estimation de la population réelle dans une fourchette d'écarts plausibles pour chaque espèce dénombrée. Mais on se doute que la magie de la *fée statistique* n'agit que sous certaines conditions : ici, les lois mathématiques qui fondent la théorie des sondages.

Revenons à cette journée balisée par deux opérations cruciales : *primo,* générer sur les cartes IGN au 1/200000° une maille de lignes de vol parallèles et équidistantes dans toute l'aire d'étude (ces lignes virtuelles que Léonce devra suivre au plus près), *secundo,* « préparer » l'avion et faire les tests.

Si la première opération est confidentielle, la deuxième tourne au spectacle. Aussi banale soit-elle, l'activité consistant à attacher des tiges métalliques blanches aux haubans des ailes de l'avion fascine une poignée de badauds, adultes et enfants, dont la curiosité a battu en brèche la distance pourtant dissuasive qu'ils ont dû marcher (ou pédaler) depuis Am-Timan, leur village.

En action d'inventaire, Jean-Luc et Djimet s'emploieront à identifier et recenser les animaux vus, mammifères et autruches, à l'intérieur des surfaces fictives créées par les lignes parallèles. Avec une contrainte : garder la même position des yeux pour ne pas créer de distorsion dans les aires de comptage.

Reste à présent, au moyen de tests, à calibrer ces dernières pour atteindre le pourcentage de quatre pour cent de la surface. Une opération à la fois délicate et fastidieuse : Léonce passe et repasse avec l'avion en condition d'inventaire à la perpendiculaire du terrain d'aviation de Zakouma, balisé à intervalles réguliers avec de grosses pierres peintes à la chaux, et que les gardes s'emploient à libérer de nos musardant villageois.

C'est seulement en fin d'après-midi, alors qu'une lumière mauve et or irradie les tapis de pailles sèches de la savane, que nous pouvons nous satisfaire de la précision obtenue.

Jusqu'à quel point la faune a été décimée, reste une inconnue. Qu'allons-nous trouver ? Les gardes nous disent qu'il y a « trop d'animaux ! » dans le parc. *Trop* dans la bouche des Africains signifie un *pas mal* surévalué. Propension bien ancrée dans les mentalités locales d'exagérer pour faire plaisir. Mais ces paroles ne nous rassurent qu'à moitié, surtout qu'admettre le contraire pour ces hommes fiers serait reconnaître l'échec de leur mission de surveillance, l'inutilité de leur travail. Aussi, quand ils déclarent ne pas avoir aperçu les éléphants depuis longtemps, la nouvelle nous fait l'effet d'une grosse déconvenue.

Il faut y revenir : peu de pays ont connu en cascade d'aussi terribles événements que le Tchad :

1) une guerre civile de 1979 à 82 entre le sud chrétien de Félix Malloum et le nord musulman d'Hissène Habré. Elle fait 75 000 morts et crée une instabilité politique qui dure jusqu'en 1994 ;

2) une épidémie de peste bovine qui réapparait dès 1982 et dure jusqu'en 85. Elle met au tapis 500 000 zébus ! En même temps que les zébus, la peste bovine décime les buffles, dont seuls quelques groupes isolés réchappent. Est-ce cet isolement qui les sauve ? Ou développent-ils une forme de résistance ? Chaque zébu mort est un foyer de contamination potentiel pour les buffles. L'inverse est vrai lui aussi.

3) une vague de grandes sécheresses répétitives : de 1970 à 74, puis de 1982 à 84. On a du mal à imaginer d'Europe les conséquences de ce fléau qui entraine des famines et déracine des populations entières.

4) enfin, le braconnage ; car le fléau se tapit toujours sous la surface mouvante de la surveillance, prêt à redémarrer au moindre relâchement.

Du braconnage, parlons-en ! Le dernier rhinocéros noir de Zakouma est abattu en 1972. Et dès 1985, son éradication du territoire tchadien est notoire. Mais ce qui se passe au Tchad se répète dans bien d'autres pays d'Afrique. La Chine porte la quasi-entière responsabilité du massacre des rhinocéros noirs ; rien de moins que la quasi extinction d'une espèce emblématique à l'échelon d'un continent ! Les Chinois n'ont jamais pris les mesures nécessaires pour s'opposer, chez eux, à la vente de la corne de rhino aux vertus prétendument aphrodisiaques et anticancéreuses : des extraits de corne ou de la poudre de corne broyée sont en vente libre dans les multiples officines de médecine traditionnelle du pays. Comment réagirait la Chine si un jour les Africains, doté d'un pouvoir d'achat décuplé, se mettaient à consommer des organes de panda, créant une demande telle que même les peines sévères infligées aux tueurs de cet animal emblématique[29] ne parviendraient pas à juguler le fléau ? Mais la corne de rhino n'est pas le seul soi-disant aphrodisiaque dont les Chinois raffolent : la demande porte aussi sur les vessies natatoires de certains poissons, les organes génitaux du tigre, les

____

[29] La peine de mort pour ce délit n'a été abolie qu'en 1997 !

écailles de pangolin, etc. Elle est si élevée qu'elle met en péril plusieurs espèces animales. D'autant que leur raréfaction, en provoquant une hausse des prix, arrange bien les affaires de la filière. A croire que ce pays connait un sévère problème érectile ou que les Chinoises sont particulièrement exigeantes !

Leurs précieuses défenses désignent les éléphants comme secondes victimes préférentielles du grand braconnage (il n'est pas loin le jour où ils en deviendront les premières). Eperonné là encore par la demande chinoise d'ivoire, mais pas uniquement : des braconniers bien armés venant à cheval d'aussi loin que le Soudan ratissent les immenses brousses de Centrafrique et du Tchad. Ces durs-à-cuire revendent l'or blanc, notamment pour acheter des armes alimentant la rébellion au Darfour.

Arrive le premier jour du survol. Nous décollons tôt pour limiter les effets de la chaleur sur la tenue de vol de l'avion. Mais ce n'est pas la seule raison : chaque matin d'Afrique ressemble à un petit printemps ; chaque matin sur la savane concentre tout ce que la journée a de meilleur en lumière, en fraîcheur, en effluves sauvages sortis de la terre, en allégresses d'oiseaux. Et si la faune a survécu aux malheurs du Tchad, c'est au petit matin que nous le découvrirons, quand la brousse s'animera des allées et venues de tous ses pensionnaires.

La journée promet d'être déterminante, les

conditions sont idéales : il y a très peu de vent, et même s'il n'a pas plu la visibilité est excellente. L'opération sera donc parfaitement contingente, la vérité sur l'état de la faune du parc national va bientôt se dévoiler. Car à tout seigneur, tout honneur, c'est sur le parc que nous entamons l'échantillonnage. Pour Léonce ce dénombrement est une première, c'est la première fois qu'il est tenu de se plier à des paramètres de vol qui sollicitent d'un avion ce pourquoi il n'est pas fait : voler avec le moins de vitesse et d'altitude possibles. Derrière son visage patiné comme les pierres du désert, je devine que Léonce est tendu, mais prêt à relever le défi.

Le contraste est étonnant entre l'homogénéité du paysage vu du sol, véritable enfer pour agoraphobes, et à perte de vue les immensités plates, piquetées d'inselbergs, que nous survolons. Massives protubérances visibles de loin, ces derniers forment des points de repère parfaits qui m'aident de temps à autre à repositionner l'avion. Léonce s'applique à *subir* le diktat des paramètres de vol qui resteront constants tout le temps de l'inventaire : hauteur 300 pieds, vitesse sol 76 nœuds[30]. Méthodiquement, l'une après l'autre, l'avion avale les lignes parallèles est-ouest séparées de 2 km tracées sur la carte. Au bout de chacune, Léonce effectue avec une maîtrise parfaite le virage à 90 degrés qui lui permet d'aller

---

[30] 90m et 140km/h.

chercher la suivante sur laquelle il s'aligne après un deuxième virage symétrique[31]… s'accrochant à ce nouveau *rail* invisible avec le maximum de régularité.

A notre étonnement, la grande faune n'a pas été décimée : cobs de Buffon, cobs defassa (ou waterbucks), et autres antilopes pâturent en abondance dans les savanes herbeuses, de part et d'autre des bahrs. Girafes, bubales, damalisques, antilopes rouanne… s'enfuient à l'approche du monomoteur en d'élégantes courses. Les girafes surtout, dont le cou se balance gracieusement d'avant en arrière, avec souplesse, pour équilibrer et compenser leurs longues enjambées. Scènes d'*Out of Africa* tchadien. Dérangé, un couple d'autruches court lui aussi, et dans une brutale accélération, allonge ses bonds en déployant comiquement ses moignons d'ailes. Sa nichée d'autruchons suit en file indienne, trottant vaille que vaille pour ne pas se laisser distancer.

Ces déplacements variés n'introduisent pas de biais dans le calcul du dénombrement, puisque en théorie il entre dans les bandes de comptage autant d'animaux qu'il en sort. Avec un plaisir partagé, j'engrange dans mon petit magnétophone les données que Djimet et Jean-Luc me transmettent

---

[31] À cette époque, le GPS n'existait pas (ou n'était pas encore passé dans le domaine civil) ; un appareil qui aurait, bien entendu, facilité notre travail et amélioré sa précision. Quant au radar altimétrique, très peu d'avions monomoteurs en étaient équipés.

de l'arrière avec de plus en plus d'enthousiasme : *girafe /quatre, hippotrague / huit, cob defassa / cinq...* Ces données qui fusent de l'arrière me font l'effet de gorgées de joie qui chassent mon anxiété de départ et justifient à elles seules, en cet instant, l'opération d'inventaire. Je souris ; à leur manière les gardes avaient raison : « il y a *trop* d'animaux dans le parc ! ».

Les grands prédateurs : lions, hyènes, guépards, ne semblent pas plus dérangés par le bruit insolite de l'avion qui pourfend au-dessus d'eux l'ordre tranquille et éternel de la savane, que des vaches au bord d'une route. C'est à peine s'ils daignent tendre le cou. Nous ne pensions voir que les animaux de grande taille, mais au passage de l'appareil, des mammifères plus petits trahissent leur présence en prenant la fuite : familles entières de phacochères en rupture de bain de boue, ourébis, céphalophes de Grimm, cobs des roseaux et guibs harnachés fusant seuls ou en couples vers des havres boisés. Quel bonheur de constater que la diversité animale de Zakouma est demeurée intacte ! Une diversité qui s'enrichira au fur et à mesure de nos observations complémentaires effectuées à terre de jour et de nuit : chacal, renard, ratel, civette, pangolin, oryctérope, lynx caracal, chat sauvage, genette, mangouste, mangue rayée, serval… Nulle part ailleurs en Afrique, je ne verrai ces petits mammifères aussi facilement qu'à Zakouma. Avec en sus, les signes de présence de la panthère et du lycaon !

Seule ombre au tableau et pas des moindres : l'absence persistante des éléphants. Les pistes aperçues d'avion sont-elles anciennes ? Sur ce point non plus les gardes n'ont pas raconté d'histoire.
Mais nul n'aurait pu prévoir ce qui arriva au seuil du troisième jour…

Ce matin-là, l'air parfaitement transparent fait paraître la savane encore plus démesurée que d'ordinaire. Aussi loin que porte le regard, dans toutes les directions, elle rejoint le ciel d'un bleu intense. Tandis que je communique à Léonce les paramètres de vol routiniers qu'il s'applique à transmettre à la machine, des volutes de poussière à l'horizon du sud-ouest attirent subitement notre attention. Des tourbillons ascendants de poussière ? L'air calme de cette matinée nous rend dubitatifs. Poussé par la curiosité, nous interrompons momentanément le survol programmé sur nos lignes d'échantillonnage pour aller vérifier. Oh, surprise ! En approchant, et au milieu des grandes pailles jaunes piquetées d'acacias aux troncs orangés, se dessine une énorme tache grise et mouvante… Nous poussons un cri de joie, c'est un troupeau d'éléphants ! Un troupeau ? Le mot est faible, il s'agit d'un rassemblement énorme de… plusieurs centaines de bêtes ! Une masse pachydermique fluctuante et compacte, des animaux en si grand nombre, qu'il est impossible de les compter, même approximativement ! Léonce les survole si bas que je ne peux les faire tous entrer dans le viseur de mon appareil photo. Hors de question de perdre des secondes à changer d'objectif, je ne veux pas détacher mon regard de ce spectacle grandiose et unique. Les bêtes sont au coude à coude, épaule contre épaule, trompe contre cul. Léonce effectue piqué sur piqué, avec à chaque fois une reprise des gaz. Je sens bien que ces manœuvres les perturbent, mais n'est-ce pas pour la bonne cause ? Ebahis, étourdis par ce spectacle visuel grandiose, Jean-Luc et moi prenons cliché sur cliché, nous compterons les éléphants plus tard au bureau, sur nos tirages photographiques. Les petits, invisibles, se sont réfugiés sous le ventre des mères. Leur direction fluctue au gré des individus de tête, sans doute de vieilles femelles expérimentées. Ils me font penser aux chorégraphies des étourneaux dans le ciel de Rome ou à ces volutes d'anchois affolés pris en étau entre les oiseaux de mer en surface et les thons en profondeur. Synchronisme biologique parfait des changements de direction. Et là, d'un coup, surgit l'incroyable : quelques kilomètres plus loin, un autre nuage de poussière qui révèle un deuxième troupeau, moins gros mais tout aussi tassé que le premier ; et guère plus loin, en voilà encore un troisième ! C'est immense, inespéré, mais aussi… terriblement inquiétant. Aucun de nous quatre n'a jamais vu pareils attroupements.

Plus tard, le comptage sur photos rendra son verdict : nous avions survolé un bon millier d'éléphants répartis en trois groupes épais, le premier rassemblant plus de 500 têtes (550, en incluant les jeunes éléphanteaux cachés sous les ventres maternels) ! Trois masses grouillantes de pachydermes concentrés dans un petit secteur du parc ! De tels méga troupeaux ne vont pas de soi chez les éléphants. Un tel comportement interroge : la seule attente des premières pluies ne suffit pas à l'expliquer ; les malheureuses bêtes sont-elles harcelées, se sentent-elles menacées par un si grand péril, au point de voir la terre se dérober sous leurs soles, prêtes instinctivement à disparaître toutes ensemble ? Les braconniers seraient-ils dans le voisinage ? Si tel est le cas, alors ils nous entendent depuis un bon moment et se tiennent invisibles sous de gros arbres en tenant par les rennes leurs petits chevaux nerveux. Jean-Luc, qui a longtemps travaillé sur les éléphants de République Centrafricaine les connait bien, il sait que les plus dangereux viennent du Soudan ; à présent, beaucoup sont munis d'armes automatiques. J'imagine, horrifié, les ravages d'une rafale de mitraillette dans un pareil troupeau où s'agglutinent les pauvres animaux épouvantés s'abritant derrière les remparts de chair illusoires de leurs congénères. Puis, l'immonde récolte des ivoires à la hache dans un champ de bêtes renversées, où bourdonnent les nuages de mouches à viande. Extermination indiscriminée et massive d'êtres évolués, intelligents et merveilleusement adaptés, victimes innocentes de l'inconscience et de la cupidité humaine ! Jamais objets d'art n'ont trempé dans le sang comme ces exquises figurines chinoises finement ciselées dans des défenses d'ivoire, à qui on donnerait Lao Tseu en confession.

Mais je sens Léonce tendu et conscient d'un danger. A l'altitude où l'avion évolue, du sol nous représentons une cible idéale ! A cet instant précis, il tire sur le volant du Cessna et remet les gaz. Un fantasme me parcourt : j'imagine le projectile d'une Kalachnikov atteignant le moteur ou l'hélice... les ratés... l'atterrissage en catastrophe... trop bas pour envoyer un message radio... les ailes de l'avion arrachées par les arbres... notre extirpation de la carlingue... la course éperdue dans la savane, tandis que derrière moi les chevaux au galop des Soudanais se rapprochent...

Il nous faudra sans tarder informer les gardes pour qu'ils aillent patrouiller dans ce secteur du parc. Un massacre indiscriminé est-il sur le point de se produire ? Des rafales d'armes automatiques auraient-elles provoqué ces agrégations insensées d'éléphants ? Une obscure pensée me vient : j'imagine ces salopards tirant dans cette masse vivante à l'envi, un abominable rictus aux lèvres...

Nous avons tous mal aux yeux à force de scruter la brousse... sans apercevoir la moindre silhouette humaine ou chevaline, ni une seule carcasse d'éléphant, mais cela ne nous rassure qu'à moitié...

Comme si cette magnifique découverte ne suffisait

pas, voilà que sur le trajet retour surgissent trois superbes mâles de grand koudou trottant, la tête fièrement dressée, sur les franges d'un grand inselberg granitique. Pour finalement plonger et disparaître sous le couvert d'une profonde savane boisée. Zakouma est le point le plus septentrional de leur distribution africaine. J'ai un faible pour le grand koudou, l'éland de Derby et le bongo (en forêt équatoriale). Ce sont les plus belles et les plus mystérieuses des antilopes. Des tragélaphinés, en langage zoologique. La difficulté de les observer dans leur milieu de prédilection tient à leur mode de vie cryptique et à leur robe rayée qui les camoufle avec efficacité dans les végétations denses qu'ils affectionnent. De ces animaux, se dégagent une grâce, une puissance altière, qu'amplifient les splendides cornes torsadées en lyre arborées par les mâles. L'éland de Derby, la plus grande antilope du monde, aux allures plus lourdes que les deux autres, autrefois abondante au Tchad, relève du mythe ! Mais il arrive que le mythe devienne réalité, quand la chance ou le vent bien orienté soulève cette émotion profonde : la rencontre avec un mâle solitaire ou une harde dans l'habitat des élands, aux confins du Nord Cameroun et de la Centrafrique[32]...

Ce soir-là, les coupes de champagne se dressent et s'entrechoquent sous la sombre frondaison des

---

[32] Voir : *La déferlante grise.*

karités de Zakouma, dans la paillotte désaffectée et sans toiture qui nous sert de campement. Anne-Evelyne a su la transformer en un barza des plus convenables, une salle à manger très acceptable. Avec la table et les chaises pliantes qu'elle a eu la bonne idée d'apporter, car les demi troncs mal équarris qui faisaient office de bancs sont rongés par les termites. Elle a garni les angles de l'humble case avec de grands bouquets fleuris des premiers gardénias et des acacias cueillis dans la brousse voisine. Mais leurs senteurs puissantes et suaves s'effacent derrière l'odeur âcre des insectes nocturnes qui s'embrasent sur la lampe Pétromax les immolant sans pitié, telle une déesse cruelle. Jusqu'à tard dans la nuit, l'inaccoutumé breuvage, qu'elle a pu rafraîchir plus que symboliquement grâce à l'évaporation de torchons mouillés, nous grise autant que les flots de questions que nous nous posons.

Puis vient l'heure où je tire mon lit de camp un peu en-dehors du champ obscur des arbres. Je veux voir le ciel. Avant de border pour la nuit l'indispensable moustiquaire, je profite des derniers instants que me laissent mes paupières encore ouvertes pour fixer l'incroyable fourmillement d'étoiles se déployant d'un horizon à l'autre. Ces instants de beauté ont le don de rallumer les souvenirs de la mémoire, ainsi qu'il nous arrive aussi sur certains chemins forestiers. Ils viennent comme des bulles crever à la surface, pareils au magma de ces volcans qui surgissent parfois au milieu des océans.

La Croix du Sud est si claire et si nette qu'on l'a dirait plantée au fond de la savane, comme un arrière-plan éloigné dans le temps plus que dans l'espace, où je vois poindre mon premier séjour en terre africaine[33]…

Une soudaine rafale de vent chaud fit ployer ma moustiquaire, emportant avec elle le souvenir de ces lointaines aventures qui m'avaient tenu éveillé jusqu'à la haute nuit. Pourquoi elles ? Sans doute à cause du charme de ces années neuves, où j'étais rempli d'espérance. Où je n'avais qu'à sortir de ma case de brousse pour plonger dans les profondeurs sauvages de la nature et les délices de l'inconnu.

Tout le camp dormait. Je regardais une dernière fois la Voie lactée qui m'impressionnait par son bouillonnement immobile d'astres et de lueurs sidérales, fendant le ciel d'une diagonale grandiose. Pourtant, au sein de cet univers éblouissant, éclatant de beauté, sur cette même planète où j'existais, on se livrait à des brutalités et des violences. A quelques centaines de kilomètres vers le nord, on se battait. La guerre du Tchad, toutes les guerres, m'apparaissaient comme des anachronismes dévastateurs, des déchirures de et dans l'harmonie universelle. Il fallait être crédule pour croire que l'homme se libèrerait un jour de son hubris et de ses tentations prométhéennes.

Ce soir-là, je ne vis aucun signe annonciateur de

---

[33] Voir : *La déferlante grise.*

tornade. Comme à rebours de la saison, on sentait même que le taux d'humidité de l'air avait baissé. Soudain, du voile de la nuit surgit une nuée de chauves-souris. Certaines me frôlèrent dans leur festival de chasse aux insectes, virevoltant dans tous les recoins du ciel, si nombreuses qu'elles faisaient clignoter les étoiles. Insecticide naturel, elles allaient se nourrir toute la nuit, prolongeant l'œuvre purificatrice des oiseaux insectivores diurnes.

Bien décidé à trouver le sommeil, je bordai soigneusement la jupe de la moustiquaire autour du lit de camp (une précaution indispensable pour éviter aux bestioles indésirables de venir le perturber) et suspendis mes chaussures à une branche d'arbres pour que scorpions, tarentules ou petits serpents, ne viennent se blottir, sans mon consentement, dans leurs cavernes sombres et humides prévues pour mes seuls pieds.

Juste avant de m'endormir, j'éprouvai, comme toutes les fois où ma journée se trouvait bien remplie, cette étrange sensation physique que des mots ne peuvent décrire, une sorte de jouissance cérébrale transcendantale, dans laquelle je flotte dans l'espace parcouru le matin même lors du survol et entre en résonance avec les éléments du paysage : savanes herbeuses, collines boisées, bahrs, animaux aperçus, qui défilent dans ma tête en un réagencement tactile et apaisant.

Lors des discussions du lendemain, nous sommes

convaincus que le comportement inhabituel des éléphants de Zakouma était celui de bêtes anxieuses, voire terrorisées. Terrorisées par un braconnage intensif. Nous croyons être intervenus à un moment critique, avant que les bandes de braconniers ne déciment les derniers éléphants du Tchad. Même si nous n'avons pas vu ces tueurs depuis l'avion, cela ne signifie pas qu'ils ne soient pas dans les parages. Ils savent se cacher. L'enjeu est de taille, il est décidé qu'une patrouille de gardes à cheval se rende dans ce secteur.

Les jours passent...
Au retour des survols, fréquentes et passionnantes conversations avec les gardes, sur la faune, leurs rapports avec les villageois et les bergers, le braconnage, leur situation, celle du parc national… dont ils sont la mémoire vivante. Les résultats inespérés de l'inventaire ont détendu l'atmosphère. Nous sommes optimistes pour l'avenir du parc. Djimet a trouvé sa place et pris de l'assurance ; vis-à-vis des gardes, il a su trouver les mots qui pansent les âmes et qui en Afrique plus qu'ailleurs sont capables de guérir.
Tandis que le parc national, très convenablement peuplé d'animaux sauvages, peut soutenir la comparaison avec ses congénères est-africains, on ne peut en dire autant de ses zones périphériques : les anciennes « réserve de faune » sont quasi vides ou devenus des pâturages à bœufs ! Qu'était-ce donc avant la peste ? Les Peulhs semblent posséder

encore beaucoup de zébus. Le constat est accablant : plus on s'éloigne de Zakouma, moins il reste de faune, plus les carcasses d'éléphants sont nombreuses. Le parc en étant démuni, c'est la preuve éclatante qu'à l'intérieur de ses trois mille kilomètres carrés, la poignée de gardes n'a jamais cessé son travail de surveillance, malgré l'isolement, l'abandon de sa hiérarchie, l'absence de paye, le danger des braconniers… qui partout ailleurs ont accompli leur triste besogne. Bandes errantes d'individus dangereux bien armés, préférant tirer sur les gardes plutôt que d'être pris. Leurs armes sont bien plus redoutables que les fusils hors d'âge des garde-chasses Missiryé. Et pourtant, les résultats sont là ! Il faut croire que l'efficacité de leur méthode d'intervention, alliée à leur courage, pallie à la déficience de leurs pétoires ! Je ne connais pas beaucoup de tels exemples de dévouement à la cause animale ! Grâce à eux, Zakouma est toujours un vaste refuge de faune. Ces hommes hors du commun méritent qu'on intervienne énergiquement pour que leurs arriérés de salaires soient intégralement et rapidement réglés, leur engagement reconnu et gratifié. Car la nature possède des capacités de résilience insoupçonnée : cet *oasis* de faune est capable de repeupler le *désert* qui l'entoure, pour peu que les conditions de conservation y soient un jour rétablies.

Au retour des vols, l'air surchauffé jusqu'à l'incandescence par les dards d'un soleil implacable, interdit toute activité jusqu'au soir. Alors s'écoulent les heures pesantes de l'après-midi quand, écrasés sur nos lits de camp, nous buvons des litres de thé chaud et rafraîchissons nos corps flasques et dégoulinants de sueur avec la pile de serviettes mouillées qu'Anne-Evelyne a eu la prévenance de préparer. Au-delà de l'ombre précieuse du vieux karité, en bordure de piste, presque insoutenable au regard, le métal surchauffé des ailes de l'avion ressemble à une plaque de four. Une fois, je ne sais plus au juste quand, le ciel envoya une ondée d'une finesse exquise, atypique pour la saison, inoubliable, car elle libéra, comme un bienfait de la nature, l'éclatante senteur des fleurs de gardénia. L'air embauma un temps et sa fraicheur passagère donna à la brousse un goût inespéré de printemps tropical…

À mi-parcours de l'opération, nous avions déjà effectué un nombre impressionnant d'heures de vol. Il était temps d'interrompre momentanément l'inventaire pour nous rendre à Bangui. Routine de la *petite* révision des cent heures de l'avion ; un entretien imposé par la règlementation aéronautique et qui ne pouvait se faire que dans cette ville d'Afrique centrale.
Ce jour-là, afin de gagner quelques heures de vol, dans la foulée du comptage qui nous avait amené au sud de notre zone, vers le bahr Aouk, nous avions fait route directement vers la capitale de la Centrafrique.

Ne pas revenir faire le *refueling* de l'avion à Zakouma fut une erreur qui faillit nous être fatale !
La frontière Tchad-Centrafrique franchie, il avait fallu compter plusieurs heures de vol pour traverser la RCA selon une diagonale nord-est / sud-ouest, jusqu'à Bangui située sur l'Oubangui, imposant affluent rive droite du fleuve Congo et frontière naturelle avec le Zaïre[34]. Des heures que la jauge de carburant avait sévèrement consignées…
Entre le ciel parfaitement limpide et la terre aux variations bistre, rouge ou verte, j'ai fini par m'assoupir au ronronnement régulier du moteur....
Soudain, la voix de Léonce retentit dans le micro : il contacte la tour de contrôle pour annoncer notre arrivée :
— Ici *Bravo-Alpha-Lima*, bonjour ! Estimons atterrissage à Bangui à douze heures dix – A vous !
Un silence pesant, puis la réponse fuse dans le haut-parleur :
— Bonjour *Alpha-Lima*, mais nom d'un koudou d'où sortez-vous ? Vous n'avez pas pris la météo ? L'aéroport est fermé jusqu'à nouvel ordre ! Détournez-vous impérativement ! Une impressionnante série de *cunimbs*[35] s'annonce pour dans très peu de temps ! Ca va être la fête à Zeus !

---

[34] Redevenu depuis la mort de Mobutu, la RDC : République Démocratique du Congo.

[35] Dans le langage de l'aviation ; les « cumulo-nimbus » sont de gros et dangereux nuage en champignon, annonciateur de pluies diluviennes et de fortes bourrasques.

A vous !

Je souris, malgré l'inquiétude que fait naître ce message. Il n'est pas fréquent d'entendre un contrôleur aérien invoquer la mythologie grecque dans la foulée de jurons zoologiques ! Mais je garde pour moi ma remarque, Léonce est visiblement trop tendu pour avoir envie de plaisanter. Il lui répond :

— *Bravo-Alpha-Lima* bien reçu ! Arrivons du nord-est, région Aouk au Tchad, sans infos météo. Estimons notre position à la verticale de Sibut. Euh… Sommes à cours de carburant ! Pas de terrain sur notre parcours... Impossible de nous dérouter… Savane trop fournie pour un atterrissage d'urgence ! A vous !

Je me doute que Léonce veut passer en force, car au sol, trouant la savane boisée, il n'a pas pu ne pas remarquer les nombreuses cuirasses de latérite qui conviendraient à un atterrissage en catastrophe. Mais qui viendrait là pour nous dépanner et combien de temps durerait notre naufrage ? Une ou deux minutes de silence angoissant… J'imagine les contrôleurs en train de débattre de notre arrivée intempestive, consulter la carte, peser les alternatives. Puis, le haut-parleur crépite et annonce, avec une voix que l'on devine un peu abattue :

— Corne de zébu !… du nord-est ?

Nord-est prononcé d'une façon si désespérée, que j'imagine la tour de contrôle de Bangui ne voir dans cette direction qu'un néant aéronautique absolu, des immensités sauvages et inhabitées, sans aucune ville, aérodrome, ou couloir de navigation ! Rien ne va jamais dans cette direction, ni n'en vient... rien à part nous, maintenant.

Un léger silence, puis le ton change...

— Bien compris *BAL*, nous allons l'ouvrir pour vous ! Déclenchons procédure d'urgence en prime... ça va être la « Piste aux étoiles » ! Eclairée de tous ses feux, comme de nuit... rien que pour vous. Que voulez-vous de mieux ? Mettez vos plus beaux atours !

...et s'affirme :

— Présentez-vous direct en finale 170°, secousses en vue, posez-vous au plus vite !... Terminé !

L'incongrue mise en garde du contrôleur est inquiétante. En volant vers le sud en cette saison, nous accélérons le temps, nous nous dirigeons vers la puissante et dangereuse ligne nuageuse, signe annuel immuable de l'arrivée des pluies. Encore entassées dans le lointain, les vertigineuses et menaçantes machines de siège en ordre de bataille, qu'on aurait dit poussées par d'invisibles colosses, barrent tout l'horizon et l'illuminent de ses salves. En aviateur confirmé, Léonce reconnaît bien là le tristement célèbre FIT (Front Inter Tropical) tant redouté des pilotes, annonciateur du changement de saison, et qui depuis le Zaïre voisin, remonte vers le nord. Nous nous dirigeons droit vers lui, comme d'innocentes victimes consentantes vers la gueule d'un cerbère...

Bangui, Centrafrique

L'aéroport Bangui M'Poko est écrasé par la chape de l'énorme masse de nuages noirs. Haut dans le ciel, leurs crêtes bourgeonnantes grimpent vers des altitudes gigantesques. Les champignons gris-noir se dilatent monstrueusement, comme sous l'effet d'une invisible explosion de leur cœur. L'aéroport essuie des trombes d'eau, en même temps que de puissantes rafales de vent balayent la piste en travers. Dans le micro, Léonce annonce notre arrivée, et son atterrissage imminent. Pas le temps d'aller tournoyer ailleurs sous un ciel plus clément, les aiguilles des jauges à carburant sont sur zéro. Le tragi-comique contrôleur a tenu parole : la piste est éclairée. Ce n'est pas un luxe, il est midi et un ciel noir comme de l'encre de pieuvre recouvre tout. Il semble obscurcir la terre entière. Léonce, ses grandes mains crispées sur le volant du Cessna, essaye de se poser, mais les bourrasques trop violentes nous chassent latéralement, se jouant de l'avion comme d'un fétu de paille : elles nous dévient de notre axe ! Deuxième essai, deuxième échec. La tempête ne faiblit pas, nous comprenons que l'avion est trop léger pour se poser dans de telles conditions. Que faire ? Les jauges sont maintenant coincées dans le rouge, il faut absolument tenter quelque chose dans les minutes qui suivent, sinon… Nous sommes agrippés à nos sièges, raidis, angoissés, dégoulinant de sueur.
C'est alors que dans le haut-parleur, ce même

contrôleur aérien au langage fleuri (dispose-t-il en anglais d'expressions équivalentes ?), suggère une ultime solution : SE POSER EN TRAVERS DE LA PISTE… face à la tour de contrôle ! Non, il ne plaisante pas, nous avons bien entendu : il nous donne l'autorisation exceptionnelle de réaliser cette manœuvre insensée. Un atterrissage « contre-nature », ajoute-t-il. Le mot est bien choisi : face à cet adversaire au souffle vertigineux, c'est la seule posture de combat qui puisse nous sauver. Avec le vent dans le nez, l'avion devrait stopper rapidement. De toute façon, ce n'est plus qu'une question de secondes, nos réservoirs sont presqu'à sec ; un arrêt du moteur serait pire que tout, privant le pilote de ses ultimes possibilités de contrôle de l'appareil dans la tourmente. Une « voie de sortie » comme une ultime chance. Il faut la tenter. Léonce n'hésite plus, il refait un tour, il sait que ce sera le dernier, passe en approche, opère son dernier virage à gauche, vire tant bien que mal pour se placer en « finale », face à la tour, et donc face au vent ! 500 pieds, 300, 100, 50… Je suis accroché à mon siège, Léonce tente le tout pour le tout… Il dispose de moins de cent mètres pour immobiliser l'avion. Au-delà, c'est le crash contre un mur de béton. Des éclairs de commencement du monde déchirent le ciel. L'un d'eux, plus puissant que les autres nous illumine comme une cible nocturne sous les feux d'une DCA, tandis que l'énorme cumulonimbus continue de déverser ses masses d'eau… si compactes qu'on a du mal à voir au travers du cockpit. Soudain, une ascendance que Léonce ne pouvait deviner, soulève violemment l'avion de plusieurs dizaines de mètres. Je suffoque, j'ai un énorme haut-le-cœur. Accroché à mon siège j'évite de regarder le pilote, de m'y voir peut-être comme dans un miroir... Je le sens si tendu... veines de bras saillantes, mains crispées sur le volant. Un volant dont je constate avec horreur que les saccades enragées sont incontrôlables. L'avion n'a plus de maître... Contre nature, contre nature... Le nuage diabolique nous manipule selon son bon vouloir, nous serre dans ses griffes invisibles. Des explosions de lumières bleues s'échappent avec des craquements formidables et sinistres par les fêlures des soubassements noirs du ciel. Enormes et contradictoires forces en jeu... Prêtes à nous broyer, ou à nous projeter contre un mur. D'une seconde à l'autre ce sera la collision...

Je ne sais quelle pirouette, dont Léonce est le premier surpris, fait qu'il parvient à ramener l'avion vers le sol et sur sa trajectoire. Soudain, nous sortons des grandes turbulences, je revois les lumières de la piste. Arc-bouté sur son siège, Léonce pousse le volant de toutes ses forces, pour maintenir le *Cessna* au sol... sans y parvenir. L'avion rebondit, et se soulève sur le bitume noir du tarmac... Il ne semble pas vouloir s'arrêter... malgré les volets au maximum, les gaz au minimum, le pied de Léonce écrasant le frein... vertigineuse glissade d'aquaplaning... Je n'ai d'yeux que pour l'indistincte masse grise de la tour qui grandit inexorablement… Puis d'un coup, les forces déchaînées du ciel nous redeviennent favorables, d'ennemi, le vent devient allié : une rafale plus violente que les autres plaque l'appareil et freine brutalement son élan. Le cauchemar se termine, l'avion s'immobilise à quelques mètres du hangar jouxtant la tour, à l'abri du vent. Un moment de lourd silence, de calme après la tempête, puis nous sortons de la carlingue, tremblant, la gorge sèche, sans même sentir la pluie. Léonce ne dit mot. Nous nous embrassons, il parait épuisé, physiquement et mentalement. On le serait à moins. Je regarde l'engin : ses ailes, son fuselage, tout parait en place, miraculeusement, alors que les angoissantes secousses subies dans le nuage m'avaient donné la sensation d'une désintégration.

Zakouma, fin juin 1986

Deux jours après cette effarante péripétie, c'est un vol retour sans histoire vers ce « Nord-Est effrayant » que Bangui redoute tant, mais qui s'est livré à nous dans ses moindres recoins. L'inventaire se poursuit le long du Bahr Aouk et sur les immenses plaines herbeuses du Bahr Salamat. Un damier de paille et de cendre à perte de vue. La région est illuminée par des brasiers. Les éleveurs les allument pour favoriser la repousse de l'herbe à une période critique pour leur bétail. Par-delà la prodigieuse aptitude de la savane à résister au passage des feux, cette farouche volonté de calcination annuelle ancrée chez les nomades et les populations locales a de sévères conséquences écologiques. Un regain qui se paye au prix fort : les feux accentuent les sécheresses et le Sahel se désertifie chaque année un peu plus. Ils sont complices de l'expansion du Sahara qui ne cesse de s'étendre vers le sud.

C'est peut-être une sorte de rage au cœur qui me fait cruellement penser que la disparition d'un demi-million de zébus, aussi douloureuse soit-elle pour les éleveurs (leurs troupeaux sont tout ce qu'ils possèdent et qui donnent un sens à leur vie), est en fin de compte un rééquilibrage écologique qui leur sera profitable à long terme. L'écologie et l'économie ne font pas toujours bon ménage, car elles ne fonctionnent pas avec les mêmes échelles de temps. Il est pourtant vital de les réconcilier, c'est là un enjeu de développement durable.

L'espoir encore vif nous traquons le rhinocéros noir dans la grande réserve de faune de Siniaka-Minia, créée spécialement pour lui dans le passé : biotope idéal, ultime refuge pour cette espèce ? Pourtant, nous n'ignorons pas qu'on ne l'a pas vu au Tchad depuis des années, sa disparition est de notoriété publique, mais sait-on jamais ! Parfois, l'espoir surpasse la force des faits établis… Après les éléphants de Zakouma, quelle heureuse découverte ce serait ! Nos yeux scrutent intensément la brousse jusqu'à brûler nos rétines. Tout en le cherchant, je pense au magnifique animal. La nature s'était saignée aux quatre veines pour prolonger son existence de millions d'années, nous donnant cette chance incroyable de le croiser sur terre. Et l'homme la remerciait en faisant disparaître ce véritable fossile vivant !

Vœu pieu, hélas ! Malgré les heures de survol, rien, pas la moindre trace, même pas de carcasse… Le rhino parait avoir définitivement disparu, et déjà depuis un bon bout de temps. Les moissonneurs de cornes et leurs commanditaires ont su méticuleusement tout récolter.

Les buffles, eux, ont eu plus de chance dans leur malheur : ils n'ont pas été complètement éradiqués par la peste. Nous comptons 220 survivants. Une population résiduelle faible par rapport aux potentialités de la zone, mais suffisante pour la recoloniser en cas de retour à la situation normale[36]. Les animaux que nous voyons ont échappé à la terrible maladie : est-ce en raison de leur isolement ou parce qu'ils ont développé une forme de résistance ?

Les premières tornades arrivant de Centrafrique, dont nous avions eu la fâcheuse primeur à Bangui, ne tardèrent pas à éclater. Comme c'était généralement en fin d'après-midi, elles n'avaient pas d'incidence notoire sur notre travail. Bien au contraire, cette synchronie météorologique n'avait

---

[36] Et en effet, il s'en dénombrera 8 000, vingt ans plus tard !

pour nous que des avantages : un air et une savane lavés de leurs impuretés offrant le matin des conditions idéales de visibilité. Sans compter que j'aimais parcourir la savane fumante après la pluie, en sentir les exhalaisons sauvages. Et sur les grandes plaines, la pluie avait éteint les brasiers aux phénoménales volutes noires qui compliquaient les comptages.

D'avion, mieux que du sol, on voyait l'horizon du sud assailli par de gigantesques exubérances nuageuses, des vortex cyclopéens, qui bourgeonnaient et montaient dans le ciel lorsque nous revenions tardivement des secteurs d'inventaire les plus éloignés de notre base. Ils atteignaient parfois la hauteur du soleil zénithal. Dans ces cas-là, nous avions juste le temps d'arrimer l'appareil avant que les premières rafales nous rendent la tâche impossible.

Les bourrasques poussiéreuses transperçaient sans effort les fines cloisons de nos paillottes. Nous attendions avec impatience les vagues porteuses de fraicheur bienfaisante qui venaient évaporer la langueur de nos corps moites et avachis. Un silence pesant et angoissant précédait toujours la pluie, comme si l'armée des nuages cuirassés en noir violet se repliait sur ses arrières, histoire de se réorganiser et se renforcer avant l'ultime charge. Alors le ciel se fendait de tous côtés, comme une pièce de tissu déchirée avec une violence d'épileptique. Puis les projectiles arrivaient d'un coup, en masses drues : de grosses gouttes chaudes étirées telles des flèches et qui crépitaient sur le sol. Ces orages, parfois des ouragans, revenaient avec rage, après huit mois d'absence, réveiller dans la plus petite tige, la puissance contenue de la vie. Toute cette eau tombée, annonciatrice d'abondance, ressemblait à un renouveau printanier : grâce à elle, la savane retrouvait le goût de vivre, le goût de se régénérer. Les agriculteurs du village voisin, en remerciant le ciel, s'étaient remis à sarcler leurs champs aux sols miraculeusement assouplis. Le temps était venu d'y semer mil, sorgho et gombo.

Les années suivantes...

Cette étude de la CEE sauve du naufrage la faune sauvage de toute une région du Sahel. Les résultats très encourageants du dénombrement et la découverte sensationnelle du millier d'éléphants déclenchent des mécanismes d'aide au-delà de toute espérance. Les photos des éléphants agglutinés convainquent les bailleurs de fonds, mieux qu'aucun rapport ou réunion technique. Devant la pression internationale, l'administration tchadienne s'engage à régler leur solde impayé aux fidèles et courageux gardes de Zakouma. La France, quant à elle, leur livre des tenues neuves et fait un don d'argent au parc, en l'accompagnant d'une cérémonie officielle sur site en grande pompe avec présence ministérielle, corps diplomatique et remise de médailles. Je crois pour ma part que l'implication française la plus déterminante fut le « coup de pouce » d'*Epervier*. La CEE, grosse machine à projets, mais longue à se mouvoir, financera une assistance technique de longue durée pour la réhabilitation complète du parc national de Zakouma. Elle s'engagera pendant des années, en fournissant experts, véhicules, engins, équipements... en prenant en charge la construction de bâtiments, de pistes de vision, des recherches écologiques, des formations pour cadres et gardes, ainsi que des microprojets de développement pour la population périphérique. Tous ces efforts pour remettre le parc en état, lui redonner un sens, une place régionale, et faire revenir des touristes. Avec un pari, celui que la population locale perçoive le lien existant entre ces efforts de développement et la conservation de la faune.

Le miracle de la *renaissance* de Zakouma durera vingt ans. Vingt ans d'efforts de l'Europe à travers un projet qui fit remonter les effectifs d'éléphants jusqu'à quatre mille têtes[37].
Hélas, à partir de 2006, comme une ombre gigantesque, une hydre monstrueuse aux tentacules multiples, le braconnage mondialisé se répandit et se ramifia dans l'Afrique entière ; un fléau terrible qui n'épargna pas le parc. Un trafic clandestin

---

[37] Projet nommé CURESS : *Conservation et Utilisation Rationnelle des Ecosystèmes Soudano-Sahéliens.*

lucratif, à peine moins que celui de la drogue, des armes ou des antiquités. Un péril face auquel les unités classiques de gardes, jusque-là efficaces, se trouvèrent aussi démunis que des bataillons d'hoplites grecs devant une *panzerdivision*. Les Kalachnikov remisèrent au placard les sagaies d'autrefois et les fusils traditionnels. Les éléphants étaient foudroyés avec des AK-47, leurs têtes découpées et hachées à la machette pour récupérer l'ivoire. Pourtant ceux du Tchad n'étaient pas de gros-porteurs, loin de là ! Des massacres perpétrés sans discrimination : avec leurs armes automatiques, les assassins tiraient dans la masse des bêtes, tuant mâles, femelles et même éléphanteaux. Un seul chargeur pour coucher un troupeau entier ! En dépit des interdictions, le commerce de l'ivoire, comme celui de la corne de rhino, s'internationalisa rapidement, franchit les frontières et les continents. C'était une guerre d'un nouveau genre : la guerre de l'ivoire. Il importait de comprendre la géopolitique de ce commerce illégal pour mieux combattre le braconnage avec ses multiples ramifications.

Car les statistiques étaient effrayantes : 2000 éléphants (50% des effectifs) sont abattus à Zakouma entre 2006 et 2008 par des groupes armés redoutables venant à cheval d'aussi loin que le Darfour ! Quel gâchis ! Vingt années d'efforts et de protection en pure perte ! Les Soudanais n'ont peur de rien. Avec l'ivoire ils achètent des armes qui alimentent la guerre civile chez eux. Les gardes de Zakouma sont impuissants face à un tel acharnement. Par une sorte de dangereux « effet oasis », le succès du projet s'est perversement retourné contre le parc ; car les éléphants raréfiés jusqu'à disparaître de régions entières, font que les assoiffés d'ivoire prennent tous les risques et accourent là où il en reste, c'est-à-dire à Zakouma. En 2013, au sommet de l'horreur, on verra 86 pachydermes massacrés en deux jours par une seule bande de braconniers ! J'ai de la peine à imaginer que les immenses savanes forestières de la RCA orientale, autrefois réputées pour abriter des éléphants gros porteurs (bien plus qu'au Tchad), aient pu être *nettoyées* par les Soudanais ! Car ce n'est pas rien de les parcourir pour arriver jusqu'à Zakouma. Ces salauds ne font pas dans le détail, la moindre quenotte d'ivoire est bonne à prendre. Avec ces épouvantables boucheries[38], jamais les vautours dont les excréments blancs couronnent le relief des carcasses, n'auront eu autant de charognes à se mettre sous le bec. L'ivoire finance des forces rebelles telle l'impitoyable et violente LRA (Armée de Résistance du Seigneur) de Joseph Kony, qui d'Ouganda rayonne dans toute l'Afrique centrale ; la Seleka qui sévit en RCA, et bien d'autres rebellions du Rwanda et du Congo. De nos jours,

---

[38] Ce problème a atteint un tel niveau de gravité qu'il a fallu faire intervenir les forces armées.

200 éléphants à peine survivraient dans le prestigieux parc national des Virunga au Congo, un parc grand comme presque deux départements français. Ils étaient 27 000 dans les années 80 ! L'atroce guerre civile de l'Afrique des Grands Lacs avec ses 6 millions de morts et ses 4 millions de déplacés[39], est passée par là !

Les éléphants ne sont pas les seules cibles du braconnage. On est en droit de s'inquiéter pour les okapis de l'Ituri, les gorilles du Kahuzi-Biéga, les chimpanzés du Nyiragongo, pris pareillement dans les tenailles de chefs de guerre impitoyables. Sans même parler de leurs milieux naturels.

Il est vraisemblable que le terrorisme islamiste se soit nourrit lui aussi de la contrebande d'ivoire, parachevant l'éléphanticide. Enfin, il y a la demande des réseaux de trafiquants qui expédient l'or blanc principalement vers l'Asie. Et à présent que l'offre se raréfie, les prix explosent. Un cercle vicieux qui un jour ou l'autre se brisera : devenus trop peu nombreux, les éléphants ne pourront plus se reproduire et disparaitront (sans compter que l'explosion démographique du continent africain, dont le taux de croissance est plus du double du reste du monde - 2,77% contre 1,28% - confisque de plus en plus d'espaces naturels). On en parlera pas au passé, comme des dinosaures ou l'oiseau Rokh de Madagascar, mais on ne pourra plus les

---

[39] Pierre Vermeren : *Le choc des décolonisations*. Odile Jacob, 2015.

voir que dans les zoos.

Pendant ce temps, en Chine, faisant fi de cette loi biologique, les magasins de vente d'ivoire continuent d'ouvrir avec pignon sur rue. D'habiles orfèvres y cisèlent la matière brute qui afflue d'Afrique en containers entiers, comme si de rien n'était... Faites ailleurs ce que je ne fais pas chez moi ! Le paradoxe est de taille ! Car c'est pourtant cette même Chine qui, grâce à ses efforts de conservation, est parvenu à se hisser au niveau de l'Occident en matière de gestion de ses aires protégées et de sauver durablement le panda géant[40]. Faudra-t-il envisager un jour d'introduire en Chine, au sein de simili savanes reconstituées, les derniers stocks d'éléphants et rhinos d'Afrique, afin qu'ils y vivent sous la protection de la bannière rouge étoilée ?
Faisant preuve d'une monstrueuse boulimie, le Léviathan chinois va désormais chercher à l'extérieur de ses frontières ces mêmes ressources naturelles et matières premières qu'il a décidé de protéger chez lui. Imitée par quelques autres pays d'Extrême-Orient, la Chine n'est guère tendre non plus vis-à-vis des arbres de la planète. Cyclopéenne importatrice de bois, elle contribue sans scrupules à la déforestation mondiale, sans porter attention à la naturalité et la haute valeur biologique de certaines forêts. Mais, oh paradoxe, elle érige en même

---

[40] Voir : « *Les saigneurs de laque* ».

temps sur son propre sol, avec fierté, une gigantesque barrière verte de 4800 kilomètres et 35 millions d'hectares[41] ! Une seconde muraille de Chine contre l'avancée implacable d'un ennemi venant du nord, plus redoutable que jadis les invasions mongoles : le désert de sable. Comment un pays, *a fortiori* une telle super puissance, peut-elle se désolidariser du sort de la biodiversité hors de ses frontières ? Déraison d'une posture écologique nationaliste et protectionniste ! L'écologie n'est pas l'économie. Ses enjeux sont mondiaux. Faudra-t-il la sagesse d'un nouveau Confucius pour l'expliquer aux Chinois ? Croient-ils pouvoir prospérer dans un splendide isolement à l'abri des conséquences des déséquilibres écologiques mondiaux ?

L'effrayante demande d'ivoire et de corne de rhino a généré la création de véritables organisations criminelles, riches et bien structurées, sévissant à grande échelle. Le croira-t-on, en Afrique des commandos de braconniers sont équipés d'hélicoptère, de carabines à vision infra rouge nocturne, et d'un réseau de complicités, y compris dans les ambassades. Pourquoi se priveraient-ils

---

[41] Sans doute efficiente physiquement, mais plantations et monocultures d'arbres (parfois qualifiées de forêts) sont bien loin d'égaler les « forêts naturelles ». Cette dernière expression n'est donc pas un pléonasme, s'opposant à « forêt artificielle ». Dans une forêt naturelle, la sylviculture concerne des peuplements naturels mais en suivant un traitement dicté par un plan d'aménagement. Sans intervention sylvicole, une forêt naturelle devient une réserve biologique.

d'abattre rhinocéros et éléphants, qui alimentent un trafic juteux moins risqué que le trafic de drogue et pour lequel les peines infligées sont bien moindres ? La valeur marchande des cornes[42] dépasse 50 000 euros le kilo (plus que l'or ou l'héroïne) et celle de l'ivoire[43] (rendu en Chine) 1500 euros. Les tueurs de l'ombre de ces gangs asiatiques ne sont pas à cours d'imagination. A présent, ils équipent les braconniers de fusils hypodermiques pour endormir les rhinos au lieu de les abattre. Ce nouveau stratagème permet à ces meurtriers zoologiques de leur scier les cornes à ras des chairs, puis de prendre la fuite sans être inquiétés. Ils savent que les gardes ont pour habitude de repérer les animaux morts aux vautours qui cerclent dans le ciel. Et qu'un rhino blessé n'attire pas les vautours ! Désormais c'est de mort lente, en se vidant peu à peu de leur sang qui gicle devant leurs yeux, que les pauvres bêtes amputées de leur appendice mourront. Mais le sort et la souffrance des périssodactyles décornés indiffèrent les auteurs du *rhinocide*.

En leur prêtant des valeurs curatives qu'elles n'ont pas, la sanglante et cruelle pharmacopée traditionnelle chinoise dévore bien d'autres

---

[42] Une corne pèse en moyenne 4 kg.

[43] Une seule défense peut peser jusqu'à 30-50 kg chez les gros porteurs, qui on s'en doute sont devenus très rares.

espèces : tigres, ours malais, pangolins[44] holothuries, hippocampes... qui ont vu leurs populations s'effondrer à l'échelle du monde.

L'ampleur du péril envers les éléphants a conduit à créer à Zakouma une force de gardes paramilitaires, très mobile et bien armée, comme au Kenya et au Zimbabwe, financée par les pays occidentaux. Le renseignement y est aussi de première importance. La guerre de l'ivoire est devenue une vraie guerre, une guerre transfrontalière, internationale, qu'il n'est pas sûr que les défenseurs de la nature gagnent[45]. De nos jours, la population d'éléphants du Tchad est revenue au-dessous de son pire niveau des années de conflit et d'instabilité chronique : moins de cinq cent têtes ! Une diminution drastique de 70% de la population d'éléphants en seulement quatre ou cinq ans !

Ecœuré, j'aurais presque regretté l'écho donné à notre découverte du millier d'éléphants, ce matin de mai 1986, dans le parc de Zakouma. Et toutes

---

[44] On estime à 1 million le nombre de victimes ces dix dernières années ! Il est l'animal le plus braconné au monde.

[45] Lueur d'espoir ! En 2017 la Chine se décide enfin à faire cesser le commerce de l'ivoire sur son sol. Une mesure prise d'ailleurs moins en faveur de la conservation de l'éléphant que pour lutter contre la corruption qui gangrène ses institutions. A présent, il faut s'attendre à ce que la plaque tournante du trafic se déplace vers Hong-Kong, Taiwan et le Vietnam qui n'ont pas pris de telles mesures.

les mesures de protection qui ont suivi... L'éléphant joue pourtant un rôle majeur dans le fonctionnement des écosystèmes : *moteur* essentiel de dissémination des graines, de fertilisation des sols, d'ouverture du couvert forestier, sans oublier ses interactions avec les autres espèces... Dans cette partie de l'Afrique, c'est un « soldat » aux avant-postes de la lutte contre la désertification du Sahel. Au même titre que les arbres, l'herbe ou les fourmis... Bien sûr, c'est un gros mangeur, il lui arrive de manquer de respect pour le travail des paysans en venant inopinément détruire leurs récoltes. Mais puisque tout compte fait il rend la vie moins âpre aux hommes des milieux marginaux, on devrait lui en être reconnaissant.

Pourquoi s'évertuer à rappeler tous ces faits techniques ? La raison, toujours la raison ! Pourtant, en 1965, Jean Dorst, dans son mémorable *Avant que nature meure*, écrivait : « *Mais la nature ne sera en définitive sauvée que par notre cœur. Elle ne sera préservée que si l'homme lui manifeste un peu d'amour, simplement parce qu'elle est belle et parce que nous avons besoin de beauté.* »

A-t-on besoin de justifier l'existence de l'éléphant sur cette planète ? Au-delà du pragmatisme écologique, par sa seule présence, sa beauté puissante ne nous ouvre-t-elle pas une fenêtre de bonheur sur la vie ? Trop peu d'hommes sur cette terre semblent le croire. Ils m'empêchent de sombrer dans l'inconscience de l'optimisme.

L'année qui suivit notre opération d'inventaire, j'appris une terrible nouvelle : la mort de Léonce Metge. Il s'était tué en pilotant le bimoteur de la *Coton Tchad* qui transportait la paye des employés de cette compagnie lors d'une liaison N'djamena-Bangui. C'était en saison des pluies et son avion bimoteur avait peut-être rencontré une barrière de *cunimbs*.

Sacré Léonce ! Voulut-il se rejouer notre aventure de l'année précédente, forcer le passage de ces effrayants nuages ? Cette fois la chance ne fut pas de son côté. Songeur, je repensai à lui, revoyant comme dans un film notre arrivée tumultueuse dans le ciel noir de Bangui, les moments de bonheur qu'avait suscités la découverte des éléphants, ses virages serrés et son excitation enfantine au-dessus des immenses troupeaux, pendant que Jean-Luc et moi déclenchions nos appareils photo jusqu'à la surchauffe… Ce fameux soir-là au camp, à la lumière de notre lampe à pétrole, derrière les verres de champagne levés, Léonce avait laissé éclater son rire et sa joie…

Malgré les recherches entreprises, son avion demeura introuvable. Les vastes lacs temporaires qui se forment à chaque saison des pluies dans la plaine du Logone, cette même plaine qu'il avait dû survoler, avaient probablement englouti l'épave sous leur linceul liquide. Certaines langues malveillantes osèrent croire qu'il s'était envolé avec l'argent de la Compagnie ! Mais l'année suivante, quand les étendues d'eau s'asséchèrent, on retrouva dans la savane métamorphosée la carcasse d'un avion blanc écrasé sur le dos. C'était le sien. L'appareil n'avait pas dévié de sa route.

Je demeurai songeur. Sans doute que Léonce n'avait pas aimé l'idée d'un demi-tour, l'idée que des nuages, aussi sombres soient-ils, pussent retarder la paye des paysans et des ouvriers des champs et des usines de coton qui l'attendaient comme un messie.

La sépulture de la forêt de pierre

Cette expédition promettait d'être passionnante, comme toute immersion profonde dans les mondes étranges et déconcertants de Madagascar. Jamais cependant, je n'aurais pu imaginer la découverte aussi exceptionnelle qu'inattendue qu'elle me réserva.

Mais à quel genre de découverte inédite un écologue peut-il s'attendre ? Non spécialiste, il a peu de chance de dénicher la perle rare, une nouvelle espèce, à moins que la dite rareté ne brille pas par excès de discrétion et présente des traits morphologiques bien tranchés. Un ornithologue, un botaniste, un entomologiste est, chacun dans sa spécialité, bien mieux armé que l'écologue pour partir à la chasse aux espèces dans les milieux méconnus. Plusieurs années auparavant, j'avais accompagné un spécialiste d'arthropodes du Muséum d'Histoire Naturelle de Paris qui sur un seul rocher (toujours à Madagascar) avait relevé (à la loupe), fou de joie, trois espèces inconnues de ces microscopiques bestioles ! Je me doutais que parmi la pléthore d'espèces de flore et de faune que j'allais côtoyer durant les deux mois de ma mission, certaines seraient inattendues, voire nouvelles pour la science. Mais là où j'allais, l'écologue que j'étais courait le risque de se noyer dans un gigantesque *musée* exposant ses collections sans étiquettes. Et pourtant, le clou de cette mission fut bien une découverte, une découverte sensationnelle.

C'était l'été 1990 et l'Unesco m'avait mandaté auprès du Ministère des Eaux et Forêts pour prospecter un site parmi les plus insolites et méconnus de Madagascar : la réserve naturelle des Tsingy de Bemaraha. Ce n'était pas ma première mission pour l'institution de la Place Fontenoy : j'avais par le passé déjà travaillé pour elle sur des projets de conservation de sites naturels et culturels. Cette tâche n'étant pas pour me déplaire, je l'avais tricotée chemin faisant comme une sorte de spécialisation et une orientation nouvelle pour mon métier. Une tâche d'écologue plus que d'écologiste. L'écologiste navigue davantage dans les eaux de la théorie et des systèmes d'idées. Or, j'avoue m'être toujours mieux senti dans mes bottes au rayon des métiers techniques, comme tous les *logues* ou *graphes,* en exerçant hors des champs militants ou politique. Même avec les médias comme témoins, je savais mon activisme insuffisamment héroïque pour jouer au Saint Siméon arboricole, m'enchaîner à un arbre en provoquant les tronçonneuses, me coucher devant un bulldozer dévoreur de nature, ou m'interposer entre une baleine et un harpon nippon. Insuffisamment héroïque aussi pour aller violer, au milieu de commandos d'écologistes sans frontière, le principe de non-ingérence des États dans l'intérêt supranational de la planète et de ses habitants. Médiocre rhéteur, je n'avais jamais eu non plus de don pour la harangue, ni l'aisance de ces écologistes prospectifs, concepteurs de nouveaux mondes, qui, « *la plume dans la bouche*[46] » savent murmurer à l'oreille des décideurs des conseils avisés pour verdir leur politique. Et puis j'avais voulu raison garder, car si l'écologie n'est ni de droite ni de gauche, agrégeant toutes les couleurs politiques vers un seul but qui est la défense de la vie et donc la survie de l'homme, plus que dans les autres sciences le risque existe de verser dans l'intolérance et un intégrisme quasi-religieux. Séduit par le terrain, c'était donc l'habit de l'écologue que j'avais revêtu, moins voyant mais plus seyant que celui de l'écologiste.

A l'instar des autres pays issus de la colonisation française, l'État malgache avait conservé la structure administrative léguée par l'ancienne

---

[46] Expression de J.J. Rousseau (*Les Confessions*).

tutelle. Les bons vieux « Eaux et Forêts » étaient chargés, en sus de la gestion des forêts domaniales, des aires protégées (parcs nationaux et réserves naturelles), en majorité situés en forêt et répartis sur l'ensemble de l'île[47].

J'ai toujours eu un faible pour les zones calcaires. Le calcaire est comme l'équivalent en minéral d'une personne qui sous des apparences dures cache une grande tendresse au tréfonds d'elle-même. Il ne résiste pas aux acides, si bien qu'au fil des millions d'années les eaux de pluie percolent en leur cœur et y creusent patiemment des réseaux de galeries parmi les plus longues et les plus profondes au monde. Chaque année on en découvre de nouvelles, sur terre comme sous la mer. Les animaux des ères géologiques passées s'y sont abrités ou y ont hiberné, les hommes de la préhistoire les ont parfois habitées, leurs chamans en ont orné certaines de divers motifs gravés ou peints et se sont pâmés à leur réverbérations sonores. Bref, les lieux calcaires, surtout les plus difficiles d'accès, réservent toujours des surprises.

C'est pourquoi l'idée d'aller explorer les profondeurs mystérieuses de ce karst[48] m'excitait au plus haut point. Je le savais troué de grottes et entaillé d'innombrables canyons. On était en 1990,

---

[47] Aujourd'hui, ces dernières sont gérées par une administration séparée : « *Madagascar National Parks* ».

[48] Un karst est un massif calcaire dans lequel l'eau a creusé de nombreuses cavités. On parle de massifs ou de reliefs karstiques.

pourtant il demeurait en grande partie méconnu. L'Unesco m'enjoignait d'étudier cette réserve naturelle de 50 000 ha (l'une des plus vastes de Madagascar) et de vérifier si elle répondait aux critères de classement au Patrimoine Mondial. Dans un monde normalisé tel que le nôtre, on n'échappe pas à la standardisation des procédures, y compris pour l'évaluation des sites naturels. Pour cette expertise, j'allais donc utiliser une grille de critères conçue par les *onarques* bien-pensants des Nations-Unies. Mais si l'expert propose, seule l'Organisation dispose : chaque année un Comité *ad-hoc* se réunit à l'Unesco, à Paris, et donne son avis sur les propositions que les pays lui font.

Les tsingy ! De nombreux téléspectateurs se souviennent les avoir vus sur leur petit écran : d'extraordinaires aiguilles de calcaire déchiquetées aux formes vertigineuses, qui n'existent qu'à Madagascar (le mot *tsingy* en malgache - la voyelle finale est étouffée - correspond à la sonorité exacte que produit la brisure d'un éclat de ces aiguilles calcaires très dures et tranchantes). Je fais allusion à cette émission, moins spontanée que spectaculaire, préférant attirer l'attention du téléspectateur (système oblige) davantage vers l'inévitable commentateur et ses engins volants rocambolesques (qu'on aurait cru dessinés par Miyazaki), que sur l'objet du film : site ou animal rare, servant à mettre en valeur le personnage central au lieu de l'inverse. Mais peu importe, même trop souvent en arrière-plan, l'incroyable originalité et la fascinante architecture des tsingy[49] ne laissaient pas indifférent.

Le karst des tsingy est situé dans le centre-ouest profond de Madagascar, l'une des régions les plus isolées et les plus démunies de la Grande île, ce qui n'est pas peu dire, dans un pays parmi les plus pauvres au monde. Produit d'une érosion multimillénaire commencée à l'époque des dinosaures et qui se poursuit de nos jours, les tsingy se concrétionnent, s'agglomèrent, se juxtaposent en un gigantesque parallélépipède fracturé verticalement et horizontalement : 50 km de long, 2 à 5 km de large, 30 à 40 m de haut. Comment se sont-ils formés ? Aidées par les mouvements tectoniques, les eaux de pluie (légèrement acides) ont patiemment dissous le calcaire, sculptant érodant, corrodant au fil du temps un véritable labyrinthe, une forêt de pierre très difficile d'accès, aux profondes crevasses séparées par des lames cannelées et des pointes aiguës, dures, finement ciselées, tranchantes comme des rasoirs. Fantastique dédale en trois dimensions composé d'un réseau compliqué de failles, de boyaux, de corniches, d'abris sous roche et de galeries situés à différentes hauteurs. Ici les deux règnes, le minéral et le végétal, naissent du

---

[49] Il existe un site équivalent à 100 km plus au nord (Tsingy de Namoroka) et deux ou trois dans le monde, notamment dans le Yunnan et à Bornéo, mais aucun n'atteint l'exubérance des Tsingy de Bemaraha.

même berceau, se côtoient, s'entremêlent, s'épousent étroitement, indissociablement. Et partagent le même destin. Il faut des heures d'effort et de contorsion pour se déplacer de quelques dizaines de mètres au sein d'un tel milieu si déchiqueté et si tourmenté. Sans oublier un peu d'équipement et une solide indifférence au vertige. Les feux de végétation destructeurs qui transforment année après année Madagascar en une vaste terre rouge et stérile, ne pénètrent pas ici. La fraîcheur (relative) et l'humidité des fonds de canyon, les à-pics des falaises de pierre leur barrent partout l'accès.

J'appréciais la Toyota 4x4 Hillux que l'Unesco m'avait affectée pour me rendre sur les lieux depuis la capitale et pour me déplacer à l'intérieur de la province. J'aimais la simplicité rustique, la bonne volonté mécanique et la hargne de ce véhicule dans les situations difficiles. Sur le plateau du pick-up, j'embarquai une moto tous terrains Yamaha 125cc qui me serait utile pour les parcours les plus rudes. Les pistes de Madagascar sont réputées parmi les plus défoncées d'Afrique. Heureusement qu'en saison sèche on arrive presque toujours à surmonter les difficultés avec un peu d'astuce et l'aide des gens de passage : la région a beau être l'une des moins peuplée de l'île[50], quelqu'un finit toujours par surgir, où que l'on s'arrête. L'auto transportait aussi mon matériel de bivouac et de camping, mes affaires personnelles et les vivres que je savais ne pas trouver dans la contrée reculée où je me rendais. Pour faire vite, j'avais regroupé à Tana[51] tous mes achats de nourriture, au petit supermarché de la rue Razanakombana. Comme d'habitude, j'avais pris du riz en vrac et des sardines en boites pour leur côté pratique. Ce genre de produits se conserve bien et supporte sans dommage les nids de poule et les vibrations qu'impose l'éprouvante tôle ondulée des pistes. Sur place, il y aurait sans doute moyen de dénicher épisodiquement dans les villages et auprès des pêcheurs, quelques produits frais pour compléter cette batterie alimentaire, aussi banale qu'universelle.

Ce n'était pas mon premier voyage à Madagascar. Là où je me rendais je n'ignorais pas que les déplacements à pied, en charrette à bœuf ou à pirogue s'imposeraient, certaines parties de la réserve n'étant pas accessibles autrement. La charrette à bœuf (les « bœufs » malgaches sont en fait des zébus) est le moyen de transport idéal du matériel et de la nourriture lorsque l'état d'une piste atteint le niveau maximum sur l'échelle de Richter du délabrement. Ses roues creusant les

---

[50] Dans le découpage administratif *malgachisé* de l'île, il s'agit du *Fivondronana* d'Antsalova.

[51] Tananarive. Devenue : *Antananarivo*.

ornières, la charrette en constitue aussi la principale cause de dégradation. Sur ces chemins-là, il est fortement conseillé d'aller à pied, toute tentative de prendre du repos étant vouée à l'échec sur le rude plateau de bois de ce panier à salade. Sur certaines sections pentues, cela s'était déjà vu, des charrettes trop chargées avaient basculé ~~passant~~ par devant l'animal tracteur. Malgré l'adresse et la force du bouvier, zébu et roues s'enfoncent parfois si profondément dans la boue, que rien ne peut être tenté, sinon tout abandonner sur place une fois abrégées les souffrances de l'animal et récupéré le contenu du chariot. On peut imaginer l'effet que produit sur le voyageur de passage la carcasse d'un zébu blanchie au soleil plantée au beau milieu d'une piste isolée ! Je ne crois pas que la situation actuelle des infrastructures malgaches se soit beaucoup améliorée depuis cette année de 1990, quand se déroule cette histoire. La charrette à bœuf s'imposait comme le moyen traditionnel de relier les villages et le plus utilisé pour effectuer le transport des marchandises dans les parties reculées de l'île.

Madagascar n'est pas un « confetti » océanique comme les Comores, La Réunion ou les Seychelles, mais l'une des plus grandes îles au monde. Il faut la traverser dans sa largeur, quand de Tananarive on veut se rendre dans le centre-ouest. Sur la route, Morondava est une étape obligée. Petit port de pêche bien agréable de la côte ouest, il est apprécié pour la qualité de son *mora-mora*[52]. Des températures constamment élevées y viennent contrarier tout acharnement au travail.

La piste poussiéreuse reprend vers le nord, embellie par la majestueuse et célèbre « allée des baobabs ». Qui a feuilleté *Géo* ou *National Geographic* se sera extasié devant les photos double page du fameux paysage, pris sous tous les angles, de préférence le soir, quand le soleil dore l'écorce des géants. Elles illustrent la primauté de Madagascar sur la « planète baobab » : l'île en compte sept espèces pour une seule dans l'Afrique entière ! Curieux baobabs, qui rappellent des arbres renversés : on les dirait plantés sur la tête, les racines tournées vers le ciel ! Endémiques, les baobabs sont des monuments naturels, des éternités immobiles, de vieux sages accumulant avec patience la sève du temps dans leur bois.

Mais le long de la piste majesté et beauté font vite place à la réalité rurale de l'île : cultures sur brûlis et meules à charbon de bois… des fléaux qui chaque année écorchent un peu plus la biosphère de l'île. Fort heureusement plus à l'ouest, au-delà des forêts sèches brûlées et des maigres champs de céréales ou de coton, je savais intacte la vaste forêt de mangrove qui habille le littoral et l'enrichit de ses nutriments. Barrière efficace contre les terribles tempêtes du Canal du Mozambique. Nous l'avions parcourue quelques années auparavant lors d'une

---

[52] Intraduisible (une certaine douceur de vivre).

mission pour l'Europe. C'est là, en son sein, que fraient ou se nourrissent crevettes, crabes et de nombreux poissons qui font la renommée du pays. On franchit le fleuve Tsiribihina sur un bac motorisé, puis la piste, de plus en plus dégradée, se poursuit en direction du nord. Un état de dégradation donnant à penser que l'on se dirige vers une région totalement délaissée, donc méconnue. Le voyage depuis Tana peut durer trois jours. Juillet et août de l'hiver austral correspondent à la saison sèche, quand les températures échappent au feu du ciel. C'est la période idéale pour s'aventurer dans le *far ouest* malgache.

En arrivant brisé de fatigue ce soir-là à Bekopaka, situé de l'autre côté du fleuve Manambolo – on le traverse lui aussi sur un petit bac à moteur -, le chef du village m'invita aimablement à partager un diner simple, à base de riz et de croustillantes punaises des bois grillées (j'appris que l'entomophagie était pratique courante dans cette partie de Madagascar). Et ce ne fut que le lendemain, après l'inévitable réunion protocolaire avec les autorités locales, présidents de *Fokontany*[53], *Firaisy*[54], et autres notables, à qui j'expliquai le projet qui m'amenait, qu'on me présenta Félix.

---

[53] Chef de village.

[54] Chef de canton.

Chasseur de miel de son état, il était, me dit-on, la personne la mieux indiquée pour m'accompagner durant mon exploration. Il n'était pas question de s'aventurer dans le puissant causse des tsingy, véritable « forteresse naturelle », sans l'assistance d'un guide local qui en connût parfaitement les arcanes. Félix était musclé et trapu. Il ne dépassait pas la quarantaine. Son regard candide et brillant se voilait de tristesse à l'approche d'une contrariété, comme celui d'un enfant. Son sourire irradiait son visage cuivré et témoignait d'une grande bonhomie. Il avait les façons simples des hommes en prise directe avec la nature. Dire qu'il me faisait penser à un homme du néolithique avec son allure de « chasseur-cueilleur », n'aurait eu de ma part rien de condescendant : d'une part, j'ai toujours voué une particulière admiration pour les hommes de la préhistoire capables de survivre, sans l'aide d'aucune science (sinon leurs connaissances empiriques) aux rudes conditions d'un monde qui ne leur faisait pas de cadeau (l'archésociété[55] était - en dépit des clichés - peut-être plus équilibrée, plus égalitaire et plus sage que bien des « civilisations » qui lui succédèrent), d'autre part, si être adapté ou s'adapter aux tsingy était un don ou un art, Félix avait l'un ou maîtrisait l'autre ; il n'avait de leçon à recevoir de personne.

Chez lui, une humble case de planches à Bekopaka, il portait une chemise et un short. Mais pour toutes

---

[55] Ainsi désignée par Edgar Morin.

les explorations que nous fîmes ensemble, il ne s'est jamais départi de sa tenue coutumière de chasseur de miel : un short retroussé en cuir de zébu usé et une chemisette déchirée. Félix allait nu-pieds. Hors du village, sa sarbacane le suivait partout, accompagnée d'un petit carquois de flèches empoisonnées, tous instruments façonnés de sa main. À sa ceinture était accrochée une petite bourse en vieux cuir de zébu contenant silex et amadou. Nul besoin d'allumettes : en un tour de main il vous enflammait l'amadou en percutant sa pierre et allumait le feu qui rôtirait l'oiseau ou le lémurien fléché mis à son menu.

Nous convînmes d'une rémunération forfaitaire et Félix devint mon guide pour les deux mois de la mission. Sans regrets. Monument de gentillesse, l'homme baragouinait le français. Heureusement ! Je n'ai jamais pris le temps d'apprendre ne serait-ce que quelques rudiments de malgache, une langue il est vrai difficile, aux origines lointaines[56]. Dès le début de nos prospections Félix me fit découvrir un monde très mal connu. La rareté et l'ancienneté des publications scientifiques (elles dataient des années cinquante) me donnaient l'illusion jouissive d'explorer les tsingy en pionnier. C'était comme d'ouvrir un gros incunable, dont très peu avant moi auraient tourné les pages. Un site à la géologie impétueuse et d'une étourdissante richesse biologique. La poignée de

---

[56] Le malgache emprunte au malais et aux langues polynésiennes.

biologistes, géologues et anthropologues qui jusque-là s'étaient introduits dans les tsingy, l'avaient fait en suivant leur propre itinéraire. Or, il existait une variété infinie de passages possibles. Mais tous exigeaient de franchir des murailles dressées en tous sens, des murailles élevées par une tectonique contrariée, armées de multitudes de lames acérées et tranchantes, de pointes aiguës, de cannelures calcaires d'une incroyable finesse. *Tsingy* : Taj Mahal de la nature, édifié au terme d'un patient travail de ciselure ininterrompu, commencé au Secondaire, monde de falaises verticales (jusqu'à 40 m de hauteur) qui ne s'apprivoisait que mètre après mètre... Fragiles dentelles ou gigantesques piquants de porc-épic pétrifié où des yeux tourmentés et mystiques auraient vu un immense piège de pitons hérissés destinés à empaler tout profanateur du sanctuaire. J'aimais toucher ces parois calcaires forgées dans les fonds abyssaux du temps... Si ces roches pouvaient parler, leur mémoire libèrerait un prodigieux contenu de millions d'années !

Je m'étais carapaçonné dans d'épais vêtements, de gants de cuir et de chaussures rigides aux semelles renforcées, quand Félix, lui, se mouvait dans ce milieu inhospitalier, pieds et mains nus, presque aussi facilement qu'un *sifaka*[57]. Chercheur de miel

---

[57] Propithèque de Verreaux : lémurien blanc laineux à la face noire, se déplaçant par bonds verticaux au sol comme dans les arbres. Endémique de Madagascar.

depuis sa plus tendre enfance, je l'ai vu se faufiler avec la facilité d'un fantôme dans ce milieu complexe et labyrinthique de couloirs, boyaux, galeries et fissures qui se croisaient et s'entrecoupaient dans toutes les dimensions. Il n'aurait servi à rien de se localiser en s'appelant. Ici, les sons se dissociaient de l'espace, comme dans les couloirs interdits de l'inquiétante abbaye d'« *Au Nom de la Rose* ». Je mesurais parfois les parcours avec un topofil[58] qui me servait de fil d'Ariane quand Félix se trouvait éloigné de moi. Il trouvait toujours la meilleure combinaison de voies d'accès pour s'élever jusqu'aux plus hauts pics de calcaire, comme si la nature lui en avait confié les plans avec ses plus intimes secrets de construction. Dans cet éden pour spéléologue, « le maître d'œuvre » commençait par nous engager dans une grande fracture, puis bifurquait dans une autre à peine plus large que nos épaules. Dans la pénombre de ces fonds de *puits* je me sentais baigner dans un air fossile, une atmosphère étrange et immobile d'ère carbonifère, humide et silencieuse, où la rencontre avec une espèce nouvelle de reptile ou d'oiseau aptère n'aurait pas été sugrenue. Tout en haut, au-dessus de ma tête, les hérissements gris mouillés de soleil se découpaient avec audace sur le ciel bleu Majorelle : *cathédrale gothique* aux flèches aiguës bien plus délirantes que celles de la « Sagrada Familia » ou l'art brut impulsif du

---

[58] Mesureur à fil.

facteur Cheval.

Pour progresser il fallait ramper, grimper dans une galerie débouchant dans un puits naturel, se hisser au niveau des boyaux situés au-dessus qui s'ouvraient sur des anfractuosités intermédiaires. Et pour monter encore d'un cran, il fallait réitérer la même opération. S'extirpant de ces intestins de roche aussi entrecroisés que des vrais, nous émergions sur un *toit* de tsingy surchauffé, éblouissant de lumière, livrant des perspectives étonnantes, dont la surface subhorizontale atténuait l'inhospitalité générale du karst. On était souriants, heureux des résultats de notre effort.

Un véritable enchantement m'attendait de l'autre côté de ces barrières redoutables d'aiguilles karstiques : les Tsingy d'Andamizavoky ou, encore plus hauts, ceux d'Ambalarano et d'Antongobory. Un foisonnement de végétations accrochées aux murailles calcaires et entrecoupé de canopées exubérantes jaillissait, émergeant de grandes fissures. Fabuleux jardin de roche que la main de l'homme n'avait jamais touché. Quelle gageure pour ces végétaux que de parvenir à se fixer et à vivre en pareil endroit ! Deux ingrédients avaient suffi à la nature pour édifier cet éden sauvage : le temps et la capacité d'adaptation. L'adaptation se traduisait ici en un langage botanique *fleuri*, à la hauteur de ces riches exubérances. Des mots précis, chacun décrivant, au gré des caprices de la sélection naturelle, la particularité frappante de ces plantes de l'extrême : turgescente, squameuse, tomenteuse, subéreuse, saprophyte, crassulescente... Je ne résiste pas à l'envie de citer quelques-unes de ces étranges merveilles saxicoles aux noms exotiques, quasi mythologiques, que j'avais appris à reconnaître et qui se sont burinés dans ma mémoire : *Kalanchoe, Aloe, Adenia, Hildegardia, Commiphora...* des noms de filles sauvages, d'amazones végétales, de figures antiques accrochées au lapiaz, plantées dans le calcaire, attendant patiemment la saison des pluies pour fleurir. Il y manquait des Arsinoé, Orphée, Salomé... pour parachever leur pouvoir incantatoire ! Les arbres poussant sur le fond noir et sablo-limoneux des canyons atteignaient des hauteurs considérables pour rejoindre la lumière, au détriment de leur croissance en diamètre. Nulle part ailleurs, je n'avais vu d'arbres aussi hauts supportés par des troncs aussi fins que des tiges ! À l'abri dans ces fissures étroites qu'aucun souffle de vent ne pénétrait jamais ; le moindre balancement les aurait brisés. Je me demandai quel prodigieux mécanisme physiologique poussait la sève jusqu'aux plus hautes ramures. D'autant que ces prouesses de la nature avaient leur pendant en sens inverse : d'autres végétaux plongeaient leurs racines de plusieurs dizaines de mètres dans les profondeurs du karst, à la recherche d'eau et d'humus. Une telle différence de niveau entre l'extrémité des racines et des tiges démontrait qu'ils avaient résolu le problème biophysique de la pression nécessaire à la circulation de leurs fluides

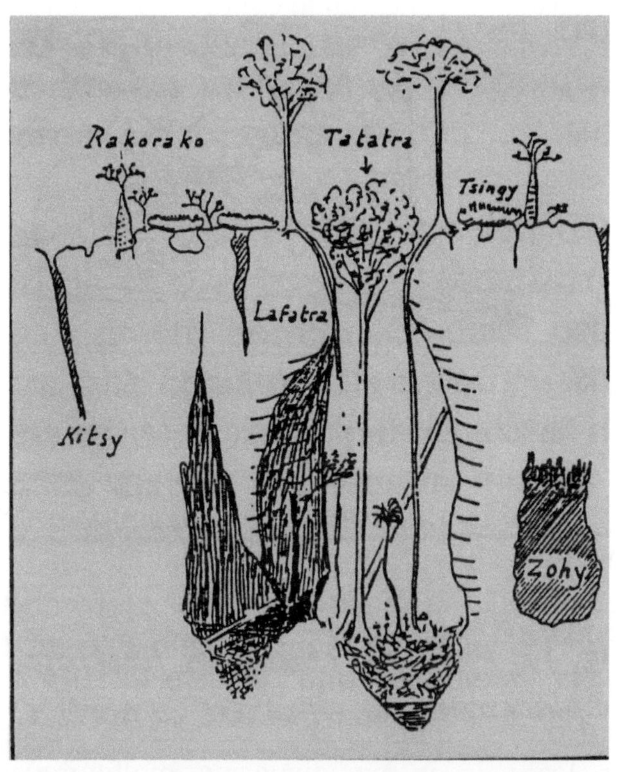

vitaux. Certains étaient même capables de percer la roche pour atteindre les cavités souterraines. Je vis dans certaines grottes des racines de ficus vivantes indurées de calcite, telles des stalactites au cœur végétal !

Je conservais en archive un vieux croquis du botaniste Léandri de 1958 illustrant une coupe dans les tsingy, griffonné de mots de la nomenclature locale, claquant et sonores comme les roches du milieu qu'ils évoquaient : *tatatra, kitsy, kizo...* Simple, épuré, il montrait l'essentiel, comme l'aurait fait un dessin de Reiser :

Madagascar ? Un fabuleux morceau de Gondwana retrouvé intact après un long voyage dans le temps. Sur cette île, l'une des plus vieilles au monde, l'évolution a su prendre son temps pour façonner des créatures parmi les plus étranges qui soient. Détachée de l'Afrique il y a près de cent quarante millions d'années, il ne faut pas s'étonner que sa flore et sa faune n'aient plus grand chose d'africain : on y a recensé un quart de million d'espèces, dont la majeure partie endémique, c'est-à-dire ne vivant nulle part ailleurs dans le monde.

Je trouvais la faune des tsingy moins spectaculaire que sa flore ; apparemment dépourvue de ces endémiques d'endémiques que sont les endémiques stricts. Mais ma remarque ne s'appliquait qu'à la grande faune. Pour les autres animaux, les tsingy formaient le berceau d'une pléiade de petites bêtes fascinantes : amphibiens, caméléons, insectes… pour lesquels je ne disposais malheureusement d'aucun moyen technique d'identification[59]. Je me bornais donc aux observations des seuls mammifères et oiseaux, conscient des lacunes zoologiques que contiendrait mon rapport.

Madagascar est la terre des lémuriens. Dans (ou sur) les tsingy, les diurnes sont communs et faciles à voir : lémur roux (*gidro*) et propithèque de Verreaux (*sifaka*). N'étant pas équipé pour les incursions nocturnes, je n'ai pu aller vérifier la

---

[59] Ce monde des reptiles, des insectes et des amphibiens, atteint à Madagascar des taux d'endémicité records !

présence du lépilémur ni celle du microcèbe, de l'hapalémur ou encore du cheirogale. Un peu de travail pour mes successeurs.

En haut de la pyramide, on trouve le seul prédateur (non humain) des lémuriens, le cryptoprocte, le *fossa* des Malgaches. Je ne l'ai jamais rencontré, en raison de ses habitudes essentiellement nocturnes, sa discrétion et sa rareté. Inutile de préciser que lui aussi est *made in Madagascar*[60]. Curieux animal que le *fossa* : une sorte de genette sans rayures, une queue aussi longue que son corps, des yeux de phoque, de longues canines, le tout emmailloté dans un pelage brun.

Mais sur l'échelle de l'extravagance, l'aye-aye détient la palme ! Sans doute l'un des animaux les plus étranges et ensorcelants de la création. Il n'appartient pas à la famille des lémuriens. Il n'appartient à rien d'ailleurs ! Seule espèce dans son genre (*Daubentonia*), lui-même unique, comme sa famille zoologique, les Daubentonidés, qui n'existe en nul autre lieu de la planète. Certains diront que c'est l'animal le plus laid de la Genèse ; tête de chauve-souris, yeux immenses, grandes oreilles en pavillon et doigt médian démesuré muni d'une longue griffe, font penser à un gremlin qui aurait pu inspirer les personnages des trolls des cavernes du *Seigneur des Anneaux*. Mais la beauté

---

[60] L'endémisme de la faune, encore plus que la flore, dépasse 90% ! Au point que ce pays est l'un des plus importants « point chaud » de biodiversité de la planète.

est une notion anthropomorphique, la nature n'en a cure, la symétrie n'est pas toujours sa marque de fabrique. Pour une fois elle s'est complu à modeler son contraire ! Avec succès : loin du canon grec des proportions du corps (pour lémuriens), ses excentricités morphologiques font de ce « monstre » nocturne (40 cm - sans la queue - pour 2 à 3 kg !) une bête ultra-spécialisée, apte à percer une noix de coco ou à plonger son doigt allongé dans les troncs, où ses pavillons auditifs démesurés détectent les larves de coléoptères dont il se régale.

Hélas, sa laideur dessert la pauvre bête ! Auprès de qui ? L'homme bien sûr qui, comme pour les chouettes des siècles derniers en Europe, cristallise une fois encore toutes les superstitions autour d'elle !

On dit que l'aye-aye existe en très faible densité aux tsingy, dans des poches de forêt humide. Une rumeur ? En tout cas, je ne l'y ai jamais rencontré, ni même trouvé des indices de présence. Avec Félix, chasseur diurne, ils auraient pu se croiser au crépuscule. Pourtant, lui non plus ne l'a jamais vu. Il m'a raconté qu'en 1975, un bout de queue de l'animal fut trouvé dans une frange de forêt dense du rebord occidental des tsingy, pas loin de chez lui. Ce n'était pas une preuve : il aurait pu être rapporté par un chien du village, qui l'aurait déniché on ne sait où !

Félix et moi étions certes les seuls *Sapiens,* mais pas les seuls mammifères, à parcourir les étendues déchiquetées des tsingy. Des lémuriens venaient y quérir leur nourriture selon des déplacements qui devaient s'effectuer génération après génération, depuis la nuit des temps, en rythme avec les cycles saisonniers des arbres et des arbustes dont ils aidaient la dissémination. Ainsi allait la coévolution naturelle…

Un matin éclaboussé de soleil un groupe d'élégants *sifaka* pareils à des fantômes blancs nous fit une démonstration éblouissante de sauts acrobatiques, qu'un film de Jackie Chan aurait pu jalouser. Ils bondissaient de tsingy en tsingy pour aller prendre leur repas de végétaux sur les arbres enfouis dans les canyons du massif. De quelle substance prodige était faits leurs coussinets plantaires, pour braver de tels hérissements calcaires aiguisés comme des lames de couteaux ? Une autre fois, les mêmes petits bonshommes laineux, blancs comme neige, se livrèrent à un spectacle drôle et inédit, grappillant de branche en branche bourgeons, pétales et pistils, parmi les floraisons rouges d'un grand *Hildegardia*[61]. Tout à coup, l'un d'eux, mécontent de ma présence, me tança de toute sa hauteur. Il glapissait, ses doigts de pied enroulant la branche où il se tenait, sa queue s'entortillant autour d'une autre. Il me jeta des brassées de fleurs écarlates qui caracolèrent un moment dans l'air avant de toucher le sol, délicatement. Flocons

---

[61] Pour nommer cette essence, on a le choix entre le nom scientifique ou le nom malgache ; il n'existe pas de nom en français (à moins d'utiliser le beau néologisme médiéval d'Hildegarde !)

rouges, projectiles dérisoires et fragiles pour chasser l'intrus que j'étais…

Ce soir-là, seul, je dressai mon camp au pied des grands tsingy ; formidable muraille endiguant un monde écrasé de nature, dont je m'emplis la tête des images de la journée.

Dans le ciel encore mauve les derniers nuages filant vers l'océan semblaient s'effilocher sur les pointes aigües. La nuit tombait, claire et parfumée. Le regard perdu dans l'infini étoilé, je revoyais les bonds des *sifaka*, les sauts des *gidro*, la neige rouge sous l'*Hildegardia*… des scènes que je n'oublierai jamais. En cet instant, ces mêmes lémuriens dormaient quelque part lovés aux creux branchus des cimes. Je m'étais attaché à ces animaux si particuliers. Leur vulnérabilité me préoccupait. Et au-delà des seuls lémuriens, c'était tout l'avenir biologique de Madagascar qui inquiétait. Le frêle réseau des aires protégées formait un rempart insuffisant, à lui tout seul, pour assurer la pérennité des trésors vivants de l'île. Qu'allaient-ils devenir face au développement anarchique des activités humaines[62], tandis que la population[63] et la

---

[62] 50 000 ha de forêt disparaisse chaque année, dans un pays où la corruption des dirigeants est endémique, la confiscation des terres et des ressources par des compagnies étrangères (chinoises notamment), en pleine expansion.

[63] 11 millions d'habitants en 1990, 24 millions en 2014, 30 en 2025 !

pauvreté endémique[64] poursuivaient leur ascension ? Ce chapelet de petits territoires (plus ou moins bien protégés) dans ce pays de mégadiversité biologique, n'était-il pas qu'un prétexte ? Comme si le colonisateur, puis le Gouvernement malgache, avait voulu se dédouaner de ses obligations auprès de la nature, s'octroyant tous les droits pour la massacrer partout ailleurs : mise en culture et en pâturage des zones déboisées par la hache et le feu, exploitation minière, etc. A Madagascar, comme d'ailleurs partout où la planète était touchée par le modèle occidental de croissance, l'homme se plaçait au centre de la biosphère en dominateur et en prédateur de ressources. Résultat : à l'exception de ces minuscules refuges de nature, la plus grande partie de l'île était convertie en prairie graminéenne hautement combustible et sensible à la formation de *lavaka*, ces effroyables ravines d'érosion qui crevassent les sols et les vident de leur substance. Si on pouvait donner un visage aux îles, celui de Madagascar avait pris celui d'un vieillard !

L'actuel réseau des aires protégées est insuffisant pour « sauver les meubles ». Si l'on considère l'écosystème principal de Madagascar, la forêt dense humide de la côte orientale, une fois coupée et brûlée, il restera moins de 10% de sa superficie originelle dans les aires protégées. En raison du

---

[64] Les chiffres étonnent et désespèrent : en 2013, 77% de la population rurale vivait en dessous du seuil de pauvreté !

phénomène d'endémicité extrême, rien ne dit qu'elle préservera plus que ce pourcentage de la biodiversité initiale.

Voici l'inquiétant extrait d'un bulletin technique de l'IRD[65] (*Madagascar, la forêt en danger*) :

« La déforestation à Madagascar demeure parmi les plus préoccupantes du monde tropical. Bien que son coût écologique n'ait pas été entièrement évalué, quelques points peuvent d'ores et déjà être mis en avant. L'érosion de la biodiversité s'avère très élevée. Selon une estimation réalisée dans la forêt des Mikea, la déforestation s'accompagne de la disparition de 75% des espèces végétales originelles, parmi lesquelles des espèces de grande valeur économique, exploitées comme bois d'œuvre ou utilisées comme plantes médicinales. Un fait d'autant plus alarmant que les forêts malgaches abritent la quasi totalité des espèces endémiques de l'île ».

Dans la nuit pure et tiède, je levais les yeux vers les pointes noires des tsingy qui s'élançaient jusqu'au fourmillement des étoiles de la Voie Lactée. Etoiles froides, imperturbables, inamovibles, indifférentes aux destinées humaines, au temps, à tout. Le futur que j'y lisais me faisait frémir. Mieux valait se tourner vers le passé et ces millions d'années que je voyais défiler en descendant le chemin qui

---

[65] *Institut de Recherche pour le Développement*, France.

coulissait au flanc des Causses de ma jeunesse[66]...
karst aux allures massives jouant avec la lumière,
aux à-pics d'une cruelle brutalité. En touchant le
calcaire chaud des tsingy, je ressentais la sensation
troublante d'une gigantesque compression
temporelle. Si les trous noirs de l'espace sont faits
de matières prodigieusement denses, les pierres
sédimentaires, elles, sont les « trous noirs » du
temps. Cette pensée me transporta vers ces époques
reculées, quand les dépôts calcaires s'accumulaient
lentement au fond des mers, en couches épaisses ;
rapportant de ce voyage d'une longueur
inimaginable des fossiles, tel cet émouvant
fragment de sol aux impacts pétrifiés de gouttes de
pluie... un *instant* pluvieux d'il y a cent millions
d'années transformé en éternité ! C'était au
Crétacé, quand les dinosaures peuplaient encore la
Terre... jusqu'à ce phénoménal évènement les
anéantissant, démarrant le Tertiaire, il y a
66 millions d'années... Un évènement qui donnait
le frisson tant il préfigurait la fin du monde !
Pourtant, c'est stupéfiant quand on y pense : les
paramètres de cette collision furent juste ce qu'il
fallait pour permettre l'émergence des
mammifères ! Car il eut suffi que le météorite soit
un peu plus gros ou qu'il la percute sous un autre
angle, pour que la Terre entière, victime d'une
cinétique infernale venue du tréfonds de l'univers,
fût pulvérisée en milliards de cailloux stériles,

---

[66] Voir : *La déferlante grise.*

pareils aux anneaux de Saturne. Et un météorite plus petit aurait laissé vivre une partie des dinosaures, compromettant alors l'évolution des mammifères[67]…

La nature a donné au massif des tsingy la capacité de s'auto-protéger. En somme, c'était son « Krak des Chevaliers » dressé en efficace rempart contre les agressions de l'homme. Ses canyons étroits faisaient obstacle aux feux allumés par les conducteurs de troupeaux et les braconniers se montraient réticents à s'aventurer dans un tel labyrinthe dont Thésée lui-même se serait détourné. Encore moins pouvait-on y cultiver ou y couper du bois. Et ce n'est pas peu dire, même la prospection pétrolière s'y était cassée les dents ! En 1986, *Amoco* (une compagnie US) à la recherche de pétrole avait lacéré tout l'ouest de Madagascar de milliers de kilomètres de zébrures, comme d'inquiétantes lignes de Nazca incrustées au fer du bulldozer dans la chair des fragiles forêts sèches de l'Ouest. Plaies vives que des décennies ne suffiraient pas à refermer. Stigmates profonds laissés par les explorations aveugles des multinationales du pétrole, sans scrupules, obnubilées par la seule recherche du profit. Par bonheur, nul engin au monde, nul monstre d'acier aux griffes de fer n'aurait pu agresser le puissant bastion karstique des tsingy.

---

[67] Voir : *Le voyageur des ères.*

Durant ces prospections, aucun puits pétrolier n'avait été foré dans la région d'Antsalova. Ouf ! Sans doute n'y avait-on pas détecté d'hydrocarbures. Passées les premières réactions épidermiques, je me doutais bien qu'un pays aussi pauvre que Madagascar ne tournerait pas le dos à une manne pareille, dût-il y sacrifier ses plus beaux fleurons naturels. Terrible sacrifice écologique que connaissent hélas quasiment tous les pays de la planète, y compris les plus riches. En matière de gaz de schiste (aux graves implications environnementales), on se souvient que l'Europe elle-même, après l'Amérique du Nord, ne fut pas loin de céder à l'appel des sirènes argentées du lobby pétrolier[68] ! Sur la pente productiviste que le monde était en train de dévaler, quels autres Sisyphes entraveraient sa course ?

Chaque jour qui passait renforçait notre amitié, et grâce à Félix je voyais s'ouvrir les portes de nouveaux compartiments des tsingy, avec leur cortège de surprises botaniques et zoologiques. L'uniformité semblait bannie de ce monde : un maelström d'espèces vivantes, auxquelles, pour beaucoup, je ne pouvais adjoindre un nom. Je me souvenais de ces lignes :

---

[68] La province canadienne de l'Alberta est défigurée par l'exploitation des schistes bitumineux, les USA ouvrent grands leurs bras aux exploitants de gaz de schiste, l'Allemagne a substitué au nucléaire des mines géantes de charbon à ciel ouvert, etc.

Et c'était vrai qu'à mon échelle j'affrontais une sorte d'« océan » pétrifié.

Je croyais les tsingy un réservoir caché d'espèces que l'imagination foisonnante de l'évolution aurait pu forger ! Mais ce monde, s'il existait, ne se réveillerait que dans plusieurs mois, quand viendrait la saison des pluies. Quant à la flore, mis à part les espèces charismatiques, à côté de quels trésors suis-je passé, plantes anodines que j'ai regardées sans voir ! Ne pas pouvoir les nommer, ne pas les reconnaître, ignorant leur degré de rareté, savoir si telle espèce a déjà été répertoriée localement,… J'étais ébloui mais démuni, comme un explorateur pénétrant une tombe royale de l'Egypte ancienne sans la maîtrise des hiéroglyphes. Frappé par la seule beauté de choses dont j'ignorais le message. Je m'en voulais de l'insuffisance de mes connaissances, une insuffisance que le taux d'endémisme de l'île aggravait. J'aurais dû alors me souvenir de ce qu'avait écrit l'explorateur naturaliste Philibert

---

[69] *Chants de Maldoror*. Conte de Lautréamont (1868).

Commerson qui aborda l'île en 1769 :
« *Quel admirable pays que Madagascar ! Il mériterait à lui seul non pas un observateur ambulant, mais des académies entières [...] les formes les plus insolites, les plus merveilleuses, s'y rencontrent à chaque pas* ».
Que de frustrations réservait ce genre d'incursion pour le généraliste que j'étais ! Frustrations proportionnelles à l'effort fourni pour accéder à certains sites, coffres forts biologiques dont il valait mieux connaître les combinaisons. Et je ne pouvais reprocher à Félix ses connaissances vernaculaires partielles.
C'était là, je le reconnais, le revers de la médaille pour l'écologue itinérant que j'étais, plus généraliste que spécialiste. Il est vrai que le prototype du biologiste complet, le *transhumain* de la connaissance, restait à inventer... Il aurait pourtant été bien utile à Madagascar, caractérisé par une richesse à la mesure d'un continent.
Comme à l'accoutumé, l'Unesco n'avait pas trouvé les ressources suffisantes pour envoyer une équipe complète de scientifiques. Ou bien avait-elle jugé que la présente mission n'était qu'une simple reconnaissance, une première évaluation... Oui, mais dont l'enjeu était d'importance : plus je trouverais de raretés et plus elles rehausseraient la valeur du site, donc les chances d'une inscription au patrimoine mondial. Il fallait que je parvienne à combler mes plus grosses lacunes en me montrant bon photographe pour espérer compléter ce travail

d'inventaire *a posteriori*. Hélas, la plupart de mes rencontres avec la faune furent d'une extrême fugacité et l'occasion d'un cliché réussi était rare.

Heureusement que ma formation, la pratique, et une sorte d'intuition, venaient compenser mes lacunes en me permettant sans trop me tromper d'évaluer la diversité des écosystèmes, leur gradient relatif de richesse biologique, leur niveau de dégradation éventuelle. Chaque jour qui passait m'apportait des justifications nouvelles renforçant la légitimité de l'inscription des Tsingy au patrimoine mondial.

Puis, arriva le jour du 29 août. C'était très peu de temps avant l'achèvement de ma mission et mon retour à Tana. A peine suffisant pour aller effectuer un tour dans les sites culturels. Je savais que ce bastion isolé des Tsingy avait servi de nécropole aux peuples méconnus qui vivaient jadis sur cette côte de Madagascar, avant l'arrivée et l'installation des Sakalava venus d'Afrique à travers le Canal du Mozambique. En prélude à mon voyage, j'avais réuni tout ce que j'avais trouvé d'articles scientifiques sur le sujet. Et ce *tout* se résumait à peu de chose : quelques publications d'un anthropologue français (Chippaux) venu ici, en 1962 étudier deux sites funéraires.

Pour les Malgaches, les tombes des ancêtres (mêmes lointains) sont sacrées et le culte des mânes, bien vivant[70]. Je ne pouvais partir avant de me faire une idée de la valeur culturelle des Tsingy ! Car un site du patrimoine mondial peut l'être à double titre : naturel et culturel.

Félix, loin de tout radicalisme d'un sacré ancestral, ne fit aucune difficulté à me conduire successivement sur les deux tombes. La première était bien visible, placée sous un abri rocheux à l'entrée des gorges du Manambolo. Trop facilement accessible, ouverte aux visites, elle était excessivement perturbée. On pouvait y voir l'œuvre grossière de pilleurs de tombes sans scrupules. La seconde, plus secrète, inconnue des visiteurs, était enfouie dans une grotte des Tsingy près du village de Bekopaka. Dans une obscurité de caveau étrusque, des poteries jonchaient la chambre funéraire. Des squelettes intacts s'alignaient à côté d'amoncellements d'os. Les cercueils qui contenaient originellement ces corps avaient entièrement disparu, rongés probablement par les termites et l'humidité. Les avant-bras des défunts (devenus des os blanchis) étaient parés de bracelets de cuivre, preuve de leur tentative *ante-mortem* d'aborder l'au-delà sous la meilleure apparence. L'eau suintant en plusieurs points de la grotte avait fini par recouvrir les ossements d'une épaisse couche de calcite. Chippaux les avait datés à deux siècles (sans indiquer sa méthode de

---

[70] Le syncrétisme entre la religion catholique et les rites animistes est très ancré dans la mentalité des diverses ethnies.

datation). Je pensai alors que l'anthropologue avait sous-estimé l'âge des squelettes, mais j'ignorais à l'époque que ce processus pouvait être assez rapide.

Etrangement, ces squelettes ne me paraissaient guère moins vieux que les ossements d'hominidés préhistoriques que j'avais pu voir au Musée des Eyzies, en Dordogne, et dont l'étiquette indiquait la provenance : Aurignac. J'avais esquissé un sourire. Non pas que le nom de ce village de Haute Garonne fut spécialement drôle, mais il s'y rattachait un fait divers célèbre qui vaut d'être raconté.

C'était au XIXe siècle, avant l'invention de l'archéologie. On venait de trouver des ossements humains en vrac dans une grotte de ce village. Le brave curé de la paroisse, croyant bien faire, les avait sagement recueillis et placés religieusement dans une fosse du cimetière, derrière son église. Jusqu'au jour où un paléontologue, originaire du village, les identifia comme des squelettes de Cro-Magnon ! On était en 1852 et ce savant, émule de Cuvier, venait de créer rien de moins qu'une nouvelle science : la préhistoire[71]. L'histoire ne dit pas ce que le curé avait pensé de cette révélation (et révolution) scientifique. Il avait dû en tomber de sa chaire ! Regrettait-il son geste ? Il s'était

---

[71] Il s'agit d'Edouard Lartet. Les anthropologues inventèrent le nom de « culture aurignacienne » (32000 à 28000 BP).

certainement interrogé pour savoir si l'Eglise (et lui-même), avait eu raison d'offrir une sépulture chrétienne à des hommes morts plus de vingt mille ans en arrière. S'était-il alors tranquillisé dans une casuistique personnelle ou posé un redoutable questionnement mystique auquel il n'était pas sûr que la théologie donnât la réponse ? S'était-il apitoyé sur le sort de ces « pauvres hommes » préhistoriques vivant dans l'ignorance du Christ et de la religion chrétienne ? Alors là... pourquoi ne pas leur donner un baptême ou une extrême-onction posthume, tant qu'on y était ! Se ressaisissant, il dût se dire que quelque chose clochait... Non, pas son carillon, mais une invraisemblance cachée quelque part, un anachronisme bon à provoquer une véritable tempête crânienne. Car la science ne pouvait contredire la Bible ! Alors, comment ces hommes-là pouvaient-ils avoir vécu des milliers d'années avant la Genèse ?

Je me dis que durant des siècles, comme à Aurignac, il avait dû se produire de nombreuses confusions entre os préhistoriques (fossiles) et os historiques (récents). Il est de notoriété publique que l'Eglise ne supporte pas de laisser sans sacrements des dépouilles dans la nature. Il n'est pas toujours facile de les distinguer, et en ce temps-là, la fossilisation restait un processus inconnu. Combien d'ossements d'hominidés préhistoriques avaient pu prendre, comme à Aurignac, le chemin des petits cimetières ruraux des fonds de campagne, où l'on avait bien d'autres soucis que de convoquer les rares et lointains spécialistes de la capitale ? Spécialistes qui de toute façon ne s'arrachaient qu'à contre cœur de leurs fauteuils tant enviés au sein des Sociétés savantes parisiennes !

Les archéologues feraient bien de fouiller dans les fosses communes paroissiales, ils y trouveraient plus d'ossements préhistoriques que dans les abris sous roche !

Et puis, il y avait cette autre histoire, qui valait son pesant de scaphoïdes.

Vers le milieu du XIXe siècle, dans une lointaine province française, on arrêta un couple de paysans. Ils étaient soupçonnés d'avoir massacré plusieurs personnes d'un bourg voisin, dont on ne s'expliquait pas la disparition. Malheureusement pour eux, on déterra des squelettes à proximité de leur ferme. Circonstances aggravantes : ces squelettes n'étaient pas entiers. A certains manquaient des mains, des bras, des jambes, voire des crânes. Le couple eut beau clamer son innocence, la Justice l'accusa de meurtres en série aggravés de supplices, de mutilations et de cannibalisme. Les fermiers furent condamnés et guillotinés.

Plus d'un siècle plus tard, un magistrat, par curiosité ou prenant sur lui les remords tardifs de la justice, rouvrit le dossier. La science avait progressé, faisant intervenir des moyens d'investigation scientifique plus performants. C'est alors qu'on découvrit que les squelettes, dont les pièces à conviction avaient été soigneusement conservées sous scellés, étaient ceux de... Magdaléniens !

Sa pirogue monoxyle est amarrée au petit embarcadère de Bekopaka. Dans la lumière rosée des gorges, Félix debout sur la poupe appuie régulièrement sur sa longue perche de bois pour remonter le courant paresseux du Manambolo. La petite embarcation fend lentement l'eau rougeâtre chargée des sédiments arrachés aux lointains plateaux du centre de l'île. Nous avançons silencieusement, dans l'indifférence des crocodiles qui se chauffent au soleil sur l'autre rive, figés au pied des grandes falaises. Assis en tailleur, immobile, pour stabliser la pirogue et ne pas contrarier ses mouvements, je regarde Félix évoluer. Ses gestes sont nobles et assurés. Bienheureux moment de vie à l'état pur ! Dans un milieu préservé, à la recherche d'un secret (dont il ne m'a encore rien révélé), en compagnie de l'un des derniers représentants d'une société sur le point de disparaître. Une micro société dépendante et solidaire de la nature, bien différente des sociétés rurales actuelles, tant consommatrices de ressources naturelles qu'elles en deviennent prédatrices. Mais Félix reste un cas particulier. Chasseur de miel devant l'Éternel, il a grandi dans les tsingy dont il connait tous les recoins, les ressources et les dangers. C'est son milieu de prédilection, sa source de revenus, sa raison d'être. Il s'est moulé dans cet écosystème particulier. À Madagascar, combien sont-ils encore à vivre comme lui en symbiose avec la nature ?

Long moment à remonter le fleuve... Dans la partie la plus large des gorges, de grandes échancrures verticales s'ouvrent régulièrement dans la falaise, la découpant en saillies rocheuses qui rappellent les poupes abruptes de gigantesques galions de pierre. On les dirait à l'ancre, sagement rangés côte à côte dans un invisible port. Devant l'une d'elles, mon guide laisse lentement glisser sa pirogue, puis accoste doucement sur une petite plage, à l'ombre de l'un de ces *vaisseaux* pétrifiés… Sans un mot, il attache son embarcation à un pieu qu'il plante dans le sable d'une crique blottie au creux de la puissante paroi de roche. Elle est dissimulée par une jungle agile qui grimpe et s'insinue dans les failles, jusqu'à s'implanter dans les creux calcaires qu'elle colonise avec hargne. Des plantes étonnantes sont accrochées à l'escarpement qui nous surplombe, transformé en « mur de végétation » ; l'un de ces « murs » naturels ayant peut-être inspiré les paysagistes verdissant les façades des immeubles de nos villes cossues.

Une mince galerie forestière ourle la plage. Dans cette partie des gorges du Manambolo, la forêt dense sèche du karst entre en contact, au bas des falaises, avec la forêt plus humide des bords du fleuve.

Une bande de lémuriens *gidro* dérangés dans leur sieste de la mi-journée s'agitent dans les cimes, mais Félix les ignore, il n'envisage plus de les flécher. Sans le savoir ou le vouloir, par simple nécessité vitale, Félix a d'une certaine façon adopté le mode de vie des premiers hommes. Mais après deux mois de travail en commun, il s'est mué en défenseur de la réserve naturelle. Il souhaite que je l'aide à recevoir une formation pour être engagé comme éco-garde dans l'administration. Dans un sens c'est une bonne nouvelle et je l'y encourage bien sûr, mais j'ai le sentiment amer d'être l'agent involontaire de cette mutation, d'accélérer la disparition d'un monde, d'encourager un changement de paradigme. Peut-être lui ai-je fait prendre conscience, sans le vouloir, de son isolement social, de la fragilité de sa condition. Il n'est plus très jeune, il sait que ses ressources sont aléatoires, que d'avoir un *vrai* métier, qui plus est de fonctionnaire, le mettrait à l'abri du besoin, lui et sa famille.

Le processus est partout inéluctable. En Afrique centrale, faut-il désapprouver les tentatives de scolarisation des enfants Pygmées sous prétexte qu'ils doivent accompagner leurs parents en forêt pour les activités de chasse et de cueillette ? La question se poserait si on n'était pas hélas à une époque où le commerce du bois, diligenté par de voraces compagnies forestières asiatiques, principalement asiatiques, faisait fondre les forêts primaires comme neige au soleil.

Comme dans un conte digne des *Mille et Une Nuits*, l'épaisse végétation cache un passage inattendu qui s'échancre dans la paroi rocheuse. Félix s'y glisse en me faisant signe de le suivre... Nous remontons l'étroit défilé et un mince ruisseau encombré de rochers et de débris végétaux pourrissants qui gênent notre progression. Il les franchit pieds nus, aidé par son habituelle agilité de chasseur de miel sauvage. Je me laisserais volontiers emporté par l'impression étrange de remonter le temps… s'il n'y avait le barda que je trimballe (appareil photo, jumelles, boussole, carnet de notes) qui m'arrime au présent. Le fond de faille devient sableux. Des arbres immensément allongés, des fougères arborescentes, poussent dans l'air stagnant et une pénombre permanente et humide. Je ne saurais dire la distance parcourue depuis le fleuve, quand soudain Félix s'immobilise dans un goulot du défilé. Le sourire aux lèvres, il lève les yeux vers la canopée dense des arbres qui cache le haut des tsingy et le ciel. Je regarde à mon tour y cherchant des lémuriens ou des oiseaux rares. Mais je ne vois rien. Il semble se délecter de mon étonnement, puis se met à grimper le rebord de la paroi rocheuse, me faisant signe de le suivre. Ici aussi les arbres atteignent des hauteurs considérables, avec des troncs incroyablement tenus par rapport à leur longueur et à la masse des feuillages qu'ils portent. Je caresse la paroi rocheuse que je m'apprête à escalader. L'ascension ne sera pas trop compliquée, les nombreux trous de la paroi permettent de s'y agripper. Tandis que l'épaisse semelle de mes chaussures et mes gants me protègent des lames calcaires coupantes, Félix, lui, à son habitude, grimpe pieds et mains nus, sa petite besace en cuir accrochée à sa ceinture. Cette fois il n'a pas amené sa sarbacane, ni le carquois de flèches qu'il porte d'habitude en bandoulière.

Parvenu au-dessus des cimes vertes, j'émerge en plein soleil, comme refaisant surface après une plongée foliaire. D'un coup, les prises sont devenues agréablement chaudes. Un souffle de vent balaye le toit des tsingy, amenant une vague odeur de calcaire chaud et de fruits blets d'une espèce inconnue… Ce qui m'entoure me stupéfie : Félix s'est fièrement dressé sur le promontoire rocheux, telle une divinité des tsingy, et me montre du doigt avec un grand sourire une galerie horizontale semi-ouverte, un long abri-sous-roche perché, rempli de… cercueils.

La découverte d'une cache naturelle utilisée jadis par un peuple disparu est source d'émotion intense. L'un de ces instants extatique que la vie prodigue parfois et qui justifie notre passage sur cette terre (même si certaines gens prétendent qu'on a raté sa vie sans une Rolleix à son poignet !). Les dimensions de la cavité me subjuguent : 30 m en longueur, 15 m en profondeur, 1 m30 en hauteur. Elle coiffe le sommet d'un pan de tsingy. Mes yeux doivent s'habituer à la pénombre pour en apercevoir l'intérieur. La roche m'avale. Plus qu'une tombe, c'est une nécropole où de nombreux cercueils de bois s'empilent les uns sur les autres ou s'égaillent en vrac ! Tout autour, une multitude d'objets divers jonche le sol de la cavité. Ils sont d'une grande simplicité. Le blanc domine dans ce clair-obscur, la plupart des objets sont en os, blanchis par les ans, peut-être des amulettes ou des talismans. Mais il y a aussi à foison des bracelets en cuivre, des poteries,… possibles offrandes ayant accompagné les morts dans leur dernier voyage, vers ce cimetière des cimes peu commun. Un extraordinaire caveau naturel, l'œuvre d'un travail patient de plusieurs millions d'années, confectionné avec seulement deux outils : le vent et l'eau.

J'observe l'ensemble de l'extérieur, car le rebord rocheux permet de circuler facilement d'un bout à l'autre de la galerie. L'un des cercueils est isolé des autres : Félix en déplace le couvercle qui est seulement posé. A l'intérieur, un squelette ; le crâne coiffé d'une longue chevelure noire (une femme ? Un petit homme *Vazimba* ? Ou *Beosy* ?), le corps habillé d'un vêtement de fibres végétales déjà bien décomposé. Le défunt (ou la défunte) a été inhumé(e) avec ses bijoux : des bracelets de cuivre ou de fer, des ornements frontaux. Apparemment, il (elle) n'a jamais connu le rituel du *famadihana,* le retournement des morts, une coutume très ancrée dans la tradition malgache. Médusé, j'en oublie de prendre une photo. Une forte émotion me parcourt, comme si l'épaisseur du temps se recroquevillait, se réduisait à ce face-à-face avec ce vestige de corps que j'observe là, étendu sous mes yeux.

Curieusement, plusieurs cercueils sont décorés de motifs géométriques peints sur les flancs et de sculptures également géométriques sur les arêtes des couvercles, dont la section est triangulaire et légèrement arrondie. Les deux faces opposées sont d'aplomb. Ces cercueils n'ont pas la forme de pirogues monoxyles, n'étant pas effilés aux deux extrémités. J'en compte une centaine, de toute taille. Confectionnés sur mesure, plusieurs doivent contenir des squelettes d'enfant. La plupart n'ont jamais été ouverts. Lémuriens, cryptoproctes, rongeurs, voire gros oiseaux, sont peut-être la cause, au cours du temps, de l'éparpillement désordonné des objets lithiques. A moins que ce ne soit Félix lui-même, lors de visites antérieures ? Il y a une différence entre déranger une tombe et la piller. Peut-être avait-il ouvert un ou deux couvercles. Félix rendait tous les hommages aux ancêtres, bien que je subodore la distance qu'il ait prise avec ces *Vazimbas*-là. Son attitude est équivoque, entre indifférence et respect. Lors de veillées avec les habitants de Békopaka, ceux-ci m'avaient dit ne rien connaître de ce peuple enterré dans les tsingy. Malgré les travaux anthropologiques de Chippaux, le mystère reste entier.

De nombreuses questions restent en suspens. Les Malgaches ont une certaine crainte vis-à-vis de ces lointains *Vazimbas* auxquels sont restés attachés des croyances et des *fady*. La tombe est originale par son emplacement : perchée en haut d'une falaise, comme c'est le cas de nombreuses sépultures dans le sud-est asiatique. Et comme en Asie, on a hissé les cercueils à cette hauteur avec des cordages : les trous percés dans leurs couvercles en témoignent. La similitude des pratiques funéraires avec les peuples d'Indonésie, de Chine, du Vietnam… interroge. Quelle raison avait poussé certains groupes d'individus (peuples ?) à fuir leurs îles sur des pirogues à balanciers, à naviguer des milliers de kilomètres, pour échouer sur des plages désertes où devait encore errer l'oiseau Rokh que Sindbad le marin (arabe) évoque dans une légende des *Mille et Une Nuits*[72] ?

Ils s'étaient établis sur ces terres inconnues y apportant leur langue, leurs coutumes, leurs mythes, leur art, leurs techniques, qui avaient adouci l'exil d'un voyage sans retour.

Les ethnologues qualifient de *Vazimba,* ou protomalgaches, les premières vagues d'immigrants qui sont arrivés à Madagascar vers le début de notre ère. Ils se seraient mélangés à des populations venues d'Afrique et auraient vécu tranquillement sur la Grande île jusqu'au XVe siècle. Puis une deuxième vague d'immigrants,

---

[72] Allusion probable à l'*Aepyornis* que les premiers navigateurs arabes auraient pu apercevoir.

arrivant des mêmes îles lointaines, se serait établie dans l'intérieur, en chassant peu à peu les *Vazimba* qui auraient refusé de vivre sous leur joug. L'un de ces groupes en fuite aurait migré vers les Tsingy de Bemaraha, où trouvant cette « forteresse » sécurisante il s'y serait peut-être caché. L'appellation de *Vazimba antsingy* - les « *Vazimba* de la forêt des Tsingy » - que les gens appellent plus fréquemment *Beosy,* en dériverait. Au cours du temps, ce peuple de « petits hommes » se serait adapté à ce monde d'aiguilles et de fissures, en tirant sa subsistance, se cachant dans des grottes, y enterrant ses morts. Et il aurait créé ce vocabulaire précis des Tsingy (voir le croquis ci-avant). Félix eut beau me parler d'un petit village en bordure des tsingy, en lisière de forêt, dont selon lui les habitants seraient d'authentiques *Beosy,* le conditionnel restait de circonstance, car aucune étude génétique ou anthropologique (à ma connaissance) n'était venue le confirmer. Je n'avais plus le temps de m'y rendre. Quoi qu'il en soit, rien ne prouvait que ces sépultures étaient celles de leurs ancêtres. Il faudrait effectuer les datations des ossements, chevelures, linceuls, plastrons végétaux, bois et autres objets. Les techniques actuelles sont assez fines pour réaliser des mesures précises[73]. D'autre part, on croit savoir que les

---

[73] L'analyse génétique de l'ADN contenu dans un cheveu suffirait pour établir la généalogie de ce peuple et ses liens possibles avec les ethnies actuelles.

vazimbas enterraient leurs morts dans des pirogues tenant lieu de sarcophages, non dans des grottes. Ces pirogues étaient ensuite noyées en mer ou dans des lacs. Le mystère reste donc entier. La forme des cercueils que j'ai sous les yeux n'est pas non plus celle de pirogues monoxyles[74]. Ici, les petits bords opposés sont droits, non effilés. Cet indice présuppose-t-il un peuple différent ? Différent également de celui qui a caché ses morts dans des grottes souterraines ? Alors, quel âge ont-ils ? Un, deux, trois siècles[75] ? Certains cercueils sont entièrement décomposés par les termites, d'autres sont recouverts de leurs galeries de terre ; d'autres encore se maintiennent dans un état de conservation étonnant. La plupart sont en *katrafay*[76], un bois pourtant d'une grande dureté, mais aucune essence ne résiste à la longue aux redoutables mandibules des xylophages. Infatigables agents de déconstruction, ils sont les esclaves patients et soumis de la loi de l'entropie universelle. Peut-être les cercueils ne sont-ils pas tous faits dans le même bois, ou bien les conditions microclimatiques d'entreposage varient-elles d'un endroit à l'autre de l'abri ? Tout ça pourrait se mesurer. Dans certains recoins de la tombe,

---

[74] Telles celles retrouvées en 2011 par une équipe franco-malgache à *Ambozomena*, sur la presqu'île de Narinda.

[75] L'analyse ADN d'un cheveu du mort donnerait de nos jours la réponse.

[76] Nom botanique : *Cedrelopsis grevei.*

d'épaisses couches d'ossements, de matériaux organiques divers (bouts de bois,...), d'objets métalliques (cuivre, fer,...) prouvent une longue utilisation dans le temps du site de la sépulture.

Au retour, je pense à ce peuple… Et s'il continuait d'exister à l'écart de tout, comme les Sentinelles d'Andaman, enfouis au plus profond de ces cryptes rocheuses ! Je vois même, l'espace d'un instant, comme sur les portiques des églises du Purgatoire de l'Italie du Sud, le squelette du cercueil à l'abondante chevelure noire et au plastron en fibres végétales, campé bien droit avec sa sarbacane barrant la largeur du ravin…

C'était la troisième sépulture que je visitai. Combien y en avait-il enfouies dans le monde tridimensionnel des tsingy ? Personne, même pas Félix n'aurait pu le dire. Mais il ne fait aucun doute que ce karst offrait un choix infini de cachettes naturelles (grottes, puits, cavités) aux anciens peuples de la région pour y enfouir leurs morts, à l'abri de toute profanation. En sus d'un éden pour naturalistes, il se révélait un terrain d'étude passionnant pour des générations d'anthropologues, ethnologues, archéologues. Renfermant peut-être des indices essentiels pour mieux comprendre l'histoire du peuplement de Madagascar.

Décidément, le choix de cet abri comme sépulture était judicieux, l'emplacement remarquable. Pour deux raisons :

1)Sur le « toit » du karst, l'atmosphère est sèche, accentuée par l'effet de foehn du plateau de Bemaraha. Cette bonne aération du haut des tsingy, combinée avec la protection contre les éléments naturels (pluie, vent, chaleur) qu'offre la galerie semi-ouverte, sont appropriées pour une bonne conservation des cercueils et des objets dans le temps[77] : ici, la saison des pluies dure quatre mois et il tombe presque un mètre d'eau par an ; pendant cette mousson le taux d'humidité augmente considérablement.

2)La sépulture est indécelable du sol à quiconque viendrait par le plus grand des hasards à passer par là.

Sauf, qu'un beau jour de la seconde moitié du XXe siècle, un chasseur-cueilleur nommé Félix se prit à escalader ce secteur à la recherche de nids d'abeilles sauvages et, par le plus grand des hasards, la découvrit. Ancêtres ou pas, *Beosy* ou pas, ils ne pourront lui en vouloir, car comme eux Félix est un enfant des Tsingy. Il y est né, il y habite, il en vit. Et il n'a rien profané. Il m'a révélé sa découverte en connaissance de cause.

Au fait, pourquoi Félix me fit-il partager son

---

[77] Moins cependant que dans le sud aride de l'île.

secret ? Voulait-il se décharger de ce *fady* avec moi pour que j'en endosse ma part de responsabilité morale ? Ou qu'ayant noté mon intérêt pour les sépultures des tsingy, il souhaitât tout simplement me faire plaisir, comme un cadeau que l'on offre à un ami avant de s'en séparer.

De toute façon, cette tombe est peut-être l'une des plus imposantes du massif. Elle dépasse en importance les sépultures décrites par Chippaux. Avec sa centaine de cercueils, il s'agit d'une nécropole ! Son étude pourrait s'avérer très enrichissante, surtout en croisant les données de l'archéologie, de l'anthropologie, de l'ethnologie... Des datations précises seraient susceptibles d'apporter un éclairage nouveau sur l'histoire mouvementée des vagues d'occupation de la Grande Ile. Un échantillon des plus beaux cercueils et objets funéraires pourrait être exposé dans un musée, en sécurité et à l'abri de l'érosion inexorable du temps ; avec en toile de fond une représentation panoramique de la tombe. Un patrimoine mérite d'être montré et connu pour être préservé.

J'avais mentionné l'existence de cette tombe dans mon rapport de mission, mais sans en révéler l'emplacement. Mu par un tic professionnel j'en avais griffonné le parcours d'accès pour moi seul, et par jeu je me l'étais revêtu d'une aura de mystère : « *Remonter par tribord la proue du troisième galion de l'armada de pierre. Chercher la lumière et entrer dans le port...* ». Une formule que j'avais complétée par le temps de marche et la distance approximative jusqu'à la sépulture.

Un an après cette mission, j'eus la joie d'apprendre que l'Unesco avait donné un avis favorable pour les Tsingy de Bemaraha, qui devint ainsi le premier site malgache classé au patrimoine mondial (naturel) de l'humanité.
Je n'en tirai aucune gloriole personnelle, mais j'étais fier de croire que nos efforts de terrain et notre rapport avaient servi à quelque chose. Comme j'aurais aimé en remercier Félix ! Il faut préciser qu'à l'époque où se déroule cette histoire, la délivrance du prestigieux label se fondait sur des critères objectifs. De nos jours, en composant un peu trop avec le marketing touristique, il en galvaude quelque peu le concept.
Au-delà de ce résultat fructueux, ces deux mois passés dans ce bout du monde furent pour moi une période de bonheur complet : pas une journée qui ne m'ait comblé de son lot de découvertes, pas une journée où la nature ne m'ait irradié de ses merveilleux joyaux.

Le temps s'écoula, j'étais pris dans l'enchainement sans fin de mes missions…
Quatorze ans plus tard exactement, un bureau d'études allemand me contacte pour une évaluation du « Programme Bemaraha » dans le cadre d'une mission financée par l'Union Européenne. De retour dans le *fivondronana* d'Antsalova et aux Tsingy, je note des changements notables : le

classement du site au patrimoine mondial a permis à l'ancienne réserve naturelle d'être érigée en parc national. Il est doté d'une administration basée à Antsalova, avec un bureau de gardes à Bekopaka. Quelques secteurs des Tsingy ont été équipés de sentiers touristiques avec de spectaculaires *via ferrata,* des ponceaux souples suspendus au-dessus du vide, les gardes entrainés pour briefer les touristes et les amener sur place avec tout l'équipement. Je pensais revoir mon ancien guide au poste d'éco-garde. On m'apprend son décès. Je ne vais pas sur sa tombe ; je préfère imaginer sa dépouille ensevelie quelque part au plus profond des tsingy. Pas plus que je ne cherche à retrouver la « sépulture Félix » ; ce n'est pas l'objet de cette expertise et je n'ai pas envie d'en parler. Dans les flux et reflux de mes souvenirs, je revois des scènes de notre inoubliable mission commune, son visage éclairé d'un humble sourire. Pauvre, proche de la nature, riche de ses connaissances empiriques, Félix savait tirer partie de tout et agissait toujours en connaissance de cause. Il cultivait son lopin de terre, pêchait dans le Manambolo, chassait en forêt et dans les tsingy, et bien sûr collectait comme nul autre le miel sauvage. Lui aussi aura emporté dans le secret de la mort sa *bibliothèque* particulière des tsingy[78]. Selon une croyance mystique malgache,

---

[78] Référence à Amadou Hampaté Bâ, écrivain et ethnologue malien, auteur de la phrase célèbre : *« En Afrique, quand un vieillard meurt, c'est une bibliothèque qui brûle ».*

nul doute que son âme continuera d'inspirer et de conseiller ses descendants, faute de quoi Félix mourrait une deuxième fois.

Les années passèrent…
Un quart de siècle après cette découverte, j'avais fini par égarer le bout de papier où figurait mon plan d'accès. Je croyais avoir gardé en tête l'itinéraire pour accéder à la tombe. Mais je ne me souvenais que du début de la *formule*. C'était insuffisant. Je m'efforçais de retrouver approximativement le lieu, d'abord en scrutant mes anciennes cartes d'état-major puis en zoomant sur *Google Earth.* En vain. Les années avaient considérablement estompé mes souvenirs, comme si des termites cérébraux les avaient rongés à l'image de ces cercueils qu'ils finiront bien un jour par transformer complètement en sciure. Je me pris à repenser à Félix : avait-il montré sa découverte à d'autres que moi, découvert d'autres sépultures majeures, lui qui avait prospecté les tsingy en long et en large pendant tant d'années, peut-être même depuis sa plus tendre enfance ? Quels autres secrets avait-il emporté dans l'au-delà ? Je ne crois pas qu'il y eût un autre homme au monde pour connaître ce massif aussi intimement que lui.
J'étais convaincu qu'il fallait tirer cette tombe de l'oubli, la « tombe Félix » ! D'abord pour que des actions de préservation y fussent menées avant que les fatals xylophages ne l'eussent complètement désagrégée, ensuite parce que son étude pourrait

livrer de précieux éléments de connaissance sur l'histoire de l'île. Ce projet me titillait, mais n'ayant plus le code d'accès comment connaître la bonne combinaison parmi toutes les entrées possibles dans le rempart karstique des rives du Manambolo ? Je ne voyais qu'une seule solution pour retrouver son emplacement : la prospection méthodique du site avec l'aide d'un drone équipé d'une caméra. Ces remarquables machines sont à présent capables de pénétrer sur demande dans tous les recoins de la terre pour nous en livrer leur secret sur écran. Je les crois à présent capables de se substituer aux écologues dans les sites difficiles d'accès ; dans quelques années, ils les remplaceront totalement dans leur travail de prospection : les caméras voyant du terrain, à leur place et en un temps record, ce que leurs yeux appauvris ne verront plus que sur ordinateur.

J'écrivis de longues lettres détaillées à plusieurs institutions habilitées, musées et centres de recherche, à Tana et Tamatave, pour signaler cette découverte. Aucune de mes lettres n'obtint de réponse. A plusieurs reprises des cauchemars récurrents vinrent me hanter, comme pour me culpabiliser d'avoir si longtemps tu son existence. Je devinais et surtout j'entendais, dans un accéléré temporel, le grignotement sourd des termites poursuivant leur patiente œuvre de destruction séculaire, la décomposition d'un bois noble en minces feuilles de lignine et l'effritement des

linceuls végétaux qui enveloppaient les cadavres. Je voyais l'effondrement de monticules des précieux cercueils tombant en poussière et la dissipation désordonnée des ossements et des objets funéraires par les rongeurs et les oiseaux. Je bouillais car j'avais l'impression de perdre cette course de vitesse avec le temps.
Alors, je me décidai à faire bouger les choses et *montai* à Paris…

– Bonjour, c'est pour une entrée au Musée…
Il n'est pas encore 14 h, il n'y a pas grand monde. J'en profite pour demander à la personne qui me délivre le ticket si je peux appeler le Dr B**, ethno-anthropologue au Musée de l'Homme.
– Heu… c'est-à-dire que… en fait nous n'avons pas le droit de communiquer les coordonnées de nos chercheurs, me répond le préposé avec retenue.
– Ah bon, dans ce cas auriez-vous l'obligeance d'appeler vous-même cette personne pour lui dire que… *je lui tends ma carte*… je souhaiterais la rencontrer ? Je voudrais lui faire part d'une communication intéressante.
Le jeune homme prend le carnet bleu que son collègue lui tend et pioche dans la liste conséquente des chercheurs du Centre de Recherches associé au Musée le nom que je lui ai donné. Il compose un numéro…
–…
Le hasard des trajectoires professionnelles m'avait fait rencontrer jadis le Dr. B** en forêt, dans le

nord du Congo. Je faisais des repérages de faune, lui étudiait les Pygmées Baka. C'est en lisant un reportage dithyrambique sur la rénovation du Musée de l'Homme dans un magazine scientifique que je l'avais reconnu sur une photographie. De lointains souvenirs avaient refait surface dans ma mémoire. Se rappellerait-il de moi ? Peu importe, l'importance de ce que j'avais à lui dire effaçait mes scrupules.

La réponse du jeune employé me sort de mes pensées.

– Ça ne répond pas, Monsieur … Vous pourriez peut-être faire votre visite du Musée et revenir… Entre-temps j'essaierai de le rappeler.

Face à l'attitude avenante de l'employé et pour abattre sa méfiance que je sens sous-jacente, je lui précise :

– Fort bien, mais vous lui direz que c'est au sujet de la découverte d'une sépulture inédite, à Madagascar…

–Oh, c'est très intéressant en effet ! me répond-il avec un large sourire.

Deux heures après une visite passionnante (ce nouveau musée est une double réussite : présentation de pièces exceptionnelles, muséographie très imaginative à la pointe de l'innovation), je suis de retour à l'accueil où l'activité du personnel a décuplé en raison des files d'attente qui s'étirent à présent jusqu'à la rue. Derrière sa caisse, *mon* jeune employé et deux autres personnes sont maintenant occupés à délivrer fébrilement les tickets d'entrée au Musée. Ce faisant, j'ai l'impression d'avoir tout simplement disparu de son écran radar... Je respecte son travail, mais que faire ? Je n'ai d'autre choix que de *polluer* une nouvelle fois son champ de vision afin de lui remettre en tête ma demande... Va-t-il m'identifier ? Il affiche un sourire étonné... Soudain, ça y est, je devine à son expression qu'il a percuté : il se rappelle de moi et de ma requête ; mais il paraît ennuyé : « Excusez-moi ! Je suis désolé, je n'ai pas eu le temps d'appeler, il y a beaucoup de monde ! me dit-il, je... je vais essayer dans un moment, quand il y en aura moins... ».

– Bien sûr ! Bien sûr ! Prenez votre temps, je peux attendre... lui répondé-je, blindé de patience et très compréhensif.

Je me gare sur le côté, pile face au joli plan couleur de configuration du Musée en 3D, avec ses différents étages emboités dans l'espace comme sur un schéma éclaté d'anatomie médicale. Le centre de recherches occupe tout le troisième. Pourquoi ne pas tenter d'y accéder discrètement ? Je me dirige vers un grand escalier, où dès la huitième marche un vigile très vigilant m'accroche, ses yeux soupçonneux me radiographiant comme un portique d'aéroport. Tout juste s'ils ne clignotent pas en rouge ! Tout ça pour m'apprendre que l'accès est strictement interdit aux visiteurs. De toutes les façons, « un code est nécessaire à l'ascenseur pour desservir l'étage », me dit-il.

Discrètement ou pas, sans ce sésame je n'aurais pas pu aller bien loin.

Dépité, je retourne à l'accueil où une demi-heure supplémentaire s'écoule… Pendant ce temps, un vieux monsieur gonflé d'espoir est venu s'enquérir de la valeur d'un objet. Devant les yeux du ticketman, il ouvre sur le comptoir l'une de ces authentiques vieilles boites à biscuits métallique prompte à vous réveiller les souvenirs d'enfance et en déballe de ses mains tremblotantes une statuette soigneusement enveloppée dans du papier journal. Je n'entends pas distinctement les paroles qui s'échangent… Mais apparemment, lui et son objet ne suscitent qu'indifférence, puis impatience… Il réemballe le tout et repart, déçu.

Gagné par l'énervement je retourne me planter devant les guichets, car la tendance ne montre pas de baisse dans le flux des arrivées. À ce rythme, tout mon après-midi risque d'y passer. Plus irritant, ma suspicion se cristallise autour d'une concordance d'indices désagréables : ce centre de recherches est-il surprotégé, une tour d'ivoire inaccessible ? La recherche publique interdite au public en somme ! Paradoxe bizarre. Curieuse règle que de soustraire les chercheurs au substrat du monde extérieur, les prémunir contre tout risque de contact avec des sujets inconnus étrangers à leur champ de recherche ! Un champ de recherches normatif, strictement encadré par le programme de travail de leur hiérarchie. Je ne veux pas croire que tous les centres de recherche publics, CNRS compris, soient devenus de telles citadelles corporatistes, cénacles à chercheurs fonctionnaires, déconnectés, isolés du public, pour circonscrire leur tranquillité ! Comme le vieil homme à la statuette, comme moi, combien d'autres pauvres quidams se voient refoulés à l'accueil ? Combien de pièces muséographiques en puissance, d'objets porteurs d'informations précieuses, apportés par des gens qui les ont exhumés de leur grenier, de vieilles bâtisses, de leur jardin ou de leur champ, qu'ils ont dépoussiérés ou désembourbés de leur passé, échappent à l'investigation ?! Et combien de gens détenteurs d'informations (c'est mon cas), éconduits ? Je ne peux m'empêcher d'établir un parallèle avec la destruction des milieux naturels dont les espèces de flore et de faune disparaissent avant d'être répertoriées... Quel gâchis ! Quelle perte potentielle d'informations culturelles ! Ces objets iront au mieux enrichir des antiquaires et des collections particulières, au pire le trafic des objets d'art. Et ironie du sort, les musées iront peut-être un jour les racheter à prix d'or. Pourquoi ne pas placer en permanence à l'accueil un spécialiste (un étudiant en stage ?) capable de reconnaître les objets de valeur, enregistrer toute déclaration de découverte ? Je suis certain qu'il ne chômerait pas et nourrirait une formidable banque de données.

N'ai-je pas connu de prestigieux musées refuser les legs de fabuleuses collections privées par manque de place ?

Il est clair que je viens d'entrer dans un état

psychologique nerveusement pénible, propice au défilé intracérébral d'une farandole d'idées noires. Quand la bureaucratie écrase l'imprévisible et l'aléatoire… Les prémices du *Meilleur des Mondes* ? Je prends conscience que sans un réseau de connaissances préétabli, mes chances d'établir un contact sont faibles, quelle que soit l'importance scientifique du motif de ma visite. Les chercheurs fonctionnaires du public sont-ils tous aussi difficiles à joindre ? Contradiction bien regrettable… J'ai de la peine à m'y faire. La lutte contre le terrorisme a bon dos si on lui accrédite le virage liberticide pris par la société. Heureuse époque que ces années quand tout le monde communiquait avec fluidité avec tout le monde, tous secteurs confondus. De profonds changements ont affecté le relationnel. Je n'avais pas mesuré leur ampleur, ni compris que le creusement d'un fossé entre institutions et public en représentait l'une de ses facettes (mon isolement campagnard prolongé a eu quelques inconvénients). Je suis inquiet pour les temps qui viennent. Tandis que les moyens de communication se diversifient et s'intensifient, leurs cibles s'en éloignent ! Il n'y a qu'à voir ces désespérants filtres téléphoniques, qui après un parcours jalonné de chiffres et de codes vous infligent à titre payant des réponses stéréotypées bien souvent décourageantes. Finie l'improvisation, l'époque des relations humaines inopinées ! Les contacts se font par blogosphère ou *tweetosphère* interposée, ou via des plateformes téléphoniques juchées dans les îles Cook ou à Macao. Pour se préserver d'une surcharge de travail ? Se prémunir contre d'éventuels reproches ? Pour des raisons de sécurité ? De réduction de personnel et une meilleure productivité ? Cherche-t-on à faire entrer la recherche dans le moule de l'ultralibéralisme ? Avant que ce ne soit le tour de la santé, l'éducation, la culture... Je me rends compte que je perds mon temps à vouloir inutilement percer le blindage de la carapace institutionnelle. Néanmoins, je persévère, question d'amour-propre…

Devant ma pugnacité l'employé quitte enfin son guichet, il ressaisit le carnet bleu et la liste des chercheurs. Il a oublié le nom que je lui ai donné, et bien sûr le mien.

–Re-appel au téléphone. En vain. Il raccroche, il est désolé, ça ne répond toujours pas...

–N'y-a-t-il pas un standard au Centre de recherches ? Ne peut-on pas avoir plus de précisions ? Contacter un remplaçant ? Un collègue ? lui demandé-je avec un énervement de moins en moins contenu.

Réponse embarrassée, il n'en sait fichtre rien ! Et je ne saurai jamais si la personne que je désire voir est en congé, en déplacement, et, si c'est le cas, quand revient-elle, qui la remplace ? J'ai l'impression d'être le premier à faire cette démarche, comme si de rencontrer quelqu'un dans ce p... de Centre est une impossibilité théorique, un anachronisme sociétal.

« Bon Dieu, nous sommes quatre à l'accueil, pourquoi faut-il que la requête de ce mec tombe sur moi ? », doit-il se dire. Soudain une idée subite le traverse, qu'il est le seul à croire lumineuse : il me demande, les yeux brillants et avec l'espérance d'en finir une bonne fois pour toutes avec moi, de laisser mon nom et mon adresse mail ; ainsi, pourra-t-on me recontacter. Il croit que sa parade est une façon élégante de clore cet entretien embarrassant. Comme rien n'est prévu pour laisser un message, je devine que le mot sur papier libre que je lui remettrai aura le même suivi que si je le glissais dans une bouteille jetée à la mer. Et le chercheur en question ne saura jamais que je suis passé. C'est pourquoi je lui rétorque :
— Ecoutez, je préfèrerais que vous me donniez, vous, le numéro de téléphone de B. … ou son mail … ou à la rigueur celui du Centre de recherches.
Il parait ennuyé. Ça ne se fait pas. Il préfère *sa* suggestion. Bien sûr, il a reçu des consignes. Sans céder, et avec un peu de fermeté, je parviens à lui arracher une adresse électronique : paraît-il, celle du groupe de travail du chercheur que je voulais voir. Plutôt anonyme. Je le quitte en le remerciant du bout des lèvres, sans lui cacher mon amertume. Mais le soir même, ce que je craignais survient sur mon écran : *undelivered mail returned to sender.* Gros-Jean comme devant, me voici devant mon courriel inutile d'une page entière. Une heure de clavier en pure perte.
Vaincu ! Une forme chimiquement pure de

bureaucratie m'a terrassé. Bien sûr, j'ai encore la possibilité d'intéresser un chercheur travaillant dans le privé, peut-être une Fondation, ou un Centre à l'étranger. Mais cela prendra du temps et ma volonté s'est érodée. Sans vouloir me l'avouer, la perte de mon plan d'accès à la sépulture compte également pour beaucoup dans l'amaigrissement de mon optimisme. Sans même prendre en considération la perspective des efforts qui seront nécessaires pour venir à bout, sur place, de la bureaucratie malgache.

Le temps est un ennemi implacable et le sens de l'entropie est irréversible. Cette histoire n'est pas une fiction, elle est vraie. La tombe existe. Mais devant l'inutilité de mes efforts, la sépulture lointaine de l'Océan Indien continuera inexorablement à se décomposer sous l'action des agents naturels, emportant avec elle dans le néant de précieuses données. A ma mort, qu'en restera-t-il à part le présent témoignage ?

En disparaissant avec leurs secrets, les défunts de la tombe mourront une seconde fois. Je l'ai dit, je le redis, invisible du sol il y a de grandes chances que ce « mausolée » des Tsingy demeure à jamais introuvable. Madagascar a changé de paradigme sociétal. Félix a disparu et toute une époque avec lui. Il n'y aura plus jamais à l'identique d'autres chasseurs de miel dans les Tsingy.

Ce renoncement me laisse déception et amertume. Il me rendrait presque mystique ou fataliste ! Après tout, le destin peut se retourner comme une chaussette, et s'enfoncer dans les profondeurs de l'oubli, comme dans une sorte d'éternité. Il était peut-être celui de ce site sacré, la volonté de ce peuple mystérieux pour ses morts, et… la volonté de Félix. Dans ce cas, les anciens habitants du Bemaraha auraient alors mieux scellé leur nécropole dans ce labyrinthe naturel, que les plus grands pharaons dans leurs orgueilleuses pyramides ! Et qui sait si leur croyance ne prêtait pas aux termites, dont ils connaissaient le vorace travail assimilateur, un rôle de « véhicule final » pour l'éternité ?

Des fadaises les *fady* dans ces falaises ? Que nenni…

Les crocodiles se cachent aussi pour mourir

Ce jour-là (de l'été 90), à Madagascar, j'avais atteint une contrée fort isolée au nord des tsingy où parait-il les crocodiles abondaient. Je voulais en avoir le cœur net. Je me dirigeai précisément vers l'estuaire de la Soahany, un très petit fleuve recoupant une vaste plage sauvage de sable fin bornée de chaque côté par des mangroves et ourlée d'une forêt épaisse. La lumière était éblouissante. Mes pas s'enfonçaient profondément dans le sable blond braisé de soleil. Etrange sensation d'être seul au monde, de cheminer entre deux frontières : à perte de vue l'océan, et face à lui un autre océan, vert celui-là. L'angoisse en moins, j'imaginais que des milliers d'yeux m'observaient de derrière la lisière tropicale, comme dans *Vingt mille lieues sous les mers*. C'est alors que, par je ne sais quelle mystérieuse association d'idées, je songeai à la scène finale, non pas du roman de Jules Verne, mais du film de Mel Gibson :

Apocalypto (tourné entièrement en yucatèque), avec sa chute hallucinante, quand l'évènement survient, si inattendu, si inexplicable, que poursuivi (le héros, une sorte d'Achille maya sous la protection du dieu Jaguar) et poursuivants (d'horribles guerriers grimaçants et peinturlurés d'une tribu rivale, aux motifs visiblement inspirés par les fresques sanglantes de Bonampak ou les frises d'Uxmal), en oublient jusqu'au sens de leur course mortelle à travers la jungle épaisse du Yucatan. Parvenus au bout de leur monde, sur une plage sauvage dans l'orbe d'une baie de la mer des Caraïbes, ils tombent à genou sur le sable... Oubliant la pluie diluvienne, leurs yeux magnétisés voient alors ce que personne de ce côté de la mer n'a encore jamais vu... Une séquence que la caméra pivotant au ralenti prolonge à dessein. Le spectateur retient son souffle, il n'a aucune idée de ce qui va suivre... Sur la mer calme, une flotte de galions à l'ancre... des barques approchent du rivage... à l'intérieur, des hommes en armure, hallebardes dressées, oriflammes au vent, ainsi qu'un prêtre reconnaissable à sa bure et une grande croix. Une scène façon *Aguirre, la colère de Dieu,* sans l'exaltation contagieuse de Klaus Kinski. Tous immobiles, silencieux, le regard ancré au rivage de cette nouvelle terre. D'un coup le récit du film sort de l'intemporalité, se raccroche à l'Histoire : d'évidence, ces hommes sont des Espagnols du temps de la *Conquista ;* la scène se situe autour de 1500. Imagine-t-on l'immense espérance que dût faire naitre en mer la vigie criant « Terre », dans le cœur des hommes de Colomb ? Après des mois d'une navigation incertaine sur un océan inconnu, ils devaient bien sentir que leur vaisseau n'était pas éternel et surtout qu'ils touchaient aux extrémités de leur vie. A s'éloigner toujours plus de l'Europe, chaque mile marin vers l'ouest devait creuser un peu plus l'abime de leur désespoir, en les rapprochant un peu plus des bords de la Terre, au-delà desquels ils croyaient disparaître à jamais. Mais le soulagement d'avoir découvert cette terre mystérieuse sortant du néant, patrie du soleil couchant, dut être de courte durée, battue en brèche par l'angoisse d'avoir à affronter un nouveau monde inconnu.

Les Mayas, on s'en doute, n'ont pas la même interprétation de l'évènement : figés de prime abord, la stupeur de leurs visages laisse la place à la réflexion. Ils s'interrogent : ils n'ont jamais vu pareilles embarcations, ni pareils accoutrements ! Qui sont ceux qui approchent ? Des hommes ou des dieux ? Viennent-ils en amis ? En conquérants ? On les voit prendre des réactions différentiées : les poursuivants s'approchent de la plage, ils ne semblent pas redouter la rencontre. Le poursuivi, lui (c'est le héros, il est donc plus intelligent plus prudent et circonspect que les autres !), préfère retourner en forêt avec femme et enfants et se réfugier au plus profond de sa luxuriante et protectrice matrice.

Le film se termine à ce moment précis.

En fin de compte, peu importe la réaction des Mayas et la fin de cette course éperdue qui a tenu le spectateur en haleine pendant deux heures. Seul brille le symbole : la fin tragique d'une brillante civilisation, contenue en germe dans la rencontre qui va se produire. Une rencontre émouvante, car pour la première fois au monde, au-delà de ces deux civilisations qui s'ignorent, deux branches d'humains se retrouvent après une très longue séparation, d'une durée quasi géologique. Les premiers hommes, archaïques certes, mais déjà des *Homo sapiens* qui vécurent en Afrique pendant 150 000 ans et en sortirent il y a 70 000 ans, peut-être plus ; d'après les découvertes les plus récentes, l'homme (quelques groupes) serait sorti d'Afrique par « pulsations », en fonction des périodes de verdissement des déserts. Ces pionniers seraient remontés vers le Moyen-Orient où ils restèrent un temps. Puis, des groupes plus vagabonds que les autres, auraient entamé un long périple jusqu'au bout des terres… C'est le genre d'excursion qui, à ma connaissance, ne figure au programme d'aucune agence de trekking ! L'un de ces groupes aurait atteint l'extrémité de l'Europe vers -45000 ans, et un autre le bout de l'Asie vers -20000, après d'innombrables générations, car on se doute que ce furent des migrations progressives et saccadées qui ont dû s'étaler sur plusieurs milliers d'années. Des migrations entreprises sous l'effet de pressions diverses : exils, conflits sociaux, facteurs environnementaux, qui furent le théâtre de rencontres surprenantes, comme avec les Néanderthaliens. Dans leur déplacement vers l'ouest, les « Européens » se trouvèrent arrêtés (pour longtemps !) par l'océan Atlantique. Quant aux « Asiatiques », ils purent franchir le détroit de Béring à la faveur d'une glaciation qui avait fait baisser le niveau des mers. Et s'introduisirent sur un continent vierge : l'Amérique.

Naturellement, Mayas d'un côté, Espagnols de l'autre, ignorent tout de leurs lointaines origines, des invraisemblables pérégrinations de leurs ancêtres. Elles n'ont jamais été écrites et leur transmission orale a fini par se perdre dans les couloirs du temps, à moins de s'être réfugiée par bribes dans quelque légende obscure connue d'une poignée d'initiés. Les protagonistes des deux bords sont inconscients de l'importance de ce moment extraordinaire : les « retrouvailles » historiques de deux branches initiales d'humains ! Le choc de deux mondes !

Une scène fortement symbolique qui la rend fascinante. Lourde de menaces aussi, quand on en connait l'épouvantable suite… Les Mayas sont loin de penser que la barque qui avance apporte avec elle les *germes* de leur destruction. Vers 1572 Montaigne écrit dans ses Essais :

« …et le juste étonnement qu'apportait à ces nations-là de voir arriver si inopinément des gens barbus, divers en langage, religion, en forme et en contenance, d'un endroit du monde si éloigné et où ils n'avaient jamais imaginé qu'il y eût habitation

quelconque, montés sur des grands monstres inconnus, contre ceux qui n'avaient non seulement jamais vu de cheval, mais bête quelconque duite à porter et soutenir homme ni autre charge... ».
Et plus loin :
« Au rebours, nous nous sommes servis de leur ignorance et inexpérience à les plier plus facilement vers la trahison, luxure, avarice et vers toute sorte d'inhumanité et de cruauté, à l'exemple et patron de nos mœurs. Qui mit jamais à tel prix le service de la mercadence et de la trafique ? Tant de villes rasées, tant de nations exterminées, tant de millions de peuples passés au fil de l'épée, et la plus riche et belle partie du monde bouleversée pour la négociation des perles et du poivre : sordides victoires. Jamais l'ambition, jamais les inimitiés publiques ne poussèrent les hommes les uns contre les autres à si horribles hostilités et calamités si misérables. »[79]

Une plantation de riz, au bord du lac Bemamba : c'est ici que j'ai rendez-vous avec le président du *Fokontany* du petit village éponyme. Un village saisonnier de riziculteurs. Unique endroit (temporairement) habité, isolé et sans piste d'accès. L'homme est un chasseur traditionnel de crocodiles. Il me dit qu'il est le seul ici à chasser ces reptiles, qu'il ignore la règlementation. Rien d'étonnant dans ce bout du monde. Ce n'est pas à

---

[79] *Essais.* Livre III, chap.6 (Montaigne).

moi de lui en tenir rigueur. Seule m'intéresse sa connaissance des lieux et des sauriens pour une évaluation grossière de leur population.

En partant de son campement nous descendons la Soahany dans sa pirogue, cinq heures durant, sur huit kilomètres de rives, où par endroit le marnage trahit l'influence de la marée jusque loin en amont. Rien d'étonnant, car ce petit fleuve côtier, très sinueux, s'écoule avec paresse. Pléthore d'oiseaux : ibis sacré, aigle pêcheur, aigrette, oiseau serpent, martin pêcheur, ibis, dendrocygne, guêpier, pélican, hérons de plusieurs espèces : bihoreau, cendré, crabier, Humbolt... Un fourmillement ailé s'adonnant à la pêche ou à la chasse, à cœur joie et sans retenue, chaque espèce avec ses armes et ses techniques propres. Activités débordantes et multiples d'une éblouissante volière qu'aucune barque de pêche ou filet tendu en travers des eaux ne vient contrarier. Spectacle ornithologique complet, identique aux scènes de vie ordinaires au bord du Nil peintes sur les fresques de l'ancienne Egypte. Je ne sais où donner des jumelles. Mais l'étroitesse de leur champ optique me frustre de la somptueuse vue panoramique. Mieux vaut les ranger et tendre tous mes sens vers la vie qui jaillit d'un écosystème éclatant de santé.

Les grands roseaux des berges offrent des caches idéales aux sauriens. Avec l'abondance des poissons, les aires de ponte et sa relative tranquillité, le site semble un parfait refuge pour crocodiles. C'est plutôt rare à Madagascar. De fait, au fil de l'eau, les coulées bien marquées dans la boue sont abondantes. Certaines traces révèlent la présence de bêtes de trois, voire quatre mètres. Méfiants, ces gros spécimens ne sont jamais faciles à voir, sauf peut-être de nuit à la lampe.

Les femelles pondent entre octobre et décembre dans les zones sableuses. Comme celles-ci sont rares le long de la Soahany, chacune est sans doute constellée de nids. J'aurais aimé assister à l'éclosion des œufs. Les frégates, dont j'ai aperçu le vol acrobatique sur la plage, doivent le moment venu se payer un festin mémorable de juvéniles !

Soudain, au milieu d'une roselière dense, l'homme s'immobilise... projette son harpon... un coassement rauque qui me blesse le cœur... Il l'a touché, mais non foudroyé : j'aperçois le jeune reptile se glisser parmi les phragmites et disparaître dans les eaux glauques. Le chasseur le cherche, ne parvient pas à le retrouver ; il abandonne la partie et reprend sa pagaie.

Les crocodiles aussi se cachent pour mourir.

La pluie des mangues

Pour qui veut apercevoir la sarcelle de Bernier ou le râle d'Olivier, oiseaux rares et endémiques, c'est là et nulle part ailleurs au monde : un chapelet de lacs forestiers qui constellent la vaste étendue de nature sauvage située à l'ouest des tsingy. Une contrée forestière plate qui sépare le grand karst[80] de l'océan et s'étend jusqu'au grand delta du Manambolo. Presque inhabitée, c'était encore à l'époque de ma mission, un complexe de forêts primaires, de mangroves et de lacs intouchés depuis l'aube des temps. L'un des derniers grands espaces vierges du monde. Si éloigné des centres névralgiques de Madagascar qu'il en était totalement oublié. Aucun classement, aucune sorte de contrôle, n'était effectué par les Eaux et Forêts dont les gardes (sans moyens de déplacement) étaient en poste bien loin de là. Dans un pays que la corruption ravage, on ne

[80] Voir : *la sépulture de la forêt de pierre.*

peut rêver meilleure forme de conservation. Pour un temps, hélas : l'irraisonnable accroissement démographique de Madagascar en menace la pérennité.

Le fleuve Manambolo, né sur les hauts plateaux de l'intérieur, s'est ouvert un passage dans le puissant bastion calcaire. En usant d'une force contenue, il s'assagit et serpente avec une nonchalance aristocratique au travers de la grande forêt de Tsimembo, jusqu'à son estuaire. Là, ses eaux limoneuses, répugnant à se mélanger aux eaux turquoise de l'océan Indien, hésitent formidablement avant de s'étaler avec ampleur dans une mangrove d'estuaire.

La mangrove ! Ici, pas de sol forestier, mais une vase grise que la marée noie ou découvre alternativement, depuis les origines. Forêt primitive composée des seuls palétuviers et gouvernée par le sel que les lourds feuillages extrudent en permanence. La mangrove ne s'est jamais clairement définie en faveur de la terre ou de la mer. Ce tâtonnement existentiel ne l'a jamais empêché de grouiller de vie le long de ses littoraux plats et de s'enrichir de multiples fonctions écologiques. La « forêt de sel » ne peut totalement s'affranchir d'eau douce, si bien que les estuaires, alternativement marins et adoucis au rythme des marées, constituent ses substrats de prédilection. En plus d'assurer la protection des côtes contre l'érosion marine, les inextricables entrelacs des racines échasses (qui donneraient à penser que ces arbres se déplacent !) offrent des frayères à poissons et à crustacés, et les feuillages des palétuviers, des havres de nidification pour spatules, pélicans et hérons. Quel spectacle que ces cimes joyeuses, caquetantes, colorées par le blanc immaculé des plumages ! Sylve inaccessible, écrasant labyrinthe de vert, la mangrove ne se laisse découvrir (à la rigueur) qu'en bateau à fond plat, grâce au dédale des petits chenaux qui la sillonnent. Un moyen, hélas, que je ne possédais pas. Il m'aurait fallu la barque d'un pêcheur, mais le temps filait trop vite pour en chercher une parmi ces immensités liquides.

A marée basse on peut toujours tenter une marche, pieds-nus (l'épaisse couche de vase est une redoutable ventouse qui aspire et engloutit tout type de chaussure), en se frayant un passage, parfois à la machette, dans la jungle des racines des palétuviers, qui selon les espèces naissent haut sur le tronc retombant en échasses recourbées ou bien émergent de la vase en pneumatophores dressés comme des stalagmites ligneuses. Ayant acquis une certaine pratique des mangroves dans d'autres missions, je savais qu'un tel effort n'était gratifiant que dans les plus petites.

La formation du personnel local faisant partie de ma mission je ne pouvais m'y soustraire. Mais celle-ci, je l'accomplis à contre cœur, comme d'ouvrir aux *fossa* la porte d'un enclos de lémuriens inoffensifs.

De retour sur la terre ferme, je réunis quelques gardes forestiers pour un bref inventaire d'arbres dans la forêt de Tsimembo et pour un comptage de sa faune nocturne. Cette forêt était pour moi un jardin étrange : des baobabs nains y côtoyaient de grands *pandanus*, et quantité d'arbres poussaient là sur lesquels je n'aurais pu mettre un nom. Je savais que cette forêt était un trésor botanique qui renfermait en particulier du palissandre (bois de rose), du bois d'ébène, sans doute aussi un potentiel inestimable de pharmacopée naturelle ; mais en ce temps-là peu de plantes de Madagascar avaient été étudiées dans ce but. La forêt sèche conservait tous ses secrets.

Les gardes connaissaient le nom des arbres les plus communs. De grosses lianes épineuses reliaient les troncs comme autant de passerelles suspendues pour lémuriens. L'ensemble tricotait une immense tapisserie végétale dans laquelle on aurait cherché en vain la moindre trouée, sauf le long des transects de prospection pétrolière qui, quelques années en arrière, l'avaient lacérée à intervalles équidistants. Une forêt sèche est très différente d'une forêt humide ; dans sa composition floristique et dans sa structure : la hauteur de la canopée y est bien inférieure et un peu de clarté solaire parvient jusqu'au sol.

J'avais donc la chance de parcourir cet écosystème unique dans son état quasi primitif. Un « climax » comme l'auraient défini les biogéographes. Cela durerait-il ? Résisterait-elle aux assauts des pétroliers, des exploitants forestiers, au feu, aux paysans sans terre dans un pays corrompu à la démographie galopante ?

Dans la journée, les gardes ouvrirent un petit layon à la machette et quand la nuit fut bien avancée, je partis en silence, seul, avec ma lampe torche et de quoi noter. En m'enfonçant dans le sous-bois obscur, j'eus l'impression d'entrer dans un mystérieux antre souterrain. Le faisceau de ma torche éclairait un inextricable et inquiétant fouillis de troncs, de branches, de feuillages et de lianes. La vie glissait, coulissait, se faufilait partout en silence dans toutes les dimensions des frondaisons épaisses. Mais je m'habituais peu à peu à cet enserrement silencieux, jusqu'à prendre plaisir à cette immersion profonde en forêt intouchée. Dans le faisceau lumineux, je voyais s'allumer et clignoter, comme des braises incandescentes, les grands yeux rouges des lémuriens nocturnes : lépilémurs et microcèbes de Coquerel[81], dérangés dans leurs courtes migrations quotidiennes en quête de feuilles et de bourgeons. Jamais je n'aurais pu imaginer qu'il y en avait autant. Je m'attendais à voir des *fossa* que pareille densité de proies aurait dû attirer. Mais dans le faisceau de ma lampe je

____

[81] Plus petit primate au monde : 10-13cm (sans la queue) et moins de 100g. Le plus petit mammifère du monde est la musaraigne étrusque (l'adulte mesure 3cm et pèse 2g) qui, avec ses 1200 pulsations cardiaques par minute, détient un autre record mondial !

n'en vis aucun.

Sachant les gardes originaires des villages environnants où la chair des lémuriens est fort appréciée (comme partout à Madagascar), au retour j'étais resté vague avec eux sur cette richesse animale.

La forêt malgache est d'une grande fragilité, sa résilience est faible ; la forêt sèche autant que la forêt humide. Elle est particulièrement vulnérable aux cultures sur brûlis, aux coupes de bois et au braconnage perpétrés par des populations humaines sans cesse croissantes, à la recherche permanente de nouvelles ressources économiques et de terres pour (sur)vivre. Elle fait penser à ces gros oiseaux des îles tropicales qui, n'ayant jamais connu de prédateurs, se sont vus peu à peu privés de leurs ailes par l'évolution. Une *économie* de moyens que cette dernière n'a pas su leur épargner dans son rationalisme adaptatif. Mais l'évolution n'a rien d'une voyante, elle n'a pas d'antennes qu'elle projetterait au devant d'elle pour l'informer du futur. Un jour, un imprévisible ravageur, l'homme, est arrivé et s'est implanté comme un *bug* dans un programme informatique.

Il fallait s'en douter, des recommandations, aussi alarmantes soient-elles, ne suffiraient pas à empêcher le drame qui se jouait à grande échelle partout à Madagascar. Le pays n'était pas un cas isolé. Le même processus régressif touchait de nombreux milieux naturels de la planète. En les uniformisant, banalisant, secondarisant, stérilisant, l'homme se privait définitivement de la liberté d'en jouir. Pour lui-même et pour ses enfants. Par l'édification de villes de plus en plus monstrueuses, où s'entassait déjà la moitié de l'humanité, il continuait d'asseoir son pouvoir sur la nature, montrer avec arrogance son aptitude à s'en passer et à la vaincre, sans négliger au passage son potentiel énergétique et les « services » écologiques gratuits dont elle le comblait. Si Camus revenait parmi nous il ne se gênerait pas pour qualifier d'absurde et d'injuste le sens actuel de l'évolution du monde : développement effréné des villes, pollution, déforestation, bétonisation universelle, disparition des espèces avec qui nous ne partageons plus la Terre. Comme si la fourmilière dangereusement grossissante[82] agissait sans liens (alors qu'il n'y avait jamais eu autant de possibilités d'en créer !), sans unité d'action, sans projet global, élevant avec frénésie et dans une incompréhensible irrationalité les constructions les plus folles. Comme si le mur du néant menaçait, comme si demain ne devait plus être. Et les signes étaient déjà là, qui montraient que les auteurs conscients ou inconscients de ces transformations monstrueuses en devenaient les victimes.

A la différence des prospectives sur le climat, les terrifiantes prévisions démographiques pour la planète n'ont pas l'air d'inquiéter grand monde. Peut-être parce que l'abstraction des grands

---

[82] 10 milliards d'humains à l'horizon 2050 !

nombres cache d'une brume épaisse l'effrayante réalité de demain. Une attitude paradoxale sachant que la surpopulation mondiale est l'une des causes indirectes du réchauffement climatique. Les Etats adoptent des politiques familiales à l'opposé du planning familial, car c'est meilleur pour doper la croissance économique : Sauvy et Boserup contre Malthus ! Un contrôle des naissances serait anticapitaliste ! Aucun homme politique n'a la vision *transplanétaire* ni la puissance suffisante pour changer le cours des choses. L'ONU est quasi muette sur la question.

D'autres poisons intoxiquent l'humanité : mus par d'archaïques peurs d'invasion, de grands pays incitent leur peuple à coloniser (et donc à exploiter) de grands espaces naturels. Il en va de l'Amazonie au Brésil comme de la taïga sibérienne en Russie ou du Tibet en Chine. Mues par une paranoïa inexplicable, ces nations voient leurs frontières pareilles à des barrages menaçant de se rompre sous la pression de la population des Etats voisins ! Quand la pression ne vient pas de grands groupes industriels. Ailleurs, principalement en Afrique, la natalité est perçue comme une fatalité, un « don de Dieu » que les religions ne se privent pas d'encourager. Leur rayonnement n'est-il pas relié au nombre de leurs adeptes ? Croissez et multipliez ! Les slogans anti-préservatif et anti-avortement sont de bons engrais de croissance, que l'on n'est pas près de retirer de la vente, en dépit de dégâts collatéraux avérés.

Ce soir-là, je m'apprêtai à bivouaquer avec Félix sur la rive sablonneuse d'un lac, en lisière de forêt. L'air était particulièrement limpide, car la première pluie de la saison était tombée en milieu de journée. On l'appelait la pluie des mangues. C'était une soirée paisible, quand le soleil déclinant déverse des flots d'or et de vermeil à la surface des eaux. De là où j'étais, j'espérais voir des crocodiles en sortir.

Mais la surprise ne vint pas du lac…

Des bruits de moteurs firent soudain injure au calme sylvestre du lieu et trois gros 4x4 surgirent irrespectueusement dans la clairière. Une fois les véhicules garés côte à côte, je m'aperçus qu'à l'exception des chauffeurs, tous leurs occupants étaient des Blancs. Me cherchaient-ils ? Pourtant, à Tana, ni le Ministère ni l'Unesco ne m'avait prévenu d'une quelconque visite. Je me demandai ce qui avait pu les attirer ici. La réponse s'imposa d'elle-même quand je les vis exhumer leurs fusils de chasse des coffres... Il était temps d'intervenir avant l'irréparable.

La surprise fut totale dans leur groupe quand ils m'aperçurent. La décontraction bonne enfant que tous affichaient un instant auparavant, disparut subitement, faisant place à la stupéfaction. Rencontrer un Blanc en un lieu pareil était certainement la dernière chose à laquelle ils s'attendaient. Une impossibilité logique. D'autant que placé où j'étais, sur fond de brasillement lacustre et halo crépusculaire, je devais leur apparaître comme une vision surréaliste.

Pourtant, l'un d'eux se fit violence et vint à ma rencontre. Grand, plutôt jeune, il était impeccablement vêtu malgré l'inconfort qu'avait dû coûter leur longue route. Sa tenue décalée me fit sourire, me projetant vers ce drôle de film d'Ettore Scola, au nom loufoque : *« Nos héros réussiront-ils à retrouver leur ami mystérieusement disparu en Afrique ? »* ; décapant, comique, rempli de scories d'orthodoxie coloniale. L'homme renvoyait cette image d'Alberto Sordi en Tartarin de Tarascon déjanté, affublé d'une inoxydable étanchéité à toute acculturation. Sa tenue de chasse flambant neuve, la cartouchière autour des reins et la plume au chapeau, l'anachronique chasseur débarquait pour la première fois dans l'Afrique du XXe siècle. Une Afrique qu'il croyait fossilisée dans le passé.

J'avais pu lire les logos collés sur les portières des véhicules : *« Ambassade de France »*, *« Mission Consulaire Française »*, sur fond de drapeau tricolore. Avec leurs plaques diplomatiques, c'étaient à n'en pas douter des véhicules officiels. Sa première surprise passée, le chasseur à la tenue immaculée (sans doute le responsable du groupe) joua le jeu et me dit en se raclant la gorge et avec un culot de diplomate :

— Eh bien, bonsoir… Hum, nous sommes venus ici prendre quelques jours de repos… Hum, c'est une heureuse coïncidence de vous y rencontrer ! Je suis G.S., conseiller technique du Secrétaire d'État

Chargé de l'Environnement à Paris... pardon, et... vous-même ?

Peut-être pour m'impressionner, tout en parlant il me tendit sa carte de visite ministérielle, frappée dans un coin supérieur du drapeau tricolore. Je n'en crus pas mes yeux, mais indifférent à sa fonction, lui répondis :

— Un repos qui, à ce que je vois, risque d'être employé à perturber celui de la faune ! Pardonnez mon indiscrétion, mais vous comptiez chasser quel genre de gibier ?

— Hum... en fait, le crocodile essentiellement, peut-être quelques canards... Mais, vous-même... Puis-je savoir la raison de votre présence ici ?

Je me présentai à mon tour, lui apprenant que l'Unesco m'avait mandaté pour un projet visant à classer cette réserve naturelle en site du patrimoine mondial. Un cas de figure qu'il n'avait pas prévu ; son sourire initial se transforma en une sorte de grimace. Il s'affligea subitement d'un mutisme impromptu... Je transformai l'essai en abordant le vif du sujet : chasser ici reviendrait à : *primo* chasser à l'intérieur d'une aire protégée ; *secundo* une espèce, le crocodile du Nil – sous-espèce malgache -, protégée par l'Annexe I de la Convention de Washington ; quant aux canards lacustres (*tertio*), la plupart étaient des espèces rares et endémiques, strictement protégées par la loi de ce pays.

Je marquai un silence, qu'interloqué il ne brisa pas. Il avait matière à réfléchir, ses sbires et lui-même s'apprêtant à commettre rien de moins qu'un triple acte de braconnage. Puis, j'ajoutai avec un sourire ironique :

— Ouf ! Ben c'était moins deux ! Une chance pour vous d'être tombé sur moi ! Vous alliez commettre l'irréparable !

Il regarda le sol en prenant une moue crispée. Mon injonction déguisée lui avait fait perdre de sa superbe et rajouté un peu de pâleur à ses traits. Il n'insista pas et fit profil bas. Je sentis une certaine gêne dans ses mouvements et son expression. Il était certainement en train d'évaluer la faisabilité des stratégies permettant de surmonter l'obstacle que je représentais, le grain de sable imprévu enrayant la machinerie de son organisation. Mais apparemment, fatigue du voyage ou singularité de la situation, son esprit n'en trouva pas. Cette faiblesse momentanée devait lui avoir donné des raisons de me maudire : son expédition cynégétique, organisée depuis la France, partait à vau-l'eau ! Des vacances inédites et inoubliables, rien de moins qu'une partie de chasse au crocodile et aux canards exotiques avec ses copains, dans un pays tropical du bout du monde, de surcroit avec le support logistique du Quai d'Orsay ! Une magnifique opportunité de meubler les soirées parisiennes entre amis, qui partait lamentablement en jus de boudin !

Je devinai qu'il tournait la page, repérait les issues de secours. Il joua le candide, car il savait que sa fonction ne lui autorisait pas la moindre contestation. Ses options étaient réduites. Il choisit celle de m'amadouer. Il me caressa doucereusement dans le sens du poil, en m'interrogeant sur le projet, l'approuvant, me félicitant, s'excusant d'avoir méconnu l'importance conservatoire de ce site. Pour finir, il m'invita à lui téléphoner à mon retour, à venir le voir à son ministère à Paris… Je restai silencieux, presque gêné par son incroyable malchance : tomber dans ce coin perdu d'une île lointaine sur un quidam travaillant sur une problématique identique à la sienne tout le reste de l'année ! Et moi qui croyais naïvement que cette cause s'assimilait à une éthique, une philosophie de la vie. Encore un préjugé à revoir ! Certains œuvrent dans la protection de la nature comme ils tiendraient une boutique à pizza ! L'idéalisme ne se démarque pas de l'utopie.

Que pouvais-je espérer de plus ? *Vade retro satanas !* En brandissant ma croix badigeonnée de conservationisme, j'avais vaincu un vampire saigneur de ressources et sa clique… J'en ressentis comme une sorte de jouissance. Monsieur le conseiller technique du Ministère français de l'environnement payait le prix de son irrespect pour la nature : un long voyage et des efforts pour rien ! À moins que sur la route du retour il ne cherchât, lui et ses sbires, à se défouler et à compenser cet échec par une vile *braconnade* dans une autre aire protégée. C'est si excitant de pouvoir chasser illégalement chez les autres, pendant les vacances, sous couvert diplomatique, quand il n'y a qu'un risque minime à le faire[83]. Bon, sans doute que mon irritation et mon ressentiment me faisaient médire.

Entre-temps, le lac cerné par la couronne noire des lisières forestières avait pris la teinte de la nuit. Le groupe des chasseurs empêchés décida de camper ici-même dans la clairière. Il repartirait au matin. Conscient de me substituer abusivement à un garde-chasse malgache, mais avec Félix comme témoin à mes côtés, j'exigeai d'eux poliment que les fusils fussent remisés dans les coffres des voitures. Tard dans la soirée, ils eurent le culot de diligenter l'un de leurs chauffeurs afin de m'emprunter ma (seule) roue de secours disponible pour sortir de l'embarras l'un de leur véhicule. Ils l'avaient repérée sur le plateau de mon pick-up ; par malchance pour moi, elle était du même format. La fin de ma mission se rapprochait, je pris le parti d'accepter, car je ne voulais les voir rester sous aucun prétexte. Je n'aurais qu'à aller récupérer ma roue à l'ambassade dès mon retour à Tana.

Décidément, il me faudra revenir pour goûter au charme lacustre du lieu !

---

[83] En 1990, rares étaient les parcs et réserves de Madagascar à bénéficier d'un bon système de protection.

Norias de l'Oronte et… cre-Vaison la Romaine

« rénom de… ! Pourtant, si, c'est bien lui… ».

Je m'arrête de marcher, me retourne, il fait pareil… « *Surnu* !? Toi, ici ? » Vingt-deux ans qu'on s'était perdus de vue. Voila que le hasard se plaît à nous faire nous croiser, ce matin, dans cette rue du vieux Tana[84], à 8700 km de nos pénates. Lui aussi est en mission... *Surnu,* c'était son surnom consacré à « l'Agro ». Par la force de l'habitude je ne l'avais jamais appelé autrement. Cet inévitable sobriquet lui venait de son nom de famille : *Mérère.*

Soudain, des bouffées de temps remontent en moi, souvenirs de cet été lointain de 1969. Faut-il que leur force évocatrice soit intacte pour que je les revoie avec autant de précisions !

Trois copains. Nous étions partis le cœur vaillant

---

[84] Tananarive devenue Antananarivo en malgache.

de nos vingt et un ans sur les routes d'Orient, embarqués dans ma vieille Simca 1000 bleu clair, une occase qui portait courageusement ses quatre-vingt-dix mille kilomètres au compteur. Et qui s'apprêtait à en faire quinze mille de plus, à travers quinze pays. Angoissé de nature, mon père, que la perspective de cette escapade rendait extrêmement soucieux, l'avait vérifiée de la tête aux pieds ; et justement en matière de « pieds », je l'avais chaussée de gros pneus tous-terrains qui lui donnaient un air vague de capsule d'exploration lunaire.

Le trio (Francis, Surnu et moi) s'était fixé comme objectif l'aventure et comme prétexte un stage de fin de première année de notre École d'agronomie dans la région d'Alep. Stage qu'un professeur syrien de biologie végétale avait décroché dans son pays pour chacun d'entre nous. Je l'ai dit, l'intérêt et l'excitation de ce voyage surpassait de beaucoup celui du stage, mais j'eus toutefois la chance de pouvoir l'effectuer dans une cédraie d'altitude, ce qui était de bonne augure, car à la rentrée suivante je devais changer d'orientation et intégrer l'École des Eaux et Forêts de Nancy.

A cette époque, il était plus facile qu'aujourd'hui de se déplacer et de franchir les frontières. Le climat géopolitique était serein. Personne n'aurait vu venir les grands conflits qui allaient, quelques années plus tard, ensanglanter l'Adriatique orientale et le Proche-Orient. A cette époque, les quatre ou cinq Etats qui forment aujourd'hui les

Balkans étaient réunis dans la grande Yougoslavie de Tito et une relative accalmie semblait succéder à la guerre éclair « des six jours » entre Israël et la Syrie.

« Tu te souviens Bernard de nos indigestions d'oursins ? me demanda-t-il de but en blanc avec son large sourire (qui s'était encore distendu avec l'âge et qui, sans exagérer, occupait presque la moitié de son visage) ; et la crevaison à Vaison ? Ah ah ah ! ». Ces piqures de rappel déclenchèrent en moi une onde de nostalgie méditerranéenne, creusant encore plus le puits de mes souvenirs.
Nous avions profité de la longue route épousant la côte yougoslave depuis l'Istrie jusqu'au Monténégro, pour nous régaler chaque jour de nos récoltes pléthoriques d'oursins piochés sous l'eau transparente de l'Adriatique. Nous dégustions ce caviar de la mer avec une simple galette de pain et une bouteille de rosé croate, tandis que se formaient autour de nous (et d'un amoncellement de tests éclatés), des groupes de curieux étonnés. Tout en sauçant avec application les savoureuses gonades orangées, nous leur décochions des sourires en coin, nous félicitant égoïstement qu'ils ne partageassent pas nos goûts pour les échinodermes : la mer en aurait été moins prodigue !
Puis, après être passés par Skopje où les plaies du terrible séisme de 1963 ne s'étaient pas toutes refermées, nous avions abordé le cœur du monde

méditerranéen, la Grèce, creuset géographique et culturel d'où venaient nos racines que des couches de siècles avaient pour ainsi dire mycorhizées. Dès notre arrivée sur la côte grecque, peut-être encore plus (je n'aurais su dire pourquoi, car il s'agit-là de ressenti) sur la rive occidentale de la Turquie, du côté de Millet et d'Halicarnasse, étaient montés en moi, accompagnant les réminiscences des cours d'histoire antique, les puissants imaginaires enrichis de mythologies et de fantasmes qui puisent leurs sources dans cette Méditerranée ici omniprésente et partout débordante : sur la terre, dans l'air que nous respirions, dans les mentalités et les cœurs des gens. Tout au long de ces côtes, c'était comme si j'avais plongé dans le mitan de mes rêves, pour ramener à la surface un peu de la chair dont ils sont faits.

Pourtant, la Grèce des « Colonels » et le sud sauvage de la Turquie nous avaient donnés quelques frayeurs. Près de Thessalonique, le passage inopiné d'un char de la junte militaire à pleine vitesse, frôlant à l'aube notre minuscule tente, nous avait réveillés en nous secouant d'horribles vibrations. De penser qu'il aurait pu nous passer dessus sans la moindre hésitation, nous écrabouiller, nous transformer en crêpe au double parfum de chair humaine et de toile de tente, me glaça une nouvelle fois d'effroi. Tout aussi désagréable avait été de sentir au travers de nos sacs de couchage, les pointes des fusils de soldats turcs venus nous contrôler à leur façon, en pleine nuit, sur une plage isolée de la côte lycienne où nous dormions à la belle étoile du sommeil du juste.

Nous avions fait un détour pour voir Héliopolis et ses eaux thermales turquoise, auxquelles les fragments de colonne immergés donnaient un air d'Atlantide. Ces mêmes eaux chaudes s'épanchaient tout près, à Pamukkale, en somptueuses cascades pétrifiées d'une blancheur étincelante. Mais l'attraction de la mer bleue et chaude nous avait vite ramenés sur la côte. Une côte sauvage et déserte suivie au plus près et le plus longtemps possible de Fethiye à Antioche. Nous nous baignions aussi fréquemment que possible, aimantés comme de la limaille, par ce cocktail de soleil, plages de sable blanc et criques sauvages. Nos corps savouraient ces eaux chaudes et transparentes de la Méditerranée orientale, où se miraient les pins d'Alep qui dégringolaient les raideurs des Monts Taurus en cascades de boisements drus.

Jadis abordée par les Phéniciens, les Grecs, les Perses, les Romains, les Byzantins, les Arabes, les Ottomans (je crois que ce fut dans cet ordre), cette côte débordait de richesses archéologiques. Car tous y avaient laissé des traces de leur passage pacifique ou belliqueux. Surtout les Grecs. Oh, comme je comprenais leur engouement ! Sûrement que sous la surface calme de la mer les épaves englouties (nous en rêvions en nous baignant) étaient aussi nombreuses et anciennes que les ruines éparses le long du littoral. Les tombes lyciennes de Myra sculptées dans la montagne et la mystérieuse cité d'Olympos noyée dans une épaisse gangue de forêt littorale, nous avaient envoûtés, de même que le sublime paysage de Phasélis. Ah Phasélis ! Je m'étais égaré dans l'antique petite ville aux trois ports submergés, cernée par les bleus verts changeants de la mer, dans l'ombre des pinèdes où flottaient les parfums sauvages de l'été, où le chant strident des cigales crevait le silence éternel des pierres, comme de lointaines réminiscences des chœurs antiques ; une brassée de sensations où venait se mêler des passages de *Noces à Tipaza* de Camus, l'absinthe en moins.

Plus loin, derrière Antalya, émergeant du maquis dense des yeuses dans un bouillonnement de temples renversés et de sarcophages de pierre éventrés, nous avions grimpé parmi les pitons rocheux de Termessos jusqu'à l'amphithéâtre sommital dont les gradins escaladaient l'azur du ciel, puis imaginé qu'on jouait « les Perses » d'Eschyle dans celui de Selge, la cité rivale, ceinte de montagnes grandioses, devant huit mille spectateurs emplissant de clameurs le domaine des dieux.

Je suis retourné des décennies plus tard dans cette région, envoyé en mission dans le magnifique parc national de Köprülü Kanyon. Mis à part son petit centre historique bien conservé, Antalya avait grossi jusqu'à devenir une métropole méconnaissable, défigurée et encombrée, où les grands hôtels pour touristes russes et allemands, aussi fades qu'impersonnels, se succédaient sans fin le long de son immense plage.

Peu avant Alep, nous avions déambulé dans ce qui fut au Ve siècle la basilique élevée pour Saint Siméon, ébaubis non par le monument dans lequel le ciel avait pris la place des voutes, mais d'apprendre que le célèbre stylite avait pu passer trente-neuf années de sa vie perché en haut d'une colonne. Sur laquelle il expira si discrètement, en prière, mains jointes et yeux fermés, que ses disciples ne s'aperçurent de sa mort que plusieurs jours après.

Un soir à Alep, nous nous étions perdus dans la ville pour rejoindre la cité universitaire qui nous hébergeait, l'heure du couvre-feu était passée… Au barrage, la patrouille nous avait sommés de sortir de notre auto, plaqués sur le capot, et fouillés sous la menace de ses fusils. En découvrant nos passeports français, les militaires s'étaient excusés autour d'un thé rouge, dans leur petite cahute de guet. Pendant la discussion animée qui dura jusqu'au petit jour (la levée du couvre-feu), j'avais remercié De Gaulle en silence : sans sa politique pro-arabe et l'admiration qu'il suscitait ici, notre séjour aurait pu mal se terminer. On était quelques mois après le référendum fatidique ; je revois encore l'incompréhension sur leurs mines déconfites à l'évocation du départ précipité du Général.

Me sachant davantage attiré par les forêts et les milieux naturels que par l'agronomie, le professeur avait toléré que mon stage syrien se déroulât dans la cédraie du djebel alaouite, où vivaient des tribus de montagne fortement métissées de cheveux blonds et d'yeux bleus, reliques génétiques persistantes témoignant du lointain passage des Croisés.

Mais quand on a vingt ans, les colonnes corinthiennes et les tombeaux lydiens, même au domaine des dieux, ne suffisent pas à vous combler les sens. De plus, nos stages, dont nous étions fraîchement revenus, aussi instructifs qu'ils fussent, n'auraient pas contrevenu à la morale d'un stylite ! Langues pendantes, nous étions tous les trois tombés amoureux de la fille du Consul de France à Alep. Nous l'avions rencontrée une première fois au bal du 14 juillet où, entre deux verres, elle nous avait conviés à venir faire trempette dans la piscine du consulat. Sa beauté et ses formes généreuses avaient tant échauffé nos sens que nous trouvâmes le cran de lui proposer de rentrer par la route avec nous. Je ne sais si elle avait déjà eu l'occasion de repérer notre vieille caisse exiguë ou si elle fut effrayée par la demande assidue de notre triplette en bermudas usés et tongs (peut-être bien les deux à la fois), le fait est qu'elle déclina poliment notre offre. Aurait-elle accepté, j'ignore comment nous aurions pu lui faire une place digne d'elle, dans cet habitacle où étaient entassés parmi le chaos infâme de nos affaires en désordre, quantité d'objets hétéroclites rapportés en souvenir de nos pérégrinations, ni comment elle aurait supporté les effluves des trois mâles qui en avaient durablement incrusté les sièges.

Mon oncle, dont la Société venait de prendre un essor mondial après le lancement d'une ligne de chemisiers et de jupes en crépon, m'avait donné l'adresse de son représentant exclusif au Liban. Depuis Alep, nous avions donc poursuivi notre route vers le sud, admiré les grandes norias de Hama qui tournent dans le lit de l'Oronte depuis l'époque romaine, franchi les puissants monts du Liban où à notre étonnement l'antique forêt de cèdre ne subsistait plus qu'à l'état de relique, avant de plonger vers la côte méditerranéenne pour rejoindre l'étincelante capitale libanaise. Nous avions débarqué chez lui en toute simplicité, en plein centre de Beyrouth, sales, dépenaillés, affamés ; Beyrouth qui, ces années-là, était encore la ville phare du Moyen-Orient : une trépidante métropole financière et un centre d'affaires effervescent. Mais trop gâtés et distraits par la générosité de notre hôte, vrai parangon d'hospitalité orientale, notre séjour très bref et notre jeunesse insouciante, nous avaient caché, sous l'éclat aveuglant des richesses de la ville, les effrayantes inégalités sociales et économiques qui clivaient ses communautés. Trop aveuglés par les lumières de la jeunesse, nous n'avions pas vu ni compris que le Liban était un foyer mal éteint où moins de six années après s'embraserait une guerre civile qui ferait plus de deux cent mille morts et durerait quinze ans.

Les trois jours passés chez notre bienfaiteur, dont je n'eus pas la naïveté de croire que l'hospitalité n'était pas une forme indirecte de gratitude envers mon oncle, furent comme une renaissance. Propres comme des sous neufs, sustentés de délicieux mezzés, étourdis de danses du ventre, son accueil alla jusqu'à nous combler de trois billets pour un inoubliable « Aïda » dans les ruines romaines de Baalbek, où, donné entre les temples de Bacchus et de Jupiter, l'opéra égyptien de Verdi nous parut teinté de tragédie grecque. En réalité, seuls deux billets furent utilisés cette soirée-là. L'un de nous trois l'avait passée en bonne compagnie dans la Simca... Il s'était fait son propre théâtre (sans tragédie), où nul billet d'entrée ne lui avait été demandé pour aimer « Aïcha », peu farouche franco-libanaise qui s'était donnée à lui au son de la triomphale « Marche des trompettes ».

Je n'ai gardé que peu de souvenirs du périple de retour, sinon qu'une panne mécanique en Anatolie nous avait forcé à rentrer à 60 km/h tout au long des cinq mille kilomètres restants. L'innommable ralentissement que nous avions provoqué sur une autoroute autrichienne en travaux, longtemps à voie unique, déclencha un chapelet ininterrompu d'invectives que les victimes exaspérées nous lancèrent (les jurons allemands font de l'effet !)

quand ils purent enfin nous doubler.

Quant à la crevaison de Vaison, peu avant la maison de mes parents à Nîmes, ce fut la seule de ce voyage !

La tombe de Qin

Un vol de deux heures de la *China Eastern Airlines* avait suffi pour me transporter confortablement de Pékin à Xi'an, capitale de la Province du Shaanxi, au centre nord de la Chine. Xi'an est une métropole bourdonnante et trépidante de plusieurs millions d'habitants qui n'a pas réussi à effacer l'atmosphère de ses vieux quartiers aux façades grises et sombres, enguirlandés de boutiques d'art et de calligraphie, et ses rues décorées de lampions rouges et or ; tout un secteur de Xi'an où se dissimule le surprenant « carré musulman » avec sa curieuse mosquée en forme de pagode. Sans leur barbe, rien n'aurait distingué les Chinois priant Allah des autres. J'avais marché une partie de cette nuit froide d'hiver dans la vieille ville que n'épargnaient pas, comme partout en Chine avant le tournant du troisième millénaire, les fourneaux à charbon avec leurs cheminées s'employant à badigeonner le ciel de leurs fumées noires. De l'intérieur des maisons aux façades noircies j'entendais parfois jaillir les exclamations des joueurs de mah-jong ponctuées du claquement des pions. J'avais dîné simplement dans la rue, d'un grand bol de pâtes fumant parfumé de tous les aromates de la région. Un plat complet et délicieux qui vous réchauffe les mains au beau milieu d'un embouteillage d'étals et de petits colporteurs aux cuisines variées riches d'exhalaisons orientales où flottent, hégémoniques, l'anis étoilé, la coriandre et la bergamote poivrée.

Mais ce qui me fascinait à Xi'an (à l'égal de la nature des Mts Qinling tout proches[85]), c'était son passé prestigieux. L'ancienne Chang'an impériale, était vieille de plus de trois millénaires. Ici se trouvait le berceau de la civilisation chinoise, que les grandes dynasties des origines : Zhou, Qin, Han, Sui et Tang, avaient choisi pour centre de leur pouvoir. A ces époques reculées, la cité était la porte extrême orientale de la mythique Route de la soie.

Cet engouement pour les civilisations passées, je le devais à ces projets où mon travail d'écologue m'avait rapproché de l'archéologie. Des sites culturels emblématiques où l'on m'avait enjoint d'élargir le plan d'aménagement pour y marier culture et nature, améliorer l'insertion environnementale et paysagère des vestiges archéologiques, sans oublier de déterminer les modalités de la fréquentation touristique et d'en minimiser les effets négatifs. J'avais été enchanté de travailler avec des archéologues. Surtout ceux

---

rencontrés sur le terrain, que la poussière des fouilles avait décapé de tout vernis corporatiste. Ils m'avaient ouvert les portes de domaines fabuleux, auxquels, sans eux, je n'aurais jamais eu accès. Dans ces sites, la fusion des savoirs crée une voie royale où le milieu naturel et les objets culturels se répondent, se valorisent l'un l'autre, comme dans un système de vibrations harmonique. Peut-on imaginer plus beaux écrins que cette ancienne forêt de cyprès d'Italie ombrageant le chemin montagneux dallé de l'antique Pisidie en Turquie, une steppe avec ses campements bédouins entourant les splendides mosaïques byzantines d'Umm-ar-Rasas en Jordanie, les massifs d'iris noirs et les vieux caroubiers le long des sentiers de Pétra s'insinuant parmi les grandes tombes de grès ocre, et les millénaires cyprès de Duprez se dressant comme un défi au temps et au désert de pierre de l'immense Lascaux à ciel ouvert qu'est, en plein Sahara, le Tassili des Ajjers ?

J'avais donc profité de ma journée de temps libre pour accomplir l'incontournable visite de la célèbre armée de soldats de terre cuite de l'empereur Qin Shi Huangdi[86], vieille de plus de deux mille ans. Puis, j'étais allé flâner du côté de son tombeau. Le « Fils du Ciel » voulait, c'était fréquent à son époque, mettre sa dépouille sacrée à l'abri des puissances maléfiques de l'après-vie et s'était donc

---

[86] Ou Che-Houang-Ti.

fait inhumer au cœur d'un grandiose tumulus pyramidal, construit avec le lœss de la plaine alluviale de la *Wei*, le principal affluent du fleuve jaune. Cette tombe n'en finissait pas d'intriguer et de fasciner. Une pyramide ! Même si l'idée avait pu se propager depuis l'Egypte par la Route de la soie, je préférais m'étonner de ce que les puissants dirigeants de civilisations aussi éloignées eussent pu converger dans le gigantisme, et choisir la même forme d'édifice pour satisfaire la même obsession d'immortalité. Mais à l'inverse des pyramides d'Egypte (beaucoup plus anciennes) que leurs commanditaires voulaient gigantesques et étincelantes de parements en marbre blanc ou porphyre, pareilles à des phares à leur gloire et pour rapprocher leur âme du ciel, Qin Shi-Huang, lui, avait fait camoufler l'extérieur de son tombeau avec de la végétation pour lui donner l'air d'une colline naturelle. En effet, la menace d'une profanation le tourmentait encore plus que les Pharaons[87]. C'était sans doute là une bonne raison pour que l'empereur préférât tourner sa mégalomanie vers les profondeurs de la terre, à l'abri du regard des hommes !

La tombe de Qin n'a jamais été fouillée. Pourquoi ? Est-ce à cause de la fameuse légende ? Depuis des siècles le bruit courait que Qin avait fait

---

[87] La menace s'est sans doute réalisée : Xiang Hu, homme frustre et violent, rival de Liu Bang fondateur de la dynastie des Han, aurait violé (au moins en partie) le tombeau Qin.

protéger sa dernière demeure par un système de pièges défensifs. Qu'il puisse fonctionner encore de nos jours me semblait une pure fiction. Des carreaux d'arbalète deux fois millénaire toucheraient-ils aussi facilement leur cible que dans les films d'*Indiana Jones* ? A présent, les archéologues savent envoyer en reconnaissance de petits robots explorateurs sur chenilles, équipés de caméra, dans les galeries les plus secrètes des monuments. Mais là n'était pas le seul mystère entourant l'archéologie chinoise. La plaine de Xian renferme de nombreuses pyramides en terre, de toutes tailles, interdites au public. Les fouilles y sont prohibées. Elles apparaissent sur les rares photos disponibles, comme très dégradées par l'érosion, les pratiques des paysans locaux, et peut-être aussi parce qu'elles seraient incroyablement âgées. Etrangement, certaines dateraient d'avant l'époque des empereurs qui s'y sont fait ensevelir, remettant sur la sellette l'existence d'anciennes et mystérieuses civilisations. Le conditionnel reste de mise en absence de preuve formelle et pour résister à des théories non prouvées du même type que celles qui tentent d'ébranler l'égyptologie classique.

Des pillages datant de la révolution culturelle, la présence d'un site militaire à proximité, fournissaient des raisons supplémentaires à cette interdiction d'accès. Mais ces précautions n'expliquaient pas pourquoi les Chinois se privaient aussi radicalement de l'investigation archéologique en règle de ces vieilles pyramides. Qu'est-ce qui les empêchait de lever le voile sur leur construction ? Pourquoi ne pas tenter de comprendre leur utilité, et surtout pourquoi, au lieu de les protéger efficacement comme des témoignages irremplaçables du passé, s'ingénier à dissimuler ces vieux monuments sous des plantations d'arbres les faisant peu à peu ressembler à de simples collines naturelles ? S'ils avaient voulu les faire oublier, comme l'empereur Qin en son temps, les Chinois ne s'y seraient pas pris autrement. Mais dans quel but ? Le gigantesque tombeau de Qin Shi-Huang, aménagé avec des promenades arborées et de petits pavillons, est le seul à faire l'objet d'une protection renforcée. Résultat : on ne sait pas grand chose de ce qui se cache sous ce tumulus géant. Pas grand-chose n'est pas rien : l'œuvre d'un érudit de la dynastie des Han, Sima Quian[88], contient quelques indices, les seuls connus sur la tombe de Qin.

Cet historien et savant, que ses *Mémoires Historiques* ont rendu célèbre, a vécu peu après la chute de la dynastie Qin. Peut-être tenait-il ce qu'il raconte, de son père, lui aussi historien. Destin mouvementé que celui de Sima Quian ! Accusé de trahison, on lui donna le choix de sa condamnation : être castré ou exécuté. Malgré l'infamie attachée en son temps à la première

____

[88] 145-86 av. J.-C..

sentence, il la préféra quand même à la mort, considérant comme sacrée l'énorme tâche d'écriture qui lui restait à accomplir. Sans doute s'était-il dit que pour dicter à sa main tenant le calame, sa tête serait plus utile que l'organe qu'on allait lui ôter ! L'empereur suivant prit l'eunuque à son service particulier en raison de sa culture et de sa sagesse et lui donna un accès privilégié aux archives de l'empire. Voici alors ce qu'écrit Sima Quian :

« Plus de 700 000 ouvriers auraient édifié cet ouvrage d'un demi-million de mètres cubes de terre. Une terre qu'ils avaient d'abord extraite du sous-sol, s'enfonçant jusqu'au niveau de la nappe d'eau profonde pour y creuser les salles du futur palais souterrain. Les travaux avaient commencé alors que l'empereur était âgé de 26 ans[89] *»*. Ils auraient duré 38 ans[90] ! Des richesses immenses y auraient été ensevelies...

J'observais à distance le grand mausolée de terre, cette « montagne funéraire » suivant l'expression de Victor Segualen, tout en songeant à Sima Quian et à ce qu'il raconte sur cette tombe[91]. Sa

---

[89] Victor Segualen : *Tombeau de Che-houang-ti*. Mission archéologique en Chine (1923-1924).

[90] Dès lors on peut s'étonner que la construction de la grande pyramide de Khéops, toute de blocs taillés (plus de 2 millions, chacun pesant plusieurs tonnes, et parfaitement ajustés), n'ait duré qu'une vingtaine d'années en employant *seulement* quelques dizaines de milliers d'ouvriers !

[91] Traduction d'Edouard Chavannes, 1895.

passionnante description avait frappé mon imagination ; je fermai les yeux pour éteindre tout bruit dans ma tête et me laissai aller sur les chemins du rêve... les laissant s'enfoncer à cinquante mètres sous terre.

A la fois prudent et curieux, j'avance vers le palais mortuaire au travers d'un dédale de couloirs et d'escaliers luisants : l'antre d'un prince, vieux de deux millénaires ! Chaque pas se charge des faces livides et grimaçantes qui tournoient dans la pénombre : celles des milliers d'ouvriers à jamais privés de la liberté de revoir le jour, pauvres hères enfermés jusqu'à leur mort pour creuser cette tombe royale qui fut leur cachot. Fantômes du sépulcre, leurs âmes errent éternellement dans ce tunnel macabre fait d'un mortier de terre et d'os.
Une faible et lugubre lueur irradie des murs de l'hypogée. Silence de tombe. J'entends mon propre sang bourdonner au rythme de mes pas, comme la fièvre dans mes tempes. Odeur de pierre antique, de métal et de cuir décomposé, qui stagne dans les recoins les plus sombres...
Soudain, la clarté chaude et vacillante de torches allumées dans la graisse de phoque arrache à la pénombre les fabuleuses décorations du palais. Les salles ont des murs et des piliers de bronze et les plafonds sont constellés d'étoiles d'argent qui se

reflètent dans des ruisselets de mercure[92], reproductions en miniature des Yang Tsé, Huang He et autres grands fleuves de l'Empire du Milieu. Elles sinuent au milieu de maquettes d'airain des montagnes, mues par d'ingénieux mécanismes animant la circulation du fluide d'un mouvement ininterrompu. Sur le bord de l'un de ces fleuves factices se tient une extraordinaire réduction en platine du palais impérial, au-dessus de laquelle une petite sphère d'or rayonne comme un soleil. J'y vois soudain s'étaler une extraordinaire cartographie de l'empire des Qin ! Tout un monde et une géographie que le délirant empereur avait voulu emporter dans son voyage pour l'éternité ! Le sarcophage de bronze repose au cœur de la chambre funéraire. Au vu de ses dimensions plusieurs cercueils doivent être emboités les uns dans les autres... Et partout, dans la salle du sarcophage comme dans les autres chambres funéraires qui lui sont reliées, des joyaux, des œuvres d'art, des coffres délicatement ouvragés, ainsi qu'un carrosse en or et bois précieux, de taille réelle... Car il est dit qu'à sa mort, le « Fils du Ciel » emportera avec lui l'image de son royaume... ainsi que de sa fidèle, sa chère armée, sans laquelle il n'aurait jamais pu fonder la dynastie dont il a su imprégner de son sceau

---

[92] Les rivières de mercure du palais souterrain ne sont peut-être pas une légende ! Des sondages géophysiques récents du sous-sol ont confirmé la présence de ce métal en grande quantité dans la tombe.

l'histoire de la Chine.

Elle est là cette armée, tout autour du monument, à quelques mètres sous terre, sous la *glaise des siècles*[93], en ordre de marche : les fantassins, les chars, les cavaliers, tous armés et sur le pied de guerre, comme prêts à partir derrière leur empereur dans une ultime campagne militaire… Chaque figurine, de taille humaine, impeccablement immortalisée dans la terre cuite. Des milliers de soldats peints, figés dans leur gangue d'argile cuite, qui n'attendent qu'un signe de leur chef. Dans sa grande bienveillance et la cruauté raffinée de sa reconnaissance, le premier empereur n'a pas voulu abandonner ses concubines et ses fidèles serviteurs : il les a fait emmurer avec lui. De même qu'il fit enfermer derrière une lourde dalle, tous ceux, artisans et ouvriers, qui avaient œuvré pour sa tombe et transporté ses trésors. Ils auraient pu trahir, en divulguer le secret. Le Premier Empereur n'était pas à une cruauté près ! De son vivant, des millions d'hommes sont morts à la tâche en construisant ses palais et la Grande Muraille, où leurs ossements sont inextricablement mêlés à la maçonnerie des gigantesques structures.
Mais pourquoi Sima Quian passe-t-il sous silence l'armée de terre cuite dans ses *Mémoires* ? Il n'en fallait pas plus pour que naisse une théorie de la contestation face à cette trouvaille, si extraordinaire

____

93 Julien Gracq : *Le rivage des Syrtes.*

qu'elle en parait invraisemblable. Certains sinologues osent évoquer une gigantesque contrefaçon en s'appuyant sur le fait qu'elle s'est produite en 1974, au temps de Mao Tse Tung, qui ne montrait aucun scrupule à se comparer au premier empereur de Chine. Mais la vérité du chantier qu'abrite un immense dôme, les traces discrètes de peintures sur les statues, les efforts de restauration dans les fosses, contredisent pareille théorie ! De plus, si un empereur a pu mobiliser presque un million d'ouvriers pour construire sa tombe, n'est-ce pas la preuve que sa mégalomanie pouvait le conduire vers d'autres excès, comme celui de faire édifier une armée de plusieurs milliers de soldats en terre cuite pour veiller sur son caveau dans l'au-delà ?

Les trois *dorés*

Comme à l'ordinaire, tout avait été préparé, planifié, programmé. Le véhicule de la représentation locale du Ministère des Forêts était venu nous prendre, l'interprète, mon homologue et moi-même, le matin à l'hôtel dans le centre ville de Xi'an. Il était temps ! L'attrait quasi gravitationnel des sites archéologiques de la plaine de la Wei, baignés de mystère, auraient pu irrépressiblement m'entrainer vers des *terra incognita* bien éloignées du sujet de ma mission[94] !

Ah, l'interprète ! En Chine, il est le double indispensable sans lequel l'étranger non sinisant est voué à une schizophrénie permanente. Les premiers jours de mon séjour en Chine, à Pékin, on ne m'avait pas encore attribué d'interprète. Pour mes repas, j'avais donc trouvé avantageux de les prendre dans la rue où mon ignorance du chinois ne m'empêchait pas de me régaler. Un collègue britannique affecté au même projet et descendu dans le même hôtel, était réticent lui aussi à son

---

[94] Voir : *La tombe de Qin.*

resto aseptisé où nous ne prenions que les petits déjeuners. Mais ce soir-là il pleuvait dru et la plupart des petites échoppes de rue étaient fermées. Nous avions faim, il fallait trouver à manger. Nous entrâmes dans l'un de ces restaurants traditionnels qui sont légion à Pékin. Pour nous assurer de son *authenticité*, nous avions déterminé d'un commun accord (je le souligne car les terrains d'entente franco-britanniques sont rares) un critère simple : on ne devait y trouver aucune traduction du menu en anglais. Après un coup d'œil à celui de la maison, rempli de magnifiques idéogrammes, mais aussi hermétique à notre compréhension que des tablettes sumériennes, nous dûmes pour nous faire comprendre des serveurs aux yeux écarquillés, singer la carpe et les animaux de basse-cour que nous désirions voir figurer à notre menu, puis pointer du doigt sur les tables voisines, les préparations qui nous faisaient envie, nos capacités mimiques n'allant pas jusqu'à imiter les sauces !
En Chine, l'interprète a des attributions fluctuant entre la traduction proprement dite et la surveillance rapprochée. Mais Fen Sheng, avec ses lunettes démesurément rondes, me faisait davantage penser à une sorte de Woody Allen jeune et désinvolte qu'à un quelconque garde-chiourme formaté par le Parti Communiste chinois. Un Woody Allen aux yeux bridés. Non content d'avoir l'allure et quelques traits du cinéaste new-yorkais, on aurait pu croire qu'il en avait aussi hérité la logorrhée ! Son débit verbal roulait comme les

eaux du Fleuve jaune. Tout en parlant plus vite que l'interlocuteur, sa traduction prenait toujours au moins deux fois plus de temps, car il ne pouvait se passer d'y ajouter ses propres commentaires (*sic* mon homologue !). J'en ai gardé un agréable souvenir. C'était un garçon sympathique et l'un des rares Chinois que je connusse aimant plaisanter sans pour cela attendre les *canbé* des fins de repas arrosés.

Nous ne devions plus être très loin de Foping *city*. La jeep chinoise s'était enfoncée profondément dans les montagnes de Qinling, par des routes en bon état, plus respectueuses de la topographie qu'en Europe. Des routes qui ont les défauts de leurs qualités : elles sont bien plus tortueuses, avec plus de déclivité et moins de ponts, et suivent le relief au plus près. On les avait tracées sans ce besoin irritant de domination qui, chez nous, pousse sans arrêt à corriger le relief à grands coups de saignées, de remblais et de déblais de terre ; laissant d'énormes balafres et sacrifiant les paysages sur l'autel de la sécurité et de la vitesse. Ces mêmes divinités aux noms desquelles on coupe (encore aujourd'hui) des arbres centenaires en bord de route.

La crête de la chaîne des Qinling présente la particularité de séparer deux « royaumes ». Non pas une frontière séparant, comme dans *Balade au bout du monde*[95], des monarchies oubliées dans les entrailles de la République Populaire de Chine, mais une ligne invisible de démarcation écologique distinguant deux entités biogéographiques : le paléarctique au nord, le subtropical au sud. Pour schématiser : sur le versant nord pousse une forêt tempérée avec des conditions climatiques rigoureuses en hiver, et sur le versant sud, une forêt contenant des espèces aux affinités tropicales, sous un climat plus doux. Bien entendu, la limite de la végétation n'est pas aussi nette sur le terrain que la ligne tracée sur la carte phyto-sociologique, car les essences s'interpénètrent : la forêt tempérée s'enrichit d'espèces méridionales, et plus au sud la forêt subtropicale retient des essences de la flore nordique. Ce qui est vrai pour la flore et la végétation l'est aussi pour la faune. C'est pourquoi la région dite de *transition* s'avère d'une grande richesse biologique en renfermant à elle seule approximativement deux fois plus d'espèces que chacun des deux *royaumes* pris séparément. Cette barrière montagneuse tient également lieu de ligne de partage des eaux entre, au nord le bassin du Fleuve jaune (avec son affluent principal : la Wei, qui coule à Xi'an) et au sud celui de l'imposant Yangtsé.

C'était cette richesse en biodiversité, ce *point chaud*, qui avait jadis motivé la création du réseau des réserves naturelles des montagnes de Qinling.

---

[95] BD de Makyo et Vicomte.

Le projet GEF[96] dans lequel j'étais impliqué, visait l'amélioration de la gestion de quatre de ces réserves : Foping, Zhouzhi, Taibaishan et Niubeiliang. Elles étaient toutes les quatre disposées en altitude de part et d'autre de la crête principale des Qinling, entre 1000 et 2300m. « Mais pourquoi, me demandai-je, cet émiettement d'aires protégées petites et isolées, au lieu d'une entité continue plus vaste, sans aucun doute plus efficace pour la conservation de la diversité biologique ? » La réponse tenait dans l'organisation du Ministère des Forêts : deux Bureaux aux attributions antagonistes : *Forêts* et *Réserves Naturelles* ; deux Bureaux concurrents, très cloisonnés, qui ne se faisaient pas de cadeaux. Le Ministre devait jubiler à chaque réunion interne avec ses directeurs et compter les coups comme à la bataille navale ! Le Bureau des Forêts avait pour tâche essentielle l'exploitation d'une ressource économique importante en Chine : le bois, qui donnait certes du travail à des dizaines de milliers d'ouvriers forestiers, mais dont le credo restait la production forestière intensive. Le Bureau des Réserves, quant à lui, administrait quelques 700 réserves naturelles émaillant le territoire national[97]. Le découpage des massifs forestiers

---

[96] *Global Environmental Fund.*

[97] Ce chiffre ne doit pas faire tourner la tête : l'ensemble de ces réserves (dont la qualité de gestion est inégale) n'occupe guère que quelques pour cents de la surface du pays.

reflétait sur le terrain cette organisation bicéphale, chaque Bureau étant seul maître à bord dans son propre domaine, sans la moindre concertation avec l'autre. Or, les Qinling forment une seule entité écologique où biodiversité et forêts sont indissociables ! Aussi riches en flore et en faune qu'en bois d'œuvre ! On a voulu ménager la chèvre et le chou : conserver oui… sans se priver de la vente du bois. Mais l'appétit de la chèvre se révéla bien trop vorace par rapport à la taille du chou, et l'exploitation forestière se mit à grignoter une surface beaucoup plus étendue que celle affectée à la conservation[98].

J'étais dans mes petits souliers en parlant de ce problème ! Des fois qu'un interlocuteur bien informé apprenant que j'étais français, m'objecte : « *Mais Monsieur, en France, dans vos montagnes Pyrénées, l'ours n'a-t-il pas été sacrifié par l'Etat et les communes qui n'ont pas voulu se priver de la coupe des forêts exploitables ? »*. Et il aurait eu raison, car ce fut bien là la cause majeure de la disparition du plantigrade, du moins sa souche locale.

En sus du traducteur, le Bureau des réserves naturelles de Pékin m'avait associé *une* homologue : Sun Yanling, zoologue à l'Académie

---

[98] Réalisant l'étendue du désastre, les Chinois ont fini par promulguer l'interdiction des coupes forestières dans les forêts anciennes du pays.

des Sciences de Pékin. Elle fut de toutes mes missions dans les montagnes de Qinling. Dans tous les projets l'homologue se veut l'équivalent national du consultant, son assistant scientifique. Une équivalence plus diplomatique que réelle, destinée à ménager l'amour-propre des Chinois désireux de recourir à l'aide étrangère pour améliorer l'efficacité de leurs réserves naturelles. En vérité, l'homologue se forme au contact permanent du consultant étranger. Mais plus au fait des us et coutumes du pays, il faut lui reconnaître son aide précieuse dans la prise des décisions. Enfin, je ferais preuve de naïveté à ne pas le voir comme un second rapporteur de mes faits et gestes aux organes politiques du ministère.

Il y avait des sujets tabous en Chine. La politique était l'un d'eux. Alors, mieux valait éviter de parler de la question tibétaine et surtout de Tian'anmen. Le Chinois ordinaire trempe dans une soupe qui mélange la tradition confucianiste avec un capitalisme débridé et le dirigisme politique. Le Parti ne supporte pas la moindre contradiction ; jusqu'à bannir certains mots du vocabulaire. *Tian'anmen* est de cela. De l'avoir ignoré lors de l'une de ses sessions de formation en écotourisme, a couté à l'experte australienne du projet son renvoi précipité chez elle. Il est de ces faits historiques peu glorieux que la Chine s'efforce d'effacer de la conscience collective.

Je ne me suis jamais plaint de mes homologues, tous de jeunes universitaires diplômés, emplis de bonne volonté, serviables, plus enclins à apprendre qu'à espionner. Sun remplissait parfaitement sa tâche. Mais elle avait le défaut de ses qualités : *l'animal lui cachait la forêt*, en d'autres termes, sa spécialisation zoologique lui cachait la vue d'ensemble. De fait, les deux pièces de notre binôme étaient bien complémentaires. C'était une femme vive, énergique, au visage rond et joufflu, aux pommettes saillantes et aux petits yeux exagérément bridés cachés derrière de désuètes lunettes rondes aux proportions inverses de celles de Fen. De petite taille, on aurait pu la confondre avec une nomade des steppes d'Asie centrale. À la différence de nombreux scientifiques et cadres, elle appréciait le terrain, ne rechignait pas devant l'effort et les conditions d'inconfort. Pour sa thèse de zoologie, elle était partie pérégriner seule dans les régions les plus reculées des montagnes de Qinling à la recherche d'indices et de données. Elle était *la* spécialiste chinoise du takin doré (*Budorcas taxicolor*), animal secret et fascinant, un ruminant à la belle toison doré, vaguement apparenté à la chèvre, quoique dans un format plus imposant (la bête peut atteindre 400 kg). Inutile d'aller le chercher ailleurs sur la planète : le takin ne vit qu'ici, dans les montagnes du centre de la Chine. J'y reviendrai.

Au démarrage du projet, j'avais en charge la formation théorique du personnel des cinq réserves naturelles des Mts Qinling. Celle-ci devait se dérouler à Foping *city,* petite ville blottie dans une vallée encaissée. Dans le contrat elle devait ne durer que deux semaines. Mais parvenu au bout de la période, les Chinois exigèrent unilatéralement de la prolonger d'autant, soit deux semaines de plus. Récalcitrant, bougonnant intérieurement, je n'avais bien entendu aucun moyen de m'y opposer. Avait-on honte de me faire découvrir le terrain ? De peur que j'y voie des réserves au canon d'aménagement bien éloigné de celui qu'on trouvait à l'Ouest ? Un canon que j'étais en train de leur dévoiler peu à peu. Si c'était là la véritable raison, j'avais du souci à me faire, car d'un report à l'autre, tout le projet pouvait se passer en temps de formation. De la théorie et pas de pratique. C'était inacceptable.

Dans l'immédiat, que faire d'autre pendant ce mois entier d'hiver ? Que faire d'autre dans cette petite ville sans originalité, noyée depuis mon arrivée dans un crachin dense suintant sur les façades grisâtres des rues, écrasée par une lourde chape de nuages noirs et bas qu'aucun vent ne semblait vouloir chasser ? Rien, sinon avec Fen à mes côtés, instiller tous les jours des cours de *management of protected areas*[99], au rythme de trois heures le matin et trois heures le soir, à une vingtaine de techniciens et personnel administratif des réserves. C'était une formation *formatante* au sens informatique du terme ! Pour construire du nouveau, il fallait araser les survivances

---

[99] Gestion des aires protégées.

bureaucratiques et administratives des décennies antérieures. Tous les participants donnaient l'impression d'écouter religieusement le cours, comme la prédication d'un Bodysattva. Au début, je ne savais pas si c'était par politesse et soumission disciplinée ou pour l'intérêt qu'ils portaient au sujet. Mais tout compte fait je crois que c'était leur façon à eux de s'étonner du décalage entre ma « cuisine » et les « plats idéologiques » qu'on leur avait servis jusque là au menu.

A l'orée de la deuxième moitié du mois, je me retrouvai donc à court de matière pour meubler ma formation ; comme un coureur qui, ayant géré son effort sur la distance convenue au départ, voit brusquement repoussée la ligne d'arrivée d'une même distance. Anxiété, début de panique, aggravé par le climat et l'angoissant confinement géographique d'une cité cernée par les rudes versants montagneux qui l'emprisonnaient comme de sombres murailles. A l'époque, *Internet* n'existait pas. Je devais donc compter sur ma seule capacité mémorielle, mon imagination, mon stock de diapositives, les quelques ouvrages et rapports que j'avais emportés avec moi et… une bonne dose d'improvisation. Obligé de rassembler mes souvenirs, gratter les tiroirs de mes connaissances, imaginer des passerelles interdisciplinaires. Je devais sans cesse rallonger la sauce et m'appuyer sur des études de cas, prendre en exemple des projets réalisés un peu partout dans le monde, dans différents biomes. Je savais que je n'avais pas droit à la *panne*. Les Chinois ne me l'auraient pas pardonné. Je subissais là une forme de torture intellectuelle assez raffinée, une opération d'assèchement de méninges, comme un drainage de sol ou un fruit pressé jusqu'à la pulpe. Ah ça, ils en voulaient pour leur argent les *Chinese* ! Même si ce n'était pas le leur, puisque le financement de ce projet provenait de la Banque Mondiale ! Pourtant, ma situation n'avait rien que de très usuel, leur attitude n'était pas différente de celle qu'ils adoptaient quand ils passaient des accords avec les firmes occidentales ; ceux-ci incluant presque toujours un transfert massif de technologie et de connaissances. Le « Milieu » ne lui suffit plus, l'Empire louche aussi vers la périphérie !

Je reconnaissais que les exigences chinoises s'appuyaient sur quelques bonnes raisons qui ne découlaient pas seulement de leur méfiance ancestrale de l'Occident. En quoi aurais-je dû m'offusquer de transmettre ce que je savais ? Dans mon cas, il ne s'agissait pas de secrets industriels mais de connaissances écologiques. N'était-elle pas une science planétaire, à vocation de partage international ? Ce projet du GEF en avait l'esprit. En faisant intervenir une expertise européenne et américaine, son but allait au-delà d'un simple dépoussiérage de blason. La gestion chinoise des aires protégées devait être retravaillée à la gouge, au cœur, pour combler le retard considérable du pays dans ce domaine. Un retard qui mettait en péril la conservation à long terme de ses trésors naturels, qui étaient aussi ceux de l'humanité entière. Peu importait que la Chine les fît fructifier à son profit d'une manière ou d'une autre, du moment qu'il s'agissait de conservation *in situ* et de rien d'autre. J'avoue qu'à la différence de bien d'autres pays où j'avais travaillé, cette soif de mieux faire, cette envie d'imiter pour ensuite dépasser l'Occident, n'était pas pour me déplaire dans le domaine qui était le mien, l'écologie. Au diable la compétition internationale ! Surtout en pareil domaine. Nous partageons tous le même navire.

Mais ce jour-là, le *spleen* immense et poisseux qui m'envahit me fit tout remettre en question ; des questions existentialistes venant me tarauder de manière récurrente. Qu'étais-je venu faire en Chine ? Je ne sus ce qui me retint de ne pas m'enfuir, tout plaquer, m'évader de cet univers glauque et humide, de cette formation au goût acre de séquestre. D'aussi loin que je m'en souvienne, je crois qu'un songe m'en libéra. Incapable dans l'instant d'avancer en quoi que ce fût de constructif dans mon travail, je m'allongeai sur le petit lit de ma chambrette, fermai les yeux jusqu'à ce que surgissent de mon passé de chaudes réminiscences au plus profond de la forêt tropicale…

Une explosion de vie végétale et animale, à tous les étages, comme si plusieurs forêts s'étaient enchâssées les unes dans les autres, dans la verticalité. Forêt sempervirente riche de trois cents arbres à l'hectare, avec autant d'espèces végétales dans un seul kilomètre carré que dans toute l'Europe ! Une canopée à quarante, voire cinquante mètres au-dessus du sol. Des feuillages émergents invisibles d'en bas, où la lumière ne parvenait qu'avec parcimonie. Partout des jardins d'épiphytes, de vieilles lianes sinueuses, torsadées, vrillées, montant à l'assaut des grands fûts aux contreforts géants, de longues draperies opaques de malvacées tombant des cimes. Et se détachant dans ces profondeurs vertes, les inflorescences de larges bractées mauves, les jeunes feuilles cuivrées des grandes césalpiniacées, les gros fruits rouges des zingibéracées. Cette folle exubérance végétale n'était jamais tant spectaculaire que lorsqu'elle s'apercevait depuis une hauteur, ondulant en cascades vertes le long d'un versant. Alors s'exposait la juste mesure de ses dimensions et, comme dans une coupe à vif, le regard pouvait pénétrer l'architecture intime des hautes voûtes.

C'était précisément de là que, silencieux, calé entre deux contreforts, j'observais à la jumelle sur la pente qui me faisait face les colonnes bais et les pains à cacheter[100] qui rejoignaient leurs arbres nourriciers. Leurs chemins suspendus étaient connus d'eux seuls. Ils ne tardèrent pas à me

---

[100] Ou hocheur : singe arboricole africain gris foncé, au nez marqué d'une étonnante tâche blanche.

repérer puis à pousser des glapissements furieux ; qui n'effrayèrent nullement un couple de calaos casqués, visant lui aussi les mêmes fruits, se frayant pour les atteindre un passage dans la verdure avec de grands coups d'ailes, dans un bruit de papier froissé. Au sol, un céphalophe bleu attendait que les restes de la manne lui tombent du ciel. Avec les chauves-souris, les oiseaux, les éléphants, ces petites antilopes font partie des grands « jardiniers » de la forêt. La coévolution les a transformés en disséminateurs des graines des espèces végétales qu'ils consomment. Sans ce comportement symbiotique, cette zoochorie, les forêts tropicales n'auraient pas la même composition et donc la même allure. Une partie de mon temps consistait à récolter les crottes des éléphants de forêt. Le meilleur terreau de germination dont elles puissent rêver. Au camp je les délitais pour en recenser les graines. Sacrés connaisseurs, les éléphants : au total, ils mettaient pas moins de 90 espèces différentes à leur menu ! Dans le parc national de Taï, au sud-ouest de la Côte d'Ivoire, je les avais collectées et amenées au professeur Aké Assi de l'université d'Abidjan. De renommée mondiale, ce botaniste ivoirien les identifiait quasiment toutes du premier coup d'œil ! Mais une graine en particulier le laissait perplexe : elle revenait assez communément dans les crottins et pourtant elle appartenait à une espèce visiblement très rare[101], endémique de la forêt primaire de Taï, découverte dans les années 50, mais dont on avait en quelque sorte perdu la trace, aucun botaniste n'ayant pu la relocaliser. Elle existait pourtant bien, la preuve étant que les pachydermes la lui apportaient sur un plateau ! Friands de ses fruits, les éléphants devaient en connaître son emplacement et sa phénologie depuis des temps immémoriaux. C'était une surprise de plus que nous livrait cette forêt primaire, après l'hippopotame pygmée, le céphalophe zébré et le céphalophe de Jentink (eux aussi endémiques), ce dernier, rarissime, dont j'avais eu la chance, pendant quelques secondes, d'apercevoir un spécimen au coeur de la forêt primaire.

Au sud Cameroun, dans la réserve du Dja, autre grande forêt tropicale primaire d'Afrique, le plaisir d'observer ces visions colorées d'un éden luxuriant en 3D fut voilé par l'épisode douloureux qui me faucha ce soir-là en pleine forêt... La fièvre était montée d'un coup vers des sommets (*les quarante non rugissants*). Et ma nuit se passa alternativement à suer et à grelotter.

J'étais terrassé par une crise de paludisme.

Dans ces moments-là, les souvenirs zèbrent l'esprit en désordre comme les éclairs dans un ciel noir d'orage. Je n'ai jamais pris ma santé suffisamment

---

[101] Il s'agit de *Endotricha taïensis* (famille des sapotacées). Pourtant un très grand arbre, jusqu'à 45m de haut !

au sérieux. Ce manque de rigueur aurait pu m'être fatal, si la chance n'avait pas été de mon côté lorsque mon organisme eut à subir au cours des ans plusieurs palus (heureusement sans gravité), une dengue, une hépatite B (suivie d'une biopsie du foie) et... une bilharziose, cette dernière détectée par hasard lors d'un examen de routine, plusieurs années après l'avoir attrapée. Car les parasites, les schistosomes, peuvent restés enkystés très longtemps avant de se réveiller. Un bain dans un ruisseau aux eaux pourtant limpides (aucun village à l'amont), en pleine brousse de la Vina (voir : *La déferlante grise*), avait suffi à me contaminer. J'appris que les singes et les rongeurs sauvages sont, avec l'homme, des vecteurs de transmission. Mais je songeais que des braconniers atteints pouvaient tout aussi bien avoir pissé ou déféqué dans la rivière et l'avoir contaminée. Bref, ma probable zoonose me vaut une hospitalisation à l'Hôpital La Pitié-Salpétrière, chez le Pr. Marc Gentilini qui dirige à cette époque le service des maladies tropicales. On m'alite quatre jours. On va m'administrer un tout nouveau médicament, puis on me gardera en observation ; je comprends que je vais servir de cobaye... mais ai-je le choix ? il n'existe aucun autre traitement. Le professeur me rassure, tout devrait bien se passer. On m'a installé dans une sorte de dortoir ; pas de télé, mais autour de moi je vis en direct le sort des autres malades... Les infirmières, appliquées, vont de l'un à l'autre avec un dévouement sans faille. Si les malades porteurs du ver de Guinée ne sont pas les plus gravement atteints, leur mal est en tout cas spectaculaire : les soignantes essaient avec d'infinies précautions d'extraire de leurs jambes gonflées les horribles parasites logés au plus profond de leurs muscles sur des longueurs invraisemblables. L'une d'elles, un tampon d'éther pour endormir l'immonde et gluante bête dans une main, la tire doucement de l'autre d'une plaie pulvérulente, en l'enroulant centimètre par centimètre autour d'un bâtonnet. Si le ver rompt, tout sera à recommencer ; comme le ténia, il a l'effrayante capacité de repousser à partir d'un infime fragment. La science-fiction n'a rien inventé ! Je me convaincs de ne plus marcher pieds nus dans un village, ni même de prendre de bain en rivière. Les quatre jours sont écoulés, Gentilini a tenu parole : le médicament est efficace, de surcroît sans effets secondaires. Un contrôle ultérieur ne décèle plus aucun kyste.

Au matin, sans force, je restai allongé, incapable de me lever. Avec mon équipe, en pleine forêt, nous étions pourtant éloignés d'un bon jour de marche de notre véhicule, qu'il me faudrait ensuite conduire durant un jour entier jusqu'à la grande ville.
Autant dire une tâche insurmontable…
C'est alors qu'un pygmée Baka contacté dans un campement proche, m'apporta un breuvage laiteux de sa composition. Et à la mi-journée, oh surprise,

la fièvre tomba ; non seulement je pus me lever, mais encore trouver la force de me déplacer. Je gonflai mes poumons et levai la tête, écoutant à nouveau avec ravissement le vent bruisser dans le feuillage des cimes, tel un ressac marin sur une plage verte. Avant de quitter les lieux, je voulus que mon sauveur Pygmée, que je remerciais chaleureusement, me montrât la plante qui m'avait guéri (ou contribué à me guérir) : c'était un arbre discret du sous-bois, quoique assez commun, et à ma connaissance sans nom français[102]. Il avait simplement prélevé un morceau d'écorce et l'avait fait macérer dans de l'eau... J'écris *contribué* sans certitude, car il était possible que cette plante n'eût fait que compléter l'action protectrice de la nivaquine, dont pareil à tous les Blancs d'Afrique je m'imbibais d'une dose quotidienne...

Quelques coups frappés à la porte me sortirent brutalement de mon rêve d'ailleurs tropical. De tout le temps consacré à ce long enseignement, je crois bien que ce fut la seule fois où je m'étais *oublié*. En tout cas je me sentais beaucoup mieux. Comme si la thérapie forestière équatoriale subie durant ce « songe d'un jour d'hiver » (le souvenir de mon palu en moins) avait balayé mon spleen, ce « palu de l'esprit », et laissé place nette à une lueur de lucidité qui éclairait mes lendemains. Je venais

---

[102] Déterminé ultérieurement, son nom scientifique est *Alstonia boonei.*

de réaliser que si je passais l'épreuve qui m'attendait avec succès mes missions ultérieures en seraient facilitées.

L'avenir me donna raison. Mobilisant mon énergie, je délayai mes cours sur mon fidèle ordinateur portable Sony Vaio durant les nuits et les inévitables moments de sieste. Avec une agréable compensation qui rythmait très ponctuellement cette formation marathonienne : la ronde des repas qu'on prenait tous ensemble autour de grandes tables circulaires. Des moments d'éclaircie dans la brume de cette double pénitence, météorologique et besogneuse ! En Chine, les repas sont un rite, une institution vénérée, l'imagination des cuisiniers sans bornes, d'où la variété des plats servis, due aux vallées cultivées proches desquelles provenait une grande diversité de produits de base. Jamais de ma vie je n'avais aussi bien mangé.

Enfin arriva le moment que j'attendais tant, celui des exercices pratiques. J'avais dû souligner leur importance tout au long des cours, car il m'apparaissait depuis le début que les organisateurs n'en étaient pas convaincus. Ces jeunes bureaucrates de la ville, d'une morphologie mal configurée aux épreuves du terrain, avaient fini par céder. Ils allaient enfin me donner l'occasion de visiter la réserve naturelle de Foping comme je l'entendais, et non pas « à la chinoise », en dilettante, de façon superficielle. Le terrain allait aussi permettre à tous les stagiaires de mettre en application les cours théoriques qu'ils venaient de recevoir. Le terrain ! C'était mon souhait le plus cher, une perspective qui m'avait permis de tenir le coup. Affronter en plein hiver les montagnes froides de la Chine continentale me paraissait une épreuve bien plus douce que la longue série de cours que je venais de boucler. J'appris que là-haut il avait neigé. Tant mieux, la neige serait une alliée précieuse pour les comptages de faune que je comptais organiser. Empreintes de takin et de panda, piétinement de faisans... les activités animales s'y liraient comme dans un livre ouvert. Quant aux animaux hibernants et aux reconnaissances botaniques, bien entendu, il faudrait attendre le début de l'été suivant.

L'anthropomorphisme des *Fables* de La Fontaine y était-il pour quelque chose, j'attribuais volontiers des adjectifs aux animaux. Secret, mystérieux, cryptique, collaient à merveille à la peau du takin doré, surtout depuis la mésaventure qui m'arriva lors de l'hiver suivant quand je retournai dans cette même réserve de Foping.

Désormais, je me sentais à l'aise vis-à-vis de mes interlocuteurs chinois. J'avais obtenu d'eux ce qu'un étranger peut considérer comme précieux dans ce pays : la confiance et la reconnaissance. Depuis ce parcours d'obstacles qu'avait été l'épreuve de formation initiale (à laquelle j'avais *survécu*), je disposais d'un « sésame » pour ouvrir les verrous les plus récalcitrants et lever le voile sur les secrets les mieux gardés des réserves naturelles couvertes par le projet. Je me sentais tel un navigateur des siècles passés sur des mers inconnues, poussé par la curiosité d'aller voir au-delà de l'horizon…

Cette fois-ci, j'avais le projet d'atteindre une contrée reculée et méconnue de la réserve de Foping. Aucune route n'y pénétrait et seul un mauvais sentier montagneux la traversait. S'aventurer dans l'inconnu n'était pas une composante essentielle de la culture chinoise : aucun personnel du Bureau de la réserve n'y avait encore jamais mis les pieds. Cela avait été le cas dans toutes les autres. Je me demandai si cette attitude générale, qui ressemblait à une allergie à la découverte, prenait ses racines dans le brutal revirement intervenu au XVe siècle, quand après les grandes expéditions maritimes de Zeng He, la Chine s'était repliée sur elle-même et fermée au monde pendant six cents ans. Cet amiral chinois (1371-1433), musulman, eunuque, et grand explorateur des mers sous Yong Le, troisième empereur de la dynastie Ming, avait été mis en disgrâce par l'empereur suivant qui s'empressa de détruire la flotte entière des grandes jonques, ayant décidé que l'empire tournerait définitivement le dos à la mer. Un oukase sur lequel aucun de ses successeurs ne revint jamais.

En quittant Foping city (le cœur rempli d'allégresse) et en prenant la direction de la réserve éponyme, dans laquelle on m'avait indiqué la présence de petites enclaves habitées, je pressentais que j'allais remonter le temps par grandes brassées. Lors de mes rares moments de détente solitaire en périphérie de la petite ville, j'avais déjà eu le loisir d'observer nombre de fermettes familiales, où potagers foisonnants et basse-cours grouillantes semblaient tirer merveilleusement profit l'un de l'autre. Que montraient ces modèles, sinon l'indéfectible attachement du petit paysan chinois aux pratiques vivrières de ses ancêtres et sa répugnance vis-à-vis de l'économie de marché ?

J'étais ébloui ! La réserve naturelle de Foping, la première aire protégée que je visitais en Chine, avait cet extraordinaire double visage de milieu naturel montagneux quasi intact et de vie paysanne confinée dans quelques petites enclaves forestières qu'on aurait dit surgie d'un lointain passé. En cette fin de XXᵉ siècle, on pouvait encore rencontrer la Chine éternelle dans la plupart des régions de montagne éloignées des grandes villes. Ainsi, dans celles de Qinling, de Wuyishan, de Shennongja, dans les profondeurs rurales et montagnardes du Jangxi et du Yunnan, à chaque aube du monde, on entendait le chant du coq résonner de maisonnette en maisonnette, de vallée en vallée. Chaque famille cultivait de petites parcelles de terre soigneusement buttées avec un coin de forêt ombragé bien à elle, où élever des champignons. Et chaque famille engraissait un ou plusieurs cochons, des lapins, de la volaille. Profitant de leurs déplacements, enfants, femmes, vieillards revenaient toujours avec des brassées d'herbes pour les lapins et, pour guérir leurs maux, des plantes médicinales qu'ils avaient coupées le long des sentiers. La maison était bâtie des arbres provenant de la forêt voisine, les grands foyers de la cuisine étaient façonnés avec l'argile des chemins, les magnifiques paniers confectionnés avec du bambou ou avec l'osier des bords de rivière. La basse-cour fertilisait les champs de sa colombine, supplémentés par la *terre de nuit*[103] qu'on y déversait chaque matin. Et dans ces paisibles et harmonieuses contrées qu'on aurait voulues immuables, on n'aurait pas entendu la moindre machine agricole à des lieues à la ronde.

Intuitivement, je subodorais que dans ces montagnes parmi les plus sauvages de la chaîne des Qinling, devait se cacher une biodiversité riche et passionnante, dont les reliques de forêts anciennes et les « trois dorés » qu'il me tardait de découvrir. Bien que j'eusse toute liberté dans l'organisation du programme, il ne fut pas facile de convaincre mes interlocuteurs. Ce fut grâce aux talents persuasifs de Fen et à l'appui suscité par la curiosité scientifique de Sun, que je réussis à monter une expédition de plusieurs jours. Sans nous encombrer de matériel de bivouac (à part les sacs de couchage), car parait-il, on trouverait d'anciens baraquements de bois dans la montagne. Ce matin-là, nous partîmes de Da Gu Ping, petit

---

[103] Seau d'aisance. Déversé brut ou mélangé avec de la terre.

village oublié au creux des montagnes ; un lieu apaisé vivant dans une absence de temps, ou plutôt dans un temps immuablement cyclique, celui du rythme innocent des saisons, un temps très éloigné de celui des villes et des régions côtières chinoises, trépidantes et affairées, en perpétuelle accélération. Pour être exact, il n'était pas complètement oublié, car il s'y trouvait un apport de modernité : une timide et brinquebalante ligne électrique qu'on aurait cru introduite en catimini dans le petit village enclavé.

À l'examen de la carte, la distance à parcourir n'était pas en soi considérable, mais la difficulté du sentier qui longeait le torrent d'une vallée encaissée semblait l'étirer. Je ne m'en plaignais pas d'ailleurs, car l'idée même de parcourir une forêt ancienne (primaire ?) de Chine m'excitait au plus haut point, me prenait telle une envie goulue. Je savais cette forêt unique, sans équivalent en Europe ou en Amérique. Riche en essences, une trentaine, on y trouvait plusieurs sortes de chêne, de bouleau, de charme, de noisetier, mais aussi du cannelier, du platycaryer, l'arbre à laque, le litsée, le ptérocaryer aux noix ailés, le noyer de Chine, plusieurs magnolias, et tous ces feuillus en mélange avec pas moins de cinq espèces de conifères ! Sans oublier les rhododendrons, les bambous et les lauriers poussant dans les sous-bois.

En marchant, il m'arrivait de penser encore à l'empereur des Qin qui, deux siècles avant notre ère, avait créé plusieurs sanctuaires de nature dans les Qinling pour y mettre à l'abri les animaux remarquables. Je ne savais pas si Foping était l'un d'eux, en tout cas rien dans la région que nous étions en train de traverser n'allait à l'encontre de cette hypothèse, et certainement pas le difficile sentier à peine démarqué que nous suivions. Partout, des profusions boisées recouvraient les vallées et les versants. Je prenais un « bain de forêt », immergé dans une mer de pure énergie vitale, sans doute le *Chi*, dont les arbres sont paraît-il de grands dispensateurs. Cette naturopathie forestière fortifie dit-on, l'esprit autant que le corps. Fut-ce alors à cause de ce *souffle* bienveillant, qu'en marchant je me mis à entrevoir avec précision et clarté les différentes étapes de mes missions chinoises successives pour atteindre les buts fixés par le projet ? A cet instant j'aurais aimé pouvoir m'arrêter, noter tout ce qui me venait à l'esprit. Cette lucidité dissipait ma fatigue et allégeait mon lourd et encombrant sac à dos. Une sorte d'allégresse vitaminée percolait mon sang et m'enivrait. Moment d'auto-satisfaction jouissive : cette chance d'exercer un métier en accord avec mon éthique ! Je pensai avec effroi à ceux qui pour exercer leur travail devaient chaque jour se compromettre moralement : l'ingénieur agronome obligé au rendement ou qui, employé dans l'agro-industrie, doit vanter l'efficacité des produits toxiques qu'il est chargé de vendre aux (gros) agriculteurs, l'ingénieur des Mines ou des Ponts qui se voit confier le tracé d'une ligne LGV, dont il sait qu'elle va sacrifier des milliers d'hectares de terres et fragmenter des zones naturelles, sans même parler des scrupules des ingénieurs de l'armement... À moins de vivre dans une bulle blindée de cynisme, je les plaignais sincèrement de ces compromissions perpétuelles que leur intelligence et leur sentiment de responsabilité (le monde qu'ils laisseraient à leurs enfants) ne pouvaient leur dissimuler. Torture existentielle d'une vie qui n'est qu'un fleuve trop long et trop tranquille.

Qu'aurais-je fait chez Véolia, Vinci, Orange, Peugeot ou Airbus, sinon concevoir des réseaux d'eau potable (ou d'égout), des ponts ou des ronds-points (et étendre le pouvoir de l'auto et des camions au détriment du ferroutage et des canaux), des bagnoles ou des avions ? Heureusement, on n'est pas fait tous pareils, je suis sincèrement très content que certains trouvent ça passionnant. Bien rangé dans l'armée des petits soldats de la classe moyenne, je me serais marié, aurais eu deux enfants, sans doute une jolie maison dans le quartier résidentiel d'une grande ville avec un jardin bien propret (avec quelques massifs ensauvagés quand même), d'où j'aurais rejoint mon bureau au volant de ma voiture (française, ça c'est sûr), un cercle d'amis (avec ses invitations rotatives programmées), les routinières visites aux parents et aux beaux-parents, les enfants à élever du mieux possible, qu'on aide à franchir ces mêmes obstacles (au tempo éternellement fixé) qu'on a soi-même connus, comme dans un flash-back de sa propre vie… Tant d'années d'étude pour un ticket d'entrée vers la routine, l'aliénation, l'éternel prévisible, partout et toujours… Non, je ne regrette pas mon chemin de traverse. J'ai toujours pensé qu'un métier en rapport avec la nature me laisserait plus de libertés qu'aucun autre. Au cas où celui d'ingénieur forestier m'aurait déçu (je ne suis devenu écologue que plus tard), je m'étais réservé un porte de sortie : je n'aurais pas hésiter à postuler pour celui de garde forestier qui est pour moi le plus heureux des hommes puisqu'il en est isolé dans sa maison au fond des bois. Et si cela ne devait pas suffire à son bonheur, rappelons ses autres privilèges : interdépendance avec la nature, responsabilité environnementale, travail d'observation propice à la contemplation.

Ce paysage n'avait rien de commun avec celui des montagnes sacrées, dont les soieries brodées, où les pins de Chine composent des poèmes délicats sur fond de falaises découpées et de toile bleue d'un ciel piquetée de grues, ont abreuvé l'esprit des artistes de l'Empire du Milieu.
La rumeur du torrent que nous suivions, le Xi, m'emplissait les oreilles, et ses effluves moussus, les narines. De vieux arbres retenaient les amas de rochers dans leurs écheveaux racinaires, comme de bonnes fées cherchant à substituer l'ordre au chaos. Vers la mi-journée il se remit à pleuvoir, rendant les roches terriblement glissantes. Je m'en voulais

de ne pas m'être équipé de bonnes chaussures de marche épaisses, étanches et antidérapantes. Comme nous montions, la pluie se transforma brusquement en neige. L'épaisse forêt, d'abord rebelle au passage des flocons, finit par leur céder et à blanchir, éteignant tous les bruits jusqu'à ceux de mes propres pas. Je regardais Sun en m'interrogeant sur un éventuel demi-tour quand… une troupe de singes dorés (décidément, la Chine est le pays des « animaux dorés ») se déplaça dans les cimes des arbres, juste au-dessus de nous, en déchirant le silence ouaté. La scène me fit oublier mon indécision. Ils s'immobilisèrent à distance respectable. Je m'approchai lentement pour les observer. Eux aussi me fixaient, tâchant de soupeser mes intentions. Les singes exerçaient sur moi une sorte de fascination primale, comme si j'avais été ramené aux temps où les primates arboricoles régnaient en maître dans une forêt sans limites. Des minutes s'écoulèrent, puis ils ne tardèrent pas à m'ignorer et à reprendre leurs occupations. J'observai ces petits bonshommes dont certains s'épouillaient mutuellement, stoïquement, en s'ébrouant de temps à autre pour faire tomber la neige de leur épaisse fourrure rousse. Je repérai l'un d'entre eux planqué sur une haute branche : le guetteur. Nous ne devions pas constituer un grave danger, car il ne donna pas l'alarme. Les singes dorés, endémiques à la Chine centrale, ont pour véritable nom : rhinopithèque de Roxelane. Je n'ai jamais compris le rapport existant entre ces singes et la belle esclave de Soliman le Magnifique qu'il avait prise pour épouse. C'était flatteur pour les singes, moins pour Roxelane. Car en dépit de sa splendide fourrure, le faciès d'un rhinopithèque n'est pas très engageant ; on le dirait amputé de son nez. Mais peut-être la notion de beauté naturelle franchit-elle les barrières interspécifiques sur des ailes légères et élégantes, loin de toute allusion anthropomorphique.

Plus loin, nous levâmes un faisan (lui aussi doré) qui piétait sur la neige. Splendide animal dont le sol blanc faisait ressortir les flamboyantes couleurs. Imbu de sa fière démarche, mais prudent quand même ! Cuvier prétendait que c'était le phénix pour Pline l'Ancien. Comment les Grecs de l'antiquité l'avaient-ils connu ? Par la Route de la soie ? Il était l'un de ces oiseaux que la nature pare de magnificence : huppe jaune d'or, poitrine rouge écarlate, sous-collerette vert de jade, queue chamois mouchetée de brun chocolat. Préférant la course au vol, il disparut entre deux rochers... La Chine est le paradis des faisans. C'est leur terre d'élection, leur patrie originelle. Il en existe neuf espèces pour l'ensemble du pays dont sept peuplent la seule réserve de Foping. Et il faudrait beaucoup de discernement pour juger laquelle de ces espèces détient la palme de la splendeur[104].

La neige ayant cessé de tomber, nous continuâmes

---

[104] Le faisan « d'Europe », jadis rapporté de Chine, est le moins coloré d'entre eux.

jusqu'à un refuge où, le lendemain, nous déciderions de poursuivre ou non notre mission. Le lieu-dit Huang Tong Liang était une petite clairière où se dressait un baraquement sommaire, dont la toiture tenait encore. Mais pas seulement : la masure abandonnée avait résisté aux coups de boutoir lents mais puissants des plantes qui cherchaient à la broyer pour prendre sa place. Comme si la nature souveraine avait voulu signifier aux hommes le terme d'un bail qu'elle ne leur avait concédé que pour un temps limité dans un creux de végétation. On aurait dit une sorte de construction bâtarde fusionnant les excentricités vertes avec les murs de rondins pourrissants. Dissocier les unes des autres l'aurait vouée à un écroulement immédiat. Une dynamique irrépressible se déployait, sans aucune considération pour les œuvres humaines, des plus modestes aux plus prestigieuses, cette même force qui renaîtrait un jour pour disloquer les constructions monumentales d'Angkor Vat ou de Palenque.

L'intérieur offrait un dernier pré carré habitable : il suffisait de convertir les planches poussiéreuses en couches convenables. Dans un claquement d'ailes, un chat-huant dérangé s'envola par l'une des ouvertures. Ça sentait la pisse de rongeur et le bois vermoulu, mais avec la porte ouverte, ces odeurs finirent par se diluer dans celles de la forêt. L'altitude devait approcher les 1600 m. Nous avions marché une bonne partie de la journée, sans compter le temps pris pour les étapes et les observations.

D'après la carte - hélas, l'une de ces cartes chinoises absconses, à côté desquelles celles de l'IGN font figure d'œuvre d'art -, nous avions parcouru à peine une dizaine de kilomètres. La journée s'acheva par un bon feu dans la rudimentaire cheminée et l'immuable dîner de 18 heures. Mais un diner comme seuls les Chinois sont capables d'en préparer en pleine nature, à partir de menu fretin. La fatigue aidant, je m'étais replié sur mes pensées, fasciné par la beauté primitive de tout ce que j'avais vu depuis le matin à l'approche d'une réalité aux antipodes de celle que connaissaient les sociétés urbanisées.

Le lendemain, par une chance inouïe, pas un nuage ne souillait le ciel. J'eus l'impression que, gorgée de lumière, une nouvelle dimension augmentait le paysage. Dès que le soleil dépassa la crête des hautes montagnes fermant la vallée du Xi, la mince couche de neige fondit et la nature se mit à fumer généreusement par tous ses pores. Ceints de toute part par des versants abrupts couverts de verdure, sauf du côté du torrent, nous avions atteint le bout de la vallée. Comme les indices de présence du takin doré s'étaient faits plus nombreux, il fut décidé d'explorer le fond du cirque autour de Huang tong liang. D'après Sun nous étions dans son habitat préféré : la forêt mixte à feuillus et conifères. Un faciès dans lequel poussent beaucoup plus d'espèces d'arbres qu'en Europe, et des curiosités botaniques telle que la délicate et

discrète *Kingdonia*, véritable fossile vivant qui s'entête à exister depuis l'ère tertiaire. En outre, nous étions à la limite de grands massifs de bambous, où nos chances d'apercevoir le panda augmentaient. Mais ce matin-là, nous tombâmes sur une abondance de signes laissés par le takin : frottis sur écorces d'arbres, fèces, empreintes, et même un trophée d'animal mort. Sur notre chemin il fallut escalader une petite falaise, où en un éclair mon pied glissa sur le rocher moussu...
Une chute de quatre mètres qui suffit à m'envoyer dans un monde obscur, dont la longueur du voyage m'échappa...

Souviens-toi, me disais-je, au sortir de ton évanouissement tu étais allongé sur le dos au pied de ce gros rocher luisant, choqué et ébranlé comme si un arbre s'était abattu sur tes reins. Autour de toi, tu percevais un bourdonnement de voix confuses et lointaines, tu devinais la présence de tes collègues chinois, dont les silhouettes estampées tanguaient et flottaient sur une houle du sol qui secouait la forêt entière... En même temps que tu recouvrais peu à peu tes esprits, croissait la sensation douloureuse de plusieurs hématomes, dont un déjà bien gros au bas du dos. Machinalement, tu écartas sous ton rein droit le soliveau sans doute à l'origine de ta blessure. Au ras du sol, il flottait une odeur pénétrante de mycélium, de moisissure et d'humus forestier, une odeur dont le souvenir ne t'a jamais quitté. Un court instant, tu sentis même ton corps enfoncé, tel un bulbe, dans ce doux magma terreux, mi végétal, mi minéral, qui à la longue aurait pu percoler ton sang et phagocyter ta chair de sa substance. Etrange sensation. Pour le moins, l'humus avait amorti ta chute. Fébrile, tu redoutais de ne pouvoir te relever. Au changement de position une douleur aiguë te transperça et tu eus beaucoup de peine à marcher. Tout tremblait autour de toi, ta vision restait troublée. Il fallait pourtant rentrer au camp...

C'est alors que sur le chemin du retour tu le vis, presque irréel, émergeant jusqu'au garrot de l'épaisseur d'un hallier. Immobile, il te fixait, toi et les autres. Rappelles-toi sa tête, elle ressemblait étrangement à celle d'un gnou : cornes courtes et recourbées, grands yeux noirs, large mufle. Un instant cette apparition te fit oublier ta douleur. Puis la créature s'enfuit avec facilité, se dissolvant dans le fourré, en ressortant plus loin, sa belle robe blanc doré se hachurant au passage derrière les troncs sombres. Tu avais pu regagner le camp en claudiquant, te disant que c'était la seule fois où tu avais observé un takin doré d'aussi près et aussi longtemps.

Le jour suivant, l'hématome au bas de ton dos avait atteint la dimension d'une balle de tennis. Fallait-il se rassurer de cette excroissance qui se manifestait au-dehors, ou bien s'inquiéter de ce qu'elle bourgeonnait peut-être autant au-dedans ? Comme tu ne disposais d'aucun moyen de diagnostic sérieux, tu te résolus à ne penser qu'à l'immédiat.

À froid, la douleur était intense, mais puisque l'hématome ne t'empêchait pas de marcher, il fallait vite quitter les lieux. Tu puisas au fond de toi toutes tes forces disponibles pour t'en convaincre. Qu'aurais-tu fait si tu avais dû rester immobilisé dans cette cabane de bout du monde ? Un lieu excitant, certes, tant il était sauvage et isolé, mais qu'aucune route ne desservait, où l'épaisseur du couvert forestier aurait empêché à tout hélicoptère d'atterrir en cas d'aggravation de ton état. Un lieu qu'il valait mieux fréquenter en bonne santé.

Sans perdre de temps, toi et ton équipe plièrent bagage et quittèrent le camp.

Mais pas question de revenir par le même chemin qu'à l'aller. Glissant et accidenté, hérissé d'aléatoires franchissements de torrent, c'était une option trop risquée. Dès lors, il ne t'en restait qu'une : grimper cette montagne de bout de cirque pour rejoindre la réserve naturelle de Changqing, de l'autre côté, où ils t'avaient dit s'y trouver des exploitations forestières, donc des pistes et des possibilités d'évacuation. Les sacs à dos de chacun étaient trop volumineux pour que quiconque se chargeât du tien. Tu devrais donc abattre un dénivelé de 700 m pour atteindre la crête située (si la carte disait vrai) à une altitude de 2300 m. Grâce au petit émetteur qu'ils avaient emporté, tes coéquipiers purent émettre un message d'urgence destiné au Bureau de la réserve à Foping, pour prévenir Changqing. A cette époque, le téléphone portable n'était pas né. Et aurait-il existé, là où vous étiez il n'y avait guère de chance qu'il pût être utilisable.

Cette nuit-là, des cataractes de pluie déferlèrent sur Huang Tong Liang. Toute la journée on avait vu les masses nuageuses s'entasser dans le cirque montagneux, comme des gaz sous pression dans une chambre magmatique. Sans issue possible. Et à présent voilà qu'elles libéraient violemment leurs énormes quantités d'eau, telle les retombées d'une éruption ou d'une éclusée de barrage. La forêt entière gémissait et hurlait sous les coups de butoir des bourrasques. Dans les interstices des planches, tu voyais avec inquiétude les masses sombres des feuillages plier dans la tempête et l'obscurité. La modeste cabane de rondins, solidaire de la végétation, tremblait et craquait par toutes ses membrures. Enfoncé dans ton duvet, immobilisé et seul avec ta blessure bien incrusté en toi, jamais tu ne t'étais senti aussi vulnérable et soumis aux caprices des éléments...

Ce qui t'arrivait, tu l'avais cherché n'est-ce pas ? Ou du moins, tu te doutais bien qu'il y a avait un prix au choix que tu avais fait. Souviens-toi, tu n'avais jamais voulu de cette autre « aventure », celle des affaires, que ta famille te proposait. Après tes études les mœurs avaient bien changé et elle était bien en vogue l'économie ! Les *businessmen, managers* ou *startupers* étaient devenus les nouveaux explorateurs. Aux La Pérouse et Bingham s'étaient substitués des Gates, Bezos et autres Zuckerberg. Avec des valeurs en germe semées par la puissance de frappe de l'argent et le choc des images. L'aventure géographique était galvaudée, sans doute parce qu'Internet et les déplacements rapides rétrécissaient le monde et avec lui ses espaces encore méconnus. Cette aventure-là, on l'aurait presque comparé à la maladie, mieux valait la laisser aux autres, la voir ou la lire que la vivre, et ranger au rayon des archaïsmes ces citations du genre *« va où tu veux, meurs où tu dois*[105] *»,* aux effluves de libre-arbitre et de fatalisme. Mais tu n'avais rien voulu savoir ! La fringale de découverte, la tentation géographique étaient plus fortes que tout. Sans doute issues de tes années d'enfance et d'adolescence égrenées sans éclat dans l'étroite maison d'un quartier sans attrait d'une ville affligeante, forçant ton imagination à s'envoler très tôt vers les grands territoires sauvages, par-delà les ternes façades des HLM qui te barraient l'horizon. Aussi hautes soient-elles, elles n'empêcheraient jamais l'esprit d'un gamin de s'évader vers les mondes magiques des Jules Verne, Hergé ou Stevenson.

Le lendemain le soleil fit heureusement son apparition. Le sol organique avait gonflé, sans presque aucun ruissellement. Il avait remarquablement absorbé l'eau du ciel. Vous suivîtes une minuscule sente au travers d'épais

---

[105] Manuscrit du XV° siècle. Anonyme.

massifs de bambous. Echauffé par la marche tu souffrais moins. Les endorphines et l'objectif impératif de rejoindre rapidement le monde habité, atténuaient ta douleur. Mais à chaque pas, l'armature de ton sac à dos frottait la protubérance douloureuse de ton hématome.

En montant, le guide avait aperçu des fèces encore fumants de panda : une compilation cylindrique verdâtre d'extraits de feuilles et d'écorces de bambou, succinctement digérés. L'animal vous avait entendus. Surpris dans son repas exclusif de ce végétal, le *bambouvore* avait dû fuir à pas feutrés sur l'épaisse litière qui recouvrait le sol. Bon, tu avais déjà vu des pandas, les *radio-collared* que, muni d'une antenne, on pouvait facilement détecter et retrouver autour de la station de recherche de Sanguanmiao. Ici, sur ce versant, c'était différent. Tu baignais dans la quintessence d'un *monument* de l'évolution naturelle : une forêt primitive et climacique, sans aucune trace d'exploitation humaine. Y voir un panda t'aurait procuré une délicieuse sensation de grandeur persistante, comme sa longueur en bouche consacre la perfection d'un vin.

Plus haut, et comme pour te détacher de ton corps douloureux, tu t'étais extasié devant le spectacle offert par une large trouée de végétation : le regard dégringolait le long d'une cascade de nuances de vert avant de remonter vers des crêtes lointaines dont l'horizon de Foping semblait empli. C'est alors que, inopinément, tu avais pensé au Père

Armand David, un lazariste envoyé en mission en Chine dans la deuxième moitié du XIXᵉ siècle. On ne connait pas assez la grande saga vécue par ce Frère. Passionné de zoologie et de botanique, il était à l'origine de la découverte de plus de soixante-dix espèces nouvelles. Il fut le premier scientifique à décrire le panda géant dans le Sichuan, en 1869. Rappelle-toi, c'est par ses écrits que tu appris qu'il avait parcouru ces mêmes forêts primaires de Foping, presque un siècle et demi avant toi, et y avait observé le *da xiong mao,* le grand chat ours (le panda). Bien entendu, les Chinois et les Tibétains connaissaient cette curieuse espèce d'ursidé depuis des temps immémoriaux, comme tous les autres spécimens ramenés par le Père au Muséum d'Histoire Naturelle de Paris, mais ils la connaissaient à leur façon, à travers leurs usages utilitaires (médicinaux, alimentaires...). Qu'auraient-ils eu besoin d'en faire une description taxonomique ? Et pourquoi en auraient-ils informé l'Occident ? Leur culture les prédisposait davantage à garder le secret. On sait combien il fut difficile au Père David de prouver l'existence du fameux cerf qui porte son nom, une espèce dont l'empereur Ming de l'époque conservait jalousement à Pékin une harde dans son parc animalier ceint de hauts murs ; un parc dont l'approche était interdite à quiconque, sous peine de mort. Bravant le danger, le téméraire missionnaire parvint à se hisser subrepticement sur l'un des murs afin d'apercevoir le mystérieux cerf, puis (sans doute emporté par sa passion) à soudoyer (de façon pas très « catholique ») un garde du parc, pour se procurer un trophée et une peau qu'il put rapporter en Europe.

Ce fut pendant qu'il visitait les montagnes de Qinling, que le Père David écrivit entre 1872 et 1874 ces lignes prémonitoires et d'une actualité troublante :

« On se sent malheureux de voir la rapidité avec laquelle progresse la destruction de ces forêts primitives, dont il ne reste plus que des lambeaux dans toute la Chine, et qui ne seront jamais plus remplacées. Avec les grands arbres disparaissent une multitude d'arbustes et d'autres plantes qui ne peuvent se propager qu'à l'ombre, ainsi que tous les animaux, petits et grands, qui auraient besoin de forêts pour vivre et perpétuer leur espèce... Et malheureusement, ce que les Chinois font chez eux, d'autres le font ailleurs ! C'est réellement dommage que l'éducation générale du genre humain ne soit pas développée assez et à temps pour sauver d'une destruction sans remède tant d'êtres organisés, que le Créateur avait placés dans notre terre pour vivre à côté de l'homme, non seulement pour orner ce monde, mais pour remplir un rôle utile et relativement nécessaire dans l'économie générale. Une préoccupation égoïste et aveugle des intérêts matériels nous porte à réduire en une prosaïque ferme ce Cosmos si merveilleux pour celui qui sait le contempler ! Bientôt le cheval

et le porc d'un côté, et de l'autre le blé et la pomme de terre, vont remplacer partout ces centaines, ces milliers de créatures animales et végétales que Dieu avait fait sortir du néant pour vivre avec nous ; elles ont droit à la vie, et nous allons les anéantir sans retour, en leur rendant brutalement l'existence impossible [...] Celui qui aime la nature, c'est-à-dire Dieu dans ses œuvres, se sent presque devenir misanthrope, en voyant ses semblables tant maltraiter ce qu'ils devraient respecter ! » [106]

Tout était dit dans ces lignes qui témoignaient d'une grande sensibilité et d'une préscience écologique ! Sur le fond, la récente encyclique papale de François (*Laudato Si*[107]) relative à la « Sauvegarde de la Maison commune » (notre planète), joue dans le même registre. De nos jours, au-delà des nombreux sites naturels pollués ou endommagés, c'est la planète entière qui est malade. Comme si le mal qui la ronge insidieusement depuis des décennies faisait subitement surface, venant s'exposer sans vergogne en toutes choses, telles des métastases d'abord localisées et qui maintenant se répandent dans tout l'organisme. Le temps joue contre l'homme.

---

[106] «   Journal de mon troisième voyage exploratoire dans l'Empire chinois » (tome I) par l'Abbé Armand David (Hachette, Paris, 1875).

[107] « *Loué sois-tu* » (Ed. Emmanuel/Quasar, 2015).

Némésis pourrait bien châtier son hubris.

Un moment tu avais cru envier le Père David, découvreur de mondes quasi intacts. Mais n'était-ce pas vain d'envier les explorateurs des siècles passés ? Ils ne voyaient pas avec les mêmes yeux que nous aujourd'hui. Les connaissances accumulées depuis les pionniers de l'histoire naturelle : Buffon, Cuvier, David, Humbolt et autres Darwin, (connaissances accrues de manière exponentielle dans la deuxième moitié du XXe siècle), donnaient infiniment plus d'acuité à notre regard sur les phénomènes naturels. D'une certaine façon, sentimentale et psychique, notre savoir compensait l'appauvrissement de la diversité biologique en soulevant notre admiration et en comblant notre ressenti, peut-être autant que le faisait jadis l'émotion d'une découverte chez le Père David. Un exemple : la coévolution a atteint des sommets de raffinement en forêt tropicale. Sans la trompe de tel papillon ou le bec de tel colibri, organes adaptés exactement à la fleur du sous-bois qu'ils convoitent, sans les chauves-souris et les oiseaux frugivores et sans les éléphants, tous grands disséminateurs de graines, la forêt tropicale de demain deviendrait vite un jardin des Hespérides délesté de ses pommes d'or, voyant ses sources d'ambroisie se tarir. L'homme comprendra-t-il l'enrichissement et la satisfaction qu'il pourrait tirer dans le futur d'une biodiversité qu'il aurait su conserver pour pouvoir l'examiner avec des yeux encore plus perçants ?

Les forêts naturelles, qu'elles soient tempérées ou tropicales, de plaine ou de montagne, de zone sèche ou humide, sont toutes des trésors biologiques. N'en déplaise aux aménageurs de tous poils qui n'y voient qu'un boisement substituable, une forêt primaire est un *Taj Mahal,* une chapelle Sixtine, un Mont Saint-Michel de la nature. Elle est unique, irremplaçable. Quand l'homme l'admettra, il passera un nouveau « contrat » avec le vivant. Il modifiera ses pratiques et donnera au soi-disant « développement » un cap différent. Alors, s'il n'est pas trop tard, les grands *réservoirs* de forêts de la planète : Amazonie, Taïga, Indonésie, Papouasie, cuvette du Congo… seront sauvés. Il faudra consentir de gros efforts en éducation à la nature et enrayer la perte actuelle d'expérience naturelle : de plus en plus d'humains vivent en ville et perdent le contact avec la nature.

Ton corps s'est cruellement rappelé à toi. La douleur est pareille à une bête tapie dans l'ombre, qui mord quand on s'y attend le moins. Sourde au début, elle diffracte en ondes lancinantes, comme des coulées de lave brûlante s'écoulant d'un volcan de chair tuméfiée. Tu n'oses plus regarder le bas de ton dos enflammé par les frottements du sac. Par bonheur vous avez atteint la crête, limite naturelle entre les deux réserves. La forêt a fait place à une lande sommitale balayée par des vents froids, et à des prairies rases jalonnées de bosquets d'arbres rabougris. Un petit cerf muntjac, surpris à découvert, regagne apeuré l'épaisseur d'un buisson. Tu franchis l'épaulement de la crête, curieux de voir l'autre versant qui donne sur la réserve de Changqing…

C'est un panorama à couper le souffle ! Horreur et désolation d'un massacre à la tronçonneuse ! Jusqu'à perte de vue les forêts ont été ravagées, y compris sur les fortes pentes. «Ça une réserve naturelle !?», t'étonnes-tu. Et toi qui à Huang Tong Liang te croyais au milieu d'un océan de verdure primitif et sauvage, alors que le rivage en était si près ! Quand bien même Changqing n'est pas incluse dans le projet, cette réserve est pourtant contiguë à Foping. Sur la foi de ce que tu vois, tu as la légitimité technique de critiquer sa *non* gestion déplorable. N'oublie pas de le faire lors du *débriefing* à Pékin. Et surtout, si tu en as la force, prend des photos. Cette œuvre dévastatrice provient d'une seule *forest farm* qui dépend du Bureau forestier de Changqing, une entité publique ressortissant du Ministère chinois des Forêts ! En sus de l'hématome au dos, te voici à présent avec la rage au cœur ! Décidément, la région t'aura marqué le corps à vif !

Tu te dis que l'émiettement écologique n'a pas l'air de préoccuper plus que ça le Bureau des Forêts. Il n'a pas fait dans le détail, profitant peut-être de l'impéritie du personnel de la réserve pour faire main basse sur l'ensemble de l'écosystème ! Les effrayantes « coupes à blanc »[108] franchissent monts et vallées sur de vastes superficies. Toutes ont moins de deux ans. Voilà qui explique l'abondance de faune côté Foping : l'*effet refuge* des reliquats de forêts primaires joue à fond plaçant leur valeur patrimoniale encore un cran au-dessus. Une forêt intacte au milieu d'une région déboisée joue le même rôle écologique qu'une île au milieu de l'océan ou une oasis au milieu du désert. Mais si l'océan ou le désert sont trop vastes, et les refuges des « confettis », l'isolement finit par appauvrir le stock génétique des êtres vivants qu'on y trouve.

Ce déboisement qui s'étend devant tes yeux ébahis prive le panda de ses couloirs de migration, recroqueville son espace vital et affaiblit les chances de survie de l'espèce, encore plus efficacement que le braconnage, pourtant puni de mort. Tu soulignes ici le cas du panda parce que tu sais les Chinois prêts à tout pour assurer sa survie. C'est leur espèce emblématique, leur fierté nationale, leur meilleur ambassadeur. Mais le panda est plus que ça : en écologie c'est une *espèce-parapluie*[109]. Ce rôle phare du panda est déterminant : il pourrait donner l'avantage au Bureau des réserves sur celui des forêts. De fait, au *débriefing* tu n'auras aucun scrupule à défendre ce point de vue : il reste encore des zones boisées

---

[108] Coupe totale de tous les arbres d'une forêt.

[109] Toute action en faveur de sa protection profite indirectement à son habitat et à toutes les espèces qui le partagent.

intactes entre les réserves qui feraient d'excellents *corridors écologiques*[110]. Aucune famille de paysans n'y habite. Le Bureau des forêts serait le seul à devoir consentir des sacrifices. *Sécuriser* le domaine vital du panda serait une véritable opération de conservation en place et maintiendrait intact le potentiel évolutif de l'espèce, au moins pour le groupe des pandas géants de cette partie de la Chine. Au-delà du cas présent, il est inconcevable que le Bureau de Forêts et celui des Réserves aient des trajectoires aussi divergentes au sein du même ministère ! Il serait temps qu'ils accordent leurs violons dans l'intérêt du développement durable.

Le repas est pris auprès d'une petite source, blottie immédiatement sous la crête. Pas besoin de marmite ! Le riz est mitonné au creux des gros bambous placés directement sur les braises ardentes. Pendant sa cuisson, il s'imprègne du double arôme du feu de bois et du bambou vert. *Delicatessen.* Chacun a sa ration, puisant dans le récipient à l'aide de baguettes improvisées. Ce repas et la perspective de ne plus avoir à grimper améliorent ton moral. Mais en descendant surgit un obstacle imprévu : une barre rocheuse complique l'accès vers l'aval. Heureusement, elle n'est pas verticale, sa pente est lisse, on pourrait s'y laisser

---

[110] Voie de passage des espèces gardée dans un état naturel pour leurs migrations ou leurs déplacements journaliers.

glisser comme sur un toboggan, sauf si plus bas elle cache un surplomb. Pour toi, l'exercice est exclu. Va-t-il falloir rebrousser chemin, si près du but ? L'escarpement rocheux vous paraît vraiment trop long pour être contourné. Par chance, à certains endroits pendent de longues lianes, qu'on dirait mises spécialement à votre disposition. C'est par là que tu passeras en te cramponnant à ces cordages de fortune, descendant par bonds, face au rocher, avec les mêmes gestes qu'en rappel le long d'une falaise et la douleur en plus. Tu n'as pas le choix. Des vires herbeuses entrecoupent ta descente et la rendent moins risquée. Plus bas, vous déboulez sur une piste forestière très sinueuse qui visiblement rejoint le fond de la vallée. La chaleur de la marche t'a mis hors de ton corps, tu avances comme un automate boiteux, enchaînant l'un après l'autre les creux des vallons, les rotondités des versants, qui paraissent ne plus finir…

Quand soudain, au-delà d'un tertre, les Chinois montrent trois points, tout en bas : trois véhicules. Et tandis que leur fatigue s'évanouit par enchantement, tous se mettent à courir... Tu ne peux les suivre.

Ce sont trois véhicules de la réserve qui vous attendent… Vos messages radio ont été entendus et transmis. Le directeur adjoint de Changqing est là, il n'est pas seul, un docteur l'accompagne. Tu es touché par cette sollicitude, mais tu n'as plus la force du moindre remerciement, encore moins de critiquer la gestion de la réserve. Le docteur t'examine rapidement, te fait uriner. Il n'y a pas de sang. Il sourit. Tu es rassuré : le rein n'est pas touché. Tu as de la chance. Les conséquences de ta chute paraissent circonscrites à ce gros hématome au bas du dos.

Cas de conscience : l'administration de Changqing a fait ce qu'elle a pu pour te secourir. Et toi, tu vas parler de leur mauvaise gestion à Pékin ! Tu ne peux pourtant taire ce que tu as vu. Tu devras maîtriser tes propos, dire que le Bureau des Forêts te parait davantage responsable que la réserve naturelle. Pour conclure, tu sortiras le *joker* « panda », la nécessaire synergie entre les deux Bureaux ennemis pour la pérennité de l'animal symbole.

Jusqu'à Foping *city*, tu essaies de supporter stoïquement chaque cahot de la piste défoncée. Assis à la place avant, tu les vois arriver puis disparaître sous les roues avec une terrible appréhension, car chacun d'eux aiguillonne cruellement ta douleur, d'autant que la jeep chinoise n'est pas un parangon de souplesse. Jamais un trajet ne t'a paru aussi long.

Des idées noires te viennent, tu les refoules. Elles reviennent, comme dans un ressac. Surgit Tolstoï et son Ivan Illitch[111] : tu te dis que ta vie n'a pas été si simple, ni si banale ; elle n'a donc peut-être pas été si effroyable ! « *L'homme doit rester libre pour*

____

[111] *La mort d'Ivan Illitch.* Léon Tolstoï (1886).

toucher au bonheur. »

A Foping, tu seras soigné dans une petite clinique de médecine traditionnelle. Deux fois par jour, on t'appliquera le même baume et on te fera des massages électriques de part et d'autre du dos, avec une simple batterie, 12V je crois. Une thérapie efficace puisqu'au bout de deux semaines, elle résorbera l'hématome. Tu n'as jamais su lequel des deux, baume ou massage, aida à ta guérison. Toujours est-il que longtemps après, tu avais fait traduire la composition de ce baume que tu avais rapporté en France : *angélique de Chine, aconit, évodia, bornéol, camphre, cristal de menthe, musc d'Asie centrale, os de léopard broyé* ! Un antiphlogistique incontestablement naturel, mais dont le dosage des ingrédients (gardé secret) devait relever d'un subtil art millénaire ! Quant à l'os de léopard, était-il de la même efficacité dans son créneau paramédical que la corne de rhino d'Afrique prétendument aphrodisiaque[112] ?

Dieu merci, le souvenir des trois « dorés » de Chine : le takin, le singe et le faisan, ne s'estompera pas comme l'hématome et tes rencontres avec ces trois espèces endémiques, parures vivantes de la forêt primaire de Foping, resteront logées pour toujours dans ta mémoire.

---

[112] Qu'aucune étude scientifique n'a jamais démontré.

Les saigneurs de laque

Au sud de Xi'an, les montagnes de Qinling forment une puissante chaine de montagne qui s'étire sur 400 km d'est en ouest et sur 100 km de largeur. A la fin des années 90, les pénétrer ne ressemblait pas à un parcours touristique classique. Au temps de Mao, les Chinois avaient enfoui plusieurs bases militaires au plus profond du massif. Le « Grand timonier », dont la vision apocalyptique ne prédisait rien de moins qu'une troisième guerre mondiale, avait fait des Qinling une zone hautement stratégique. Pour avoir entendu des tirs vigoureux et répétés dans la réserve de Taibaishan, j'étais sûr que certaines devaient encore être opérationnelles. Pour cette raison, on m'avait délivré une autorisation pour circuler dans la plupart de ces montagnes : une sorte de réminiscence administrative de l'époque Mao, l'« *Alien's Travel Permit* ».

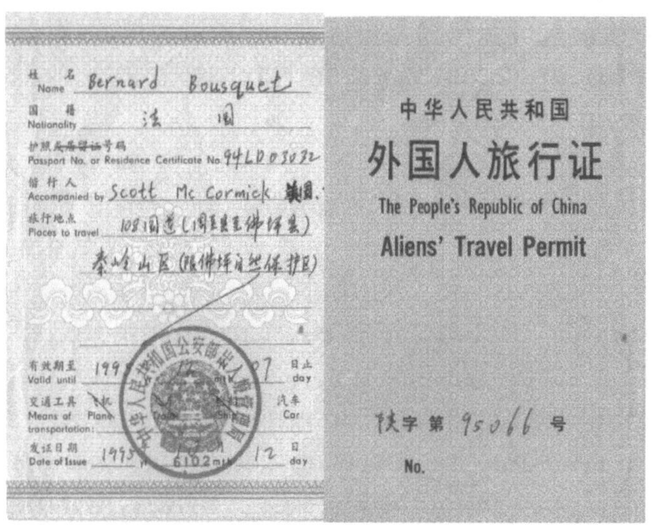

Je plaisantai avec mon équipe sur la double signification du mot anglais *alien,* qui, suivant le cas, désigne l'étranger ou l'extraterrestre. Et c'est vrai quand, parcourant cette vallée reculée de Yin Yu He, au cœur de la réserve naturelle de Shennongja[113], où m'avait-on affirmé, aucun non Chinois n'avait encore jamais pénétré (bien qu'il ne s'y trouvât pas la moindre base secrète), j'aurais pu venir d'une autre planète aux yeux des quelques autochtones que j'y rencontrais.

C'est toujours une perspective excitante que de s'introduire dans une région fermée aux Occidentaux. Je n'aurais pas cru cela possible en cette fin de XXe siècle, de surcroît en Chine ! Je retrouvai peut-être là les mêmes racines émotionnelles inhérentes à l'exploration qu'avait

---

113 Province du Hubei.

333

dû ressentir le Père David s'aventurant plus d'un siècle plus tôt dans ces territoires oubliés de l'Empire du Milieu.

Mais retournons dans le Shaanxi : ce jour-là nous avions pris la route qui, au sud de Xi'an, conduit vers la réserve de Niubeiliang, à l'est des montagnes de Qinling. Je n'en avais encore jamais vue qui présentât pareille concentration de virages, contournant les caprices d'un relief qu'on aurait pu croire né de l'imagination d'un démiurge, amateur de précipices redoutables. Les Qinling sont modelées et découpées dans toutes les directions par des séries interminables de failles, crêtes, pics, vallées étroites s'étageant entre 500 et 3000 m d'altitude. Les rivières y ont creusé des gorges impressionnantes aux à-pics vertigineux que la route s'efforce d'amadouer. Les pentes douces semblent inconnues à ces montagnes d'humeur belliqueuse, à la géologie fiévreuse qui aurait pu inspirer la peinture fantastique et symboliste d'un Gustave Moreau. De temps à autre, j'apercevais tout en bas des à-pics des carcasses de véhicules. Et ces victimes expiatoires régulièrement sacrifiées sur l'autel routier ne me rassuraient pas. D'ailleurs, au vu de la conduite hasardeuse des chauffeurs, je me demandai avec inquiétude si l'administration n'en offrait pas un contingent surreprésenté ! Heureusement, notre jeep chinoise ne semblait pas en mauvais état et, Lao Tseu soit loué, ce jour-là nous arrivâmes intacts à Changan, siège du Bureau de la réserve naturelle de Niubeiliang. C'était la quatrième et dernière réserve des Qinling que je visitais dans le cadre du projet, après Foping, Zhouzhi et Taibaishan, et avant de partir dans les mois suivants pour Shennongja (Hubei), Wuyishan (Fujian) et Xishuangbannah (Yunan).

Changan est une petite ville provinciale « moderne », ennuyeuse et dénuée de tout cachet, où l'on a massivement dupliqué, sans aucun souci d'harmonie urbaine, comme partout en Chine, ces immeubles blancs, fades et impersonnels, au carrelage style *clinique* ou *WC publics*. La ville croyait-elle se placer à la proue de l'architecture contemporaine pour faire si bien table rase des vestiges de la première capitale des Han du Ier siècle et de celle des Tang au VIIIième ? Toujours est-il que je n'y trouvai aucune des magnifiques maisons anciennes traditionnelles singularisant ces dynasties. Pourquoi le charme désuet des petites ruelles ombragées avec leurs vieilles demeures basses (à l'époque de leur construction il ne fallait surtout pas bâtir plus haut que les édifices impériaux si l'on tenait à sa tête !), aux toits incurvés et aux tuiles à motif, n'opérait-il que sur les Occidentaux ? Une conséquence du maoïsme et de la révolution culturelle ? Ce dut être alors une sacrée purge pour que vingt ans encore après elle, on continue d'effacer du cœur des villes les *hutong* populaires et de gratter jusqu'à l'os l'idéologie confucéenne.

Par bonheur, il se dégustait à Changan de délicieux *jiao ze*[114] encore meilleurs qu'à Xi'an. Sans doute que les recettes culinaires ne s'extirpent pas aussi facilement de la tradition que des édifices ! Une idée m'était venue au milieu de mes coups de baguette gourmands : dresser un catalogue de toutes les constructions anciennes chinoises. Une tâche immense mais utile et urgente, qui serait suivie d'un classement international de type Unesco pour sauver au moins les bâtiments les plus remarquables. J'étais convaincu que les générations futures approuveraient chaudement cette initiative. Mais qui intéresser ? Certainement pas l'administration très compartimentée avec laquelle je travaillais. Peut-être le bailleur de fonds à Pékin, ou l'Unesco, car il y avait là matière pour un nouveau projet. Pour le moment, je le rangeai dans la boite à idées de ma mémoire.

Dans l'après-midi, le directeur, entouré de toute son équipe, nous accueillit avec de grands sourires, le sien découvrant un mur de dents immense qui me rappelait les grimaces de Michel Leeb dans ses irrésistibles imitations nippones. Autour d'un thé vert brûlant et juste après les inévitables courtoisies liminaires, il se lança solennellement dans sa présentation scolaire et normative de la réserve.

Jusqu'au dernier moment, j'espérais trouver en Chine des exemples de gestion de réserve naturelle inspirés de la philosophie taoïste, une gestion

____

[114] raviolis chinois.

ancrée sur les polarités complémentaires du *yin* et du *yang*. J'aurais trouvé passionnant de marier le savoir-faire occidental avec la millénaire sagesse orientale. Hélas, ma quête fut vaine. Seule, la petite paysannerie de montagne que j'avais rencontrée en bordure ou dans les enclaves à l'intérieur des réserves pratiquait une agriculture de subsistance qui semblait tirer pleinement partie des ressources sauvages de la forêt. Elle me paraissait bien marginale pour perdurer. Quoi qu'il en soit, je n'ai pas assez approfondi leur pratique pour connaître leur contenu de spiritualité et d'imaginaire. Cet aspect des choses relevait davantage des prérogatives de l'expert socio-économiste du projet que des miennes. Or, on s'en serait douté, les Chinois n'aiment pas le mélange des genres, surtout chez les experts d'un projet.

Ma déception s'aggrava d'un cran quand, en arrivant dans ces montagnes, je me rendis compte que mes interlocuteurs de l'administration donnaient la préférence « aux affaires », plutôt qu'à la gestion écologique des réserves naturelles relevant de leur responsabilité. Ce n'était pas tout à fait de leur faute. Il existait en effet une curieuse et bien perverse directive nationale incitant chaque réserve à se rendre autonome sur le plan financier. Sans doute l'une de ces mesures prises hâtivement au tournant des années quatre-vingt, quand la Chine s'engageant dans le « socialisme de marché », une forme de capitalisme déguisé avait poussé chaque Province à se tourner vers l'investissement et le profit. Dans cette logique, chaque réserve s'était donc dotée de structures d'hébergement et de restauration payantes (dont j'ai profitées) et d'activités commerciales annexes où l'on aurait cherché en vain le moindre lien avec l'écologie. La plupart s'était même placé en contradiction flagrante avec les principes de conservation de la nature et n'avait plus de réserve naturelle que le nom. Au paroxysme de ces incohérences, on trouvait à Foping une entreprise de collecte de bile d'ours destinée à la pharmacopée chinoise ! Et à Xishuangbannah, rien de moins qu'un *Elephant circus* pour touristes ! Cette dernière réserve, située dans l'extrême sud du pays, au Yunnan, tout près des frontières birmane et laotienne, abritait la dernière grande forêt tropicale de Chine. D'une richesse éblouissante, elle était sillonnée par les derniers tigres et éléphants du pays. Ce jour-là, j'avais décliné l'invitation du directeur à un spectacle de cirque mettant en scène des éléphants asiatiques dressés ! D'où venaient ces éléphants ? De la réserve elle-même ! C'était ce en quoi consistait sa principale activité, une activité commerciale bien sûr. Au lieu de les protéger *in situ*, on puisait dans le stock des éléphants sauvages de la forêt les individus que l'on dressait comme animaux savants pour les montrer sur un « éléphantodrome ». Un *show* payant pour des visiteurs qui repartaient sans avoir jeté le moindre coup d'œil à l'exubérante et surprenante forêt primaire alentour. Curieuse activité circassienne pour une aire protégée à vocation conservatoire, pédagogique et scientifique !

Au cours de mes missions successives en Chine, j'avais collectionné tant d'anachronismes et d'archaïsmes écorchant les canons de l'écologie, que j'aurais pu créer un « cabinet de curiosités » d'un genre particulier. Où l'exhibition incongrue d'animaux sauvages en cage (à l'accueil des réserves, dans les boutiques, les « centres éducatifs »…) n'aurait pas manqué de figurer. A cette façon étrange de fonctionner, bien éloignée des *modi operandi* conservatoires de l'Occident, s'ajoutait la non moins étrange conception que les Chinois se faisaient du tourisme naturaliste. Au milieu de somptueuses montagnes, les aménagements touristiques consistaient le plus souvent en sentiers et escaliers empierrés ou bétonnés, émaillés de pagodes laquées de rouge et de petits ponts cintrés, décorés, où ne manquaient que l'éclairage public et les pots à crachats ! Etait-ce là une imitation des structures d'accès aux temples taoïstes et bouddhistes des cinq montagnes sacrées, que les moines avaient construites il y a des millénaires pour pacifier la nature, spiritualiser les cimes et y rendre possible les pèlerinages religieux ? Face à l'immense succès populaire des excursions aux montagnes sacrées, je me dis que ces pratiques avaient sans doute durablement et profondément imprégné la culture chinoise et déteint sur l'esprit du développement touristique.

Montagnes sacrées mises à part, quitte à déplaire aux quelques adeptes conservateurs du concept de protection de la nature « à la chinoise », le projet qui m'employait fut l'occasion d'en faire l'exégèse pour remettre en question en bloc les objectifs de conservation et d'éducation des réserves naturelles. Après tout, c'était bien parce qu'il se rendait compte que ce modèle ne fonctionnait pas que le Ministère chinois des Forêts l'avait sollicité[115].

Et les directeurs de réserve ? Je ne les ai jamais rencontrés autrement qu'en costume-cravate. Recrutés d'après leur seule expérience commerciale, rares étaient ceux qui étaient allé poser un pied sur le terrain. Le système de gestion en vigueur permettait toutes les collusions possibles entre les intérêts publics et privés. Lorsqu'ils existaient, les plans de « développement » (davantage que de « conservation ») des réserves, exagérément bureaucratiques, occultaient la réalité du terrain. Que d'obscurantisme, d'insuffisances, d'inexpériences, de lacunes, d'anachronismes ! Le grain à moudre ne nous manquait pas à nous autres, les meuniers du projet, pour que la Chine disposât d'un modèle de gestion conservatoire de ses réserves calqué sur celui de l'Occident ! Je n'étais pas un partisan inconditionnel d'une diffusion tous azimuts des paradigmes venus de

---

[115] Projet GEF (*Global Environment Fund*) / Banque Mondiale.

l'Ouest, mais je dois reconnaître qu'en ces années-là, l'Europe et l'Amérique disposaient d'une avance certaine dans le domaine de la conservation de la biodiversité. Personnellement, je naviguais entre les thèses de l'écologie profonde (*deep ecology*)[116] et les orientations du développement durable, en m'efforçant de m'adapter au contexte local de chaque aire protégée où j'intervenais. D'où l'importance que je donnais à la découverte et au travail de terrain.

J'élaborais un programme que Fen Sheng traduisait en évitant si possible (malgré tout leur intérêt !) d'y greffer ses propres commentaires. Je m'appesantissais sur la place à donner aux visites sur site, y compris dans les zones les plus reculées et les plus difficiles d'accès, en expliquant qu'aucun plan d'aménagement valable ne pouvait être conçu sans une connaissance générale approfondie du terrain et des activités humaines menaçant l'intégrité de la réserve. J'avais fini par faire mon credo de ce type d'argument, connaissant la faible propension des fonctionnaires des réserves chinoises à sortir des axes motorisés et des zones habitées. Jamais je n'aurais pu imaginer que cette approche, que je trouvais pourtant naturelle et de

---

[116] Peu connue (et peu pratiquée) en Europe, certains la prennent pour du jansénisme écologique. Ce n'est pas mon cas. Mais elle est plus facile à mettre en œuvre dans les pays aux vastes aires de nature sauvage (*wilderness areas*). Il y en avait encore en Chine à l'époque de cette mission.

bon sens, leur fût à ce point étrangère et pénible. Comment ces réflexes « petit-bourgeois » ont-ils pu s'ancrer sous la bannière rouge étoilée ?

C'est donc dans cet esprit de connaissance du terrain que je m'efforçai, à Niubeilang comme ailleurs, d'entrainer un noyau du personnel de la réserve vers les secteurs les plus reculés de l'aire protégée, avec l'espoir de surprendre et d'analyser *in situ* la réalité des problèmes de conservation. Sans savoir que j'embarquai dans une péripétie qui aurait pu très mal finir...

En bordure de réserve, Lao Ping Cu est un petit village blotti au pied de puissantes montagnes aux pentes extrêmement escarpées. Il sera notre point de départ (et d'arrivée) pour une randonnée de deux² jours, une boucle qui, en suivant la vallée du Longwo, nous fera progressivement atteindre la crête principale vers 2500 m, avant de redescendre par le canyon Da Ban Ca. Le sous-directeur de la réserve, Yu, nous accompagnera. Yu est jeune, longiligne et semble rempli de bonne volonté. Il nous a affublé d'un guide local dont je me rendrai compte, hélas trop tard, de sa méconnaissance des lieux. Mais je crois, à sa décharge, que le personnel de la réserve n'avait pas dû souvent le solliciter !

Personne, le guide pas plus que les autres, ne semble bien connaître le chemin pour rejoindre depuis la crête l'entrée amont de ce canyon. Un canyon dont l'extrémité grandiose est bien visible depuis le village. La carte dont je dispose, laisse entrevoir la possibilité d'effectuer cette jonction. *Entrevoir* est le mot juste : en Chine les cartes ne permettent guère plus ! Seule l'armée dispose de cartes dignes de ce nom, des documents topographiques précis et bien documentés. Comme si on ne voulait laisser le terrain qu'aux seuls militaires, défenseurs exclusifs du sol des ancêtres, dont on redouterait en haut lieu la violation.

En marchant, je ressasse une fois de plus ma déception : sans vraies cartes pas de planification réussie, ni bonne gestion des réserves naturelles, *a fortiori* en montagne. Quant aux autres documents : images satellite, photos aériennes, mieux valait ne pas y penser. Pourtant, les images satellites (non chinoises à l'époque de cette mission) reproduisaient déjà fidèlement la géographie physique ; le globe était presque entièrement couvert, Chine comprise. A l'exception des structures souterraines, il n'existait pas un mètre carré de cette terre qui ne fût sous l'œil vigilant des satellites, et cartographié ! Alors pourquoi garder cette habitude archaïque héritée de la guerre froide ? Dans toutes mes missions en Chine, je dus me résoudre à utiliser ces simagrées de cartes privées de courbes de niveau, de figuration du relief, où seuls les cours d'eau, les noms des plus hauts sommets et ceux des villages étaient mentionnés. En Europe, même la plus émaciée des brochures distribuées par les Offices de Tourisme valait mieux qu'une carte chinoise ! Cette privation de bonnes cartes topographiques fut toujours un problème endémique en Chine, compliquant mon travail et le rendant moins précis. Ce n'était pourtant pas faute d'avoir maugréé au Ministère des Forêts à Pékin ! J'avais demandé à ce qu'il se procure ces importants documents d'aménagement auprès de l'armée ; mais ce fut peine perdue, une telle requête n'était, parait-il, pas de son ressort. Je n'insistai pas, n'ayant pas la persévérance inoxydable d'un Sisyphe. D'autant qu'avec le statut d'*alien*, mes chances de travailler avec de tels outils étaient encore plus amoindries que pour les fonctionnaires des réserves. Le manque de bonnes cartes fut l'indéfectible talon d'Achille du projet, m'obligeant dans mes rapports à remédier par de longues descriptions à l'absence des messages visuels qu'elles affichent d'ordinaire avec clarté.

En Chine, un départ vers la montagne est toujours laborieux, car guide et porteurs ne sont pas matinaux. Aucun d'eux ne fera un pas avant d'avoir englouti un solide repas. Ce jour-là, un grand bol de soupe de riz copieusement assaisonnée de légumes, gousses d'ail et pattes de poules, composent l'essentiel du petit-déjeuner. On boira le thé vert plus tard dans la matinée. Celle-ci est radieuse, l'air vivifiant et je piaffe d'impatience, le cœur ruant dans les brancards. Mais je me contiens, sachant d'expérience que toute tentative d'accélérer le processus de préparation du départ serait vain.

Le soleil est déraisonnablement haut dans le ciel, quand notre troupe s'arrache enfin du village. Au cours de la montée, je me souviens avoir entrevu fugacement un faisan doré, le deuxième que je voyais en Chine[117]. Comme ces animaux ne sont ni communs ni faciles à voir, l'éblouissant oiseau me console de notre retard qui me le fait apercevoir là où plus tôt il n'était peut-être pas.

Peu difficile au début, la montée se raidit. Mais ce chemin dans la vallée du Longwo est un enchantement au travers des paysages mixtes de la Chine profonde et éternelle, où l'agriculture paysanne s'insère au milieu de forêts qu'il me démange de pénétrer. Les petites rizières en terrasse, soigneusement irriguées et méticuleusement cultivées comme des jardins ouvriers, sont soulignées par les belles calligraphies que les ramures des noyers, des kakis, des cerisiers, dessinent à leurs pourtours. Et dans l'une des fermettes traditionnelles (construites en bois) qui égaillent la vallée, s'entassent sur des étagères, d'étonnantes ruches cylindriques fabriquées dans des sections de troncs d'arbre creux. J'avais déjà vu ce type de ruches chez un ermite rencontré lors d'une mission précédente, haut dans les montagnes de la réserve de Zhouzi. Le vieillard vivait là, seul avec son chien et... ses abeilles, à plusieurs heures de marche du premier village. Il avait des ruches partout, des murs de

---

[117] Voir : *Les trois dorés.*

ruches qui ceinturaient sa petite maison en bois, comme un rempart vivant qu'il était le seul à pouvoir franchir. L'ermite apiculteur parlait très peu. Pourquoi en aurait-il été autrement ? Ses yeux pétillants exprimaient sa pensée mieux que des mots, et nous n'appartenions pas à son univers. D'ailleurs, au bout d'un moment il nous avait délaissés, reprenant son activité… J'aurais juré qu'il parlait à ses abeilles. Il ne portait aucune tenue, aucun masque de protection. Ses gestes étaient doux et précis, presque solennels ; on aurait dit qu'il officiait. Il élevait ces animaux sacrés, messagères des fleurs, tel un prêtre du début des âges, qui dans cette petite clairière, au plus profond d'une forêt des Qinling, ressemblait à un rituel inchangé depuis l'aube des temps. Concentré de nature et d'amour, pouvait-il exister un miel meilleur que le sien ?

Plus loin, m'arrêtant pour photographier de petites rizières, je remarque une chèvre noire qui nous fixe avec curiosité de la fenêtre du premier étage d'une modeste maison. Un chien aveugle qui se tient au pied du mur semble à son écoute. Bêlements et aboiements se répondent, comme si à la suite d'un apprentissage secret un dialogue s'était noué entre eux. Fable de La Fontaine en langage animalier. Et sur le seuil de cette même maison, la fermière nous invite avec la plus extrême gentillesse à venir nous asseoir dans sa cour, histoire de nous donner un aperçu de l'hospitalité de la vallée. Elle nous délecte d'un délicieux mélange de noix et de miel, véritable provision d'énergie pour la suite du voyage. Le thé que nous buvons presque bouillant provient lui aussi de sa récolte. Je le sirote pendant que de jolis pourceaux noirs batifolent sans entraves autour de moi. Sympathiques animaux, sans la moindre once de méchanceté et pourtant exécrés par les religions du Verbe ! Parce que la fange est leur litière ? Mais l'homme, n'y vautre-t-il pas lui aussi son âme ?

Je songe au contraste frappant entre les sept millions d'âmes urbaines trépidantes de Xi'an et la poignée d'habitants de ces vallées reculées des montagnes de Qinling qui vivent, eux, dans un autre monde. Il m'a semblé qu'en montant, la distance physique s'était doublée d'une distance temporelle, comme un retour dans le passé, dans celui des Qing ou des Ming, peut-être au-delà, qui sait ? Un passé dans lequel, au cœur de ces montagnes isolées, la vie s'est égrenée, siècle après siècle, s'autoreproduisant pareille à elle-même, hors du temps.

En Chine, jusqu'à il y a peu, les paysans avaient toujours constitué une force politique à la fois crainte et respectée par les empereurs des dynasties successives. Le paysan chinois connaissait un statut social enviable, cultivant la même terre depuis au moins deux millénaires et demi, innovant et améliorant sensiblement ses techniques agricoles au fil des siècles. Mais à l'époque où se déroule cette histoire, sa situation socio-économique s'était sensiblement dégradée au profit de l'Etat et des villes, avec pour résultat l'exode rural, l'instabilité sociale et foncière, l'affaiblissement de son rôle politique. Même si près d'un Chinois sur deux résidait à la ville, il en restait un demi-milliard vivant dans les campagnes ! Le sous-prolétariat paysan réfugié au plus profond des vallées reculées des montagnes de la Chine était très distinct et à l'écart du monde rural des plaines. Les communautés paysannes ancrées en bordure des réserves naturelles, voire enclavées à l'intérieur, s'étaient un peu plus appauvries à la suite de ces classements administratifs, n'ayant reçu aucune compensation en échange des expropriations et autres spoliations de leurs pratiques ancestrales.

Je ne mettais pas ma déontologie en porte à faux en disant cela, car sans ces mises en réserve les fermes forestières étatiques qui ne connaissaient que la logique du profit, auraient eu tôt fait de mettre en coupe réglée toutes les forêts naturelles. Avec pour effet de rendre les paysans pauvres encore plus pauvres. Dans les montagnes de Qinling les coupes massives effectuées au mépris de toute notion de développement durable et de protection des écosystèmes se soldaient par un cortège de conséquences prévisibles : des sols à nu, lessivés, voire érodés par les pluies en quelques années, l'assèchement des sources et de prodigieuses pertes de biodiversité[118].

---

[118] Voir : *Les trois dorés*.

Le réseau chinois des réserves naturelles du Ministère des Forêts s'était bâti trop hâtivement et sur un mode autoritaire, sans études préalables approfondies. Dans les Qinling, la superficie individuelle des réserves était trop rapetissée, l'ensemble trop fractionné. Mais elles avaient le mérite d'exister : elles abritaient les dernières reliques de forêt primaire tempérée de la région et, situées en tête de bassins-versant, sur des pentes raides, leur situation stratégique leur permettait de jouer un rôle essentiel de régulation des cours d'eau et de protection des sols. On l'a vu, elles contribuaient aussi à approvisionner les paysans de montagne en menus services, comme un juste retour des choses. Des « services écologiques » gratuits en somme, qui profitaient aussi aux agriculteurs de l'aval.

Cependant, au fil du temps, j'avais relevé une foule d'erreurs, d'incohérences, de lacunes dans les contours de certaines aires protégées et dans les objectifs qu'on leur avait fixés. Outre un impact sur les conditions de vie des paysans montagnards, ces anomalies créaient des injustices sociales et faisaient peser de graves menaces sur le patrimoine naturel. Par exemple, des limites qui ignoraient les déplacements saisonniers de la faune : les pandas, qui ont pour habitude de descendre en hiver à basse altitude glaner leur ration quotidienne de nourriture, se retrouvaient d'un coup hors réserve, bien vulnérables. Les notions de « corridor écologique », de continuité des habitats, d'aire minimum de conservation, n'avaient pas encore pénétré les esprits. Ni la concertation d'ailleurs. Le pain ne faisait pas défaut sur la planche du projet !

Nous continuons de grimper encore plusieurs heures, jusqu'aux dernières habitations. La vallée s'est resserrée et n'est plus émaillée que de minuscules champs dénotant la pauvreté des habitants du lieu. Incontestablement, dans ces montagnes, altitude et pauvreté vont de pair. Seul, un sentier escarpé relie leurs modestes maisons enclavées au monde extérieur.

Apparition fugitive intemporelle : la vieille paysanne pieds-nus (pour mieux agripper la glaise des pentes) se fend d'un large sourire édenté sous son immense chapeau en *toit de paillotte*. Elle s'apprête à regagner tant bien que mal son humble logis, écrasée par la charge de l'énorme panier de pommes de terre qu'elle va devoir hisser, puis tenir en équilibre sur sa tête. La charge fixée, son chapeau confié à l'enfant qui l'accompagne et la suit comme un champignon ambulant, d'un geste véhément elle nous fait signe de la suivre...

Dotés d'un sens inné de l'hospitalité, il est inconcevable pour ces paysans des montagnes du centre de la Chine que nous passions sans nous arrêter, sans entrer dans leur modeste demeure, sans partager leur repas.

La famille Wu est installée en ce bout du monde depuis des générations. Le culte des ancêtres, très enraciné dans l'âme chinoise, et l'importance donnée à l'entretien des demeures des morts, expliquent l'attachement de chaque paysan à sa terre natale[119].

Franchir le seuil de la maison des Wu équivaut à un grand bond dans le passé. La cuisine, au sol en terre battue, est noire de suie, à peine éclairée par un petit orifice ménagé dans le toit pour évacuer les fumées. C'est l'heure de la préparation du repas. Femmes et enfants s'activent autour des grands woks noircis et fumants, y rissolant des cubes de verdure découpés dans des bottes de feuilles et de bourgeons ramenés de la forêt voisine. Sous les grands foyers en terre cuite d'autres membres de la famille enfournent les bûches de bois à cadence rapide. L'un d'eux, un homme à la casquette Mao délavée, pousse le feu avec la même énergie qu'un mécanicien remplissait autrefois de charbon le ventre de sa locomotive. Les flammes animent et distendent les silhouettes sur les murs décrépis comme dans un théâtre d'ombres chinoises. J'ai failli ne pas voir, calée dans un angle de cet antre de suie, l'aïeule que ses vêtements noirs dissipent sur les murs. Recroquevillée, tassée sur elle-même, ses petits yeux pétillent pourtant au creux d'un visage parcheminé et sa bouche édentée me sourit avec grâce quand je la regarde. Son grand âge lui donne la fragilité d'une porcelaine Ming. Avec

---

[119] On doit donc interpréter les grandes migrations actuelles des paysans chinois des montagnes vers les grandes villes (où ils s'entassent dans des bidonvilles que les autorités font souvent raser) comme des tragédies sociales et culturelles.

précaution, un enfant vient lui verser l'antique breuvage brûlant par le bec d'une vieille bouilloire noircie, dans une tasse verdie par l'usage. Elle la tient d'une main noueuse et tremblante, parcourue d'un écheveau de veines violettes, ses doigts imprégnés d'une vie de labeur. Véritable mémoire vivante de la famille, elle observe tout ce qui se passe autour d'elle, bien campée sur sa chaise. Surpris, je remarque ses pieds… atrophiés, pris dans des bandelettes compressives. Elle est l'une des dernières victimes de la coutume millénaire des pieds bandés. Une coutume datant de la dynastie des Tang au Xe siècle ! Et qui s'éteint avec le dernier empereur de Chine, en 1912. La naissance de l'aïeule pourrait donc remonter à la charnière des XIXe et XXe siècles ! Au début de la tradition, seules les courtisanes se devaient d'avoir les pieds les plus petits possible pour plaire à l'empereur. C'était un critère érotique, mais aussi un moyen de restreindre la liberté des femmes. Il y avait plusieurs catégories de championnes, selon les longueurs : dans la catégorie du *lotus d'or*, il ne fallait pas dépasser 7,5 cm ! Ce petit jeu dura plusieurs siècles, puis la mode cruelle et raffinée des petits pieds gagnât toutes les classes de la société chinoise.

On m'invite à m'asseoir en attendant que le repas soit prêt. Je me sens bien. Outre que la cuisine fleure bon les aromates mêlés au fumet du bois, il émane de cette pièce sobre où tout le monde s'active, où les gestes quotidiens s'agencent dignement, où la solidarité et les liens familiaux font cohabiter quatre générations, une sorte de rageuse volonté d'empêcher cette pauvreté besogneuse d'outrepasser ses limites.

Las de la montée, mes pensées vagabondes… Je songe à ce qu'écrivait Lévi-Strauss sur son métier, l'ethnologie. Après tout, qu'est un écologue, sinon un ethnologue de la nature s'efforçant de décrypter le fonctionnement des sociétés naturelles animales et végétales, les relations qui les lient entre elles et à leur milieu, d'analyser les facteurs qui les déstabilisent et les menacent… Un champ d'investigation qui embrasse l'ensemble de la pyramide trophique et pas seulement le sommet où se tient l'homme. Je m'amuse à prendre le contre-pied du savant écrivain de *Tristes Tropiques* : « J'aime les voyages et les explorations... ». L'exploration est la substance de mon travail. Je prends conscience du plaisir égoïste que je tire de voyager dans un cadre officiel, mandaté par un gouvernement qui m'envoie dans des régions naturelles hors des circuits touristiques, où vivent des communautés rurales isolées, aux us et coutumes authentiques.

L'écologue est certes un être technique, mais comme sa technicité s'exerce au sein des milieux naturels, personne n'attend de lui que son travail génère du profit. En donnant la conservation de la nature comme finalité à ma vie (je n'ai jamais su séparer ma vie professionnelle et ma vie privée), j'échappais aux exigences matérialistes de notre société qui ne fonctionne que par et pour l'argent. La nature ce n'est peut-être pas Dieu (j'ai tendance à croire qu'elle obéit à son propre *moteur*), toutefois s'y consacrer présente une certaine similitude avec les vœux monastiques.

J'essaie d'adopter quelques postures : bien qu'étranger je m'efforce d'apparaître aux yeux de mes hôtes sur le même plan d'égalité que les membres de mon équipe, sans montrer de signes ostentatoires d'une culture différente. Se faire humble, adopter une attitude digne, sans artifices. Poser mes questions sans heurt, sans provocation, sur un ton neutre, en les noyant dans le cours ordinaire de la conversation. C'est toujours dans ces cas-là que le handicap de la langue se fait invalidant. Frustration de ne pas pouvoir entrer en contact directement avec ces gens… comme de plonger sans masque sous la mer pour n'y voir ses richesses qu'au travers d'un flou artistique. Du chinois et de l'arabe, en tête de liste, je n'ai jamais possédé que les quelques mots exhibés sur une demi-page dans les guides touristiques. Ce n'était pas faute de le vouloir, mais de le pouvoir ; je n'ai jamais eu cette prédisposition d'apprendre une langue en un temps record. L'interprète n'est qu'un pis-aller, une bouée de sauvetage dans l'océan d'une société étrangère. On ne peut pas le lui reprocher. Concentré sur son aller-retour didactique, il essaie d'être complet. A moi de voir, comprendre, percevoir, saisir des bribes de l'environnement de la discussion. Apprendre le b.a.ba du vocabulaire de base du pays où l'on se rend n'a jamais tué personne, d'autant que ces quelques mots représentent d'efficaces sésames de communication et de rapprochement. Je me sens parfois irrité de la liberté prise, chez moi, par certains étrangers m'adressant la parole tout de go dans leur langue ? Croyant sans doute qu'elle est consacrée par l'universalisme ! Quelques-uns par ignorance ou manque de tact ne se rendent pas compte de leur effronterie, mais une fraction d'entre eux, plus goguenarde, semble perfidement vous signifier qu'il faut se faire à l'idée que le monde est désormais linguistiquement unifié ! Je ne me fais pas à cette idée et ne veux pas m'y faire. Il m'aurait déplu d'infliger cette outrecuidance à mon interlocuteur dans quelque pays étranger que ce fut. Don Quichotte se battait contre les moulins à vent, moi j'évite de leur donner du grain à moudre. A chacun son combat ! Le mien est tout aussi pitoyable, mais au moins y aurais-je participé. S'employer à la conservation de la biodiversité prédispose aussi à défendre la diversité culturelle.

Donc, pas d'interrogatoire intrusif et dirigé. Mais le cocktail ne prend qu'au bout d'un temps d'accoutumance réciproque et avec la complicité de l'interprète. Nos hôtes acceptent avec bonne grâce d'être pris en photo. Le rituel final du « cadeau » est équivoque, à manier avec précaution. Je dois éviter une gêne qui les déstabiliserait s'ils prenaient conscience d'une trop grande différence pouvant les conduire jusqu'au mépris de leur propre condition. D'un autre côté, si cela n'est pas contraire aux mœurs, il serait inconvenant que je ne les rétribue pas justement des dépenses engagées pour me recevoir.

Ma situation était-elle privilégiée au point que je ne fus pas en situation de critiquer les inconvénients du voyage touristique contemporain ? Peut-être. Mais du fait que j'avais dû en analyser les impacts *in situ* lors de missions en Jordanie, au Sahara ou dans les îles de l'Océan Indien, j'avais du mal à me taire. En vendant de faux exotismes, ce tourisme-là génère bien des dommages et est facteur d'aliénation des peuples rencontrés. Une aliénation proportionnelle à la différence de niveau de vie entre visiteurs et visités[120]. C'est un tentacule pervers de la société de consommation, qui s'immisce toujours un peu plus loin dans les dernières zones oubliées de la planète. Vecteur puissant d'uniformisation et d'occidentalisation des peuples. Dans ce genre de voyage « organisé », le facteur temps écrase tous les autres, privilégiant la quantité au détriment de la qualité. Les sites et les visites des minorités ethniques s'achètent et se consomment comme dans les rayons d'un grand magasin. Les traditions locales, brutalement laminées, ne refont surface que singées et mues par l'argent. Dès lors, un touriste conscient et

---

[120] Sur ce sujet, voir aussi : *Le pont des singes,* de F. Julien (Galilée, 2010).

responsable ne peut sortir indemne de cette sorte d' « aventure », sans ramener des souvenirs entachés de remords et d'amertume.

De là à suggérer que les touristes doivent renoncer à l'être, rester chez eux, pour se satisfaire d'évasion par écran interposé et laisser le voyage à la seule élite adepte du *beau, bon* et *bio*, serait bien entendu une absurdité monumentale. Outre son irréalisme, un tel renoncement provoquerait un désastre économique dans tous les pays qui vivent de cette « industrie ». Enfin, ce serait refuser aux touristes qui se comportent en voyageurs responsables, l'occasion inégalée de l'apprentissage de l'altérité, de l'expérience empathique.

Face à l'avalanche de critiques, l'offre (tout au moins une partie) s'est transformée. La parade à la médiocrité est venue de l'écotourisme, avec toutes ses déclinaisons : tourisme vert, agrotourisme, tourisme scientifique…, en principe moins destructeur pour l'environnement et les cultures locales. Mais peu à peu le label s'est laissé séduire par les sirènes du marketing, en devenant un classique édulcoré. De nos jours, les dérives de l'écotourisme sont nombreuses, les chartes ont jauni et les agences de tourisme *responsables* capables de bien gérer leurs activités ne sont hélas plus la majorité. Un réajustement d'offres intelligentes verra-t-il le jour ? Entretemps, l'éducation restera un socle inamovible et salvateur, une arche de Noé capable de réensemencer de sagesse les esprits abîmés par le tourisme intensif. Car comme l'agriculture, le tourisme peut générer de graves dégâts sur la biosphère et la qualité de vie de ses habitants. Et comme pour l'agriculture, l'action publique, les initiatives civiles, la formation, doivent s'imposer partout et pour tous, afin de minimiser les impacts, compenser les dommages, réparer les erreurs, et surtout, pour élever les consciences et aiguiser les responsabilités. Et même si *on est toujours le touriste de quelqu'un*[121], l'éducation salvatrice est seule à même de revisiter les clichés, laver la fatuité et le mépris qui s'attache à l'inélégante image du touriste mondialisé.

Les petits plats multiples servis par nos hôtes sont délicieux ; certains composés des produits issus des arpents de terre cultivés sur les flancs pentus de cette vallée étroite et de petits vergers, d'autres de porcs et de volailles divaguant autour de la petite ferme, d'autres encore de la forêt : baies sauvages, plantes alimentaires, feuilles et tiges d'arbres. Ces paysans entretiennent de rustiques champignonnières sur des bois vermoulus. Les champignons aux lamelles souples, ondulées, noires, garnissent les plats en leur donnant des saveurs boisées.

En prenant de l'altitude nous avons franchi l'ultime limite des habitations et des champs. La forêt s'est

____

[121] Julien Blanc-Gras dans *Touriste* (Au Diable Vauvert, 2012).

refermée sur elle-même. Jusqu'à la crête nous marchons sous une voûte dense d'arbres ne laissant passer que de rares trouées de ciel bleu. Au soir, Yu et le guide trouvent une clairière pour établir notre camp. En montant les tentes sous un ciel étoilé, fatigués, nous voulons faire l'économie des doubles toits. Fatale négligence ! Un orage violent éclate dans la nuit. Les eaux du ciel glissent sur les pentes de la toile unique puis s'infiltrent en grosses gouttes venant mouiller un bon tiers de mon sac de couchage. J'attends le matin, blotti dans le seul recoin de ma tente resté à peu près sec…

Le matin tarde… dissimulé derrière un épais brouillard. Avec ce temps qui a radicalement changé, les trois porteurs rechignent à continuer. J'ai le désir de poursuivre en espérant une éclaircie. Yu se range de mon côté et prend la décision de laisser rentrer les porteurs avec Fen. Il estime avec le guide que nous pouvons être de retour au village dans la soirée en accomplissant la boucle prévue par les gorges de Da Ban Ca. Nous porterons nos sacs. Mon homologue, Sun Yanling, nous accompagnera et remplacera l'interprète. Mais je la sens moins attirée par le sel de l'inconnu que contrainte par le devoir de sa tâche. A-t-elle (sans m'en parler) détecté chez ses compatriotes des indices de velléité prémonitoire qui l'auraient inquiétée ?

Le long de la crête, tout en haut des montagnes de

Niubeilang, impossible de garder le contact avec le sentier. Illisible, désincarné, il disparait corps et bien sous les halliers ensauvagés. Pourtant, nous nous entêtons à avancer sur cette crête trompeuse exposant un jeu de méplats et de bosses qui nous désorientent. Les pistes animales vont dans toutes les directions. Nature échevelée, inextricable... d'impénétrables massifs de bambous et de bruyères nous contraignent à des détours incessants ; ils nous enserrent et nous étouffent. Pas de vision et la météo qui ne s'arrange pas. A cette inquiétude qui nait de la sauvagerie des bois s'ajoute celle qui sourd de l'hésitation du guide. Mais à un moment donné, Yu et lui cessent de progresser, jugeant sans doute opportun de quitter la crête, de descendre avec ou sans chemin. Je ne sais quels indices les incitent à prendre cette décision, mais elle vient à point nommé et me rassure un peu. Dans un brouillard opaque pire que le *fog* des Highlands, les végétaux branchus et désordonnés prennent des allures de spectres. Nous dévalons une pente abrupte où, grâce à Dieu, la végétation qui était un inconvénient il y a un instant se transforme en avantage appréciable : les nombreux arbustes offrent assez de prises pour nous retenir et nous empêcher de glisser. Bien plus bas, nous rejoignons des gorges qui paraissent s'ouvrir dans le fond d'un entonnoir géant. En réalité, on les voie moins qu'on ne les entend.

Le guide et Yu ont-ils vu juste ? S'agit-il bien des gorges de Da Ban Ca par où nous devons passer pour rejoindre le village ? Un vague espoir dans l'âme, j'espérais une amélioration du temps. Mais si le brouillard est moins dense, la pluie, elle, s'intensifie. Nous parvenons à l'entrée d'une gorge. Dans cette atmosphère grise et saturée d'humidité où se mêlent les vapeurs des flots tourbillonnants, le canyon parait aussi hospitalier que l'entrée des Enfers ! Entre ses deux grandes parois rocheuses, il engloutit le torrent gonflé par les pluies ininterrompues de ces dernières heures et qui résonne du fracas d'eaux tumultueuses. C'est avec dépit que nous remarquons les pierres luisantes d'un étroit sentier qui disparait sous l'eau pour réapparaître sur l'autre rive. Il descend résolument en trouant des frondaisons noires, enveloppé d'un charme défendu… C'est sans doute là le chemin qui descend vers la vallée, mais pour l'heure, le torrent est tout simplement infranchissable. Il barre l'accès aux gorges et tout passage vers l'aval.

Il ne nous reste plus qu'à rebrousser chemin, batailler à nouveau jusqu'aux hauteurs avec ce sol glissant qui nous refoule, refaire le trajet sur la crête en sens inverse, puis redescendre par la haute vallée de Longwo, en reprenant le même itinéraire qu'à l'aller. Un projet plus facile à concevoir qu'à exécuter. Grimper dans ces conditions est exténuant. Une fois parvenus sur la crête, celle-ci nous sert les mêmes entourloupes : faux sentiers, passages bloqués, détours trompeurs, qui nous empêchent de retrouver le chemin par lequel nous sommes venus. Un comble ! Je n'ose croiser le regard récriminateur de Sun. Là où un bon guide aurait su nous sortir d'affaire, nous nous épuisons un peu plus en vains allers-retours sur ce large épaulement recouvert d'une végétation dense. Nous baignons dans une purée de pois sans aucune idée de la direction à prendre. Et comble de malchance, la boussole de pacotille de Yu, faisant injure à ses inventeurs chinois, semble aussi désorientée que nous ! La réalité est que nous sommes bel et bien égarés parmi ces hautes régions reculées de la réserve, prisonniers d'un labyrinthe végétal, dans une météo épouvantable. De temps en temps des déchirures se produisent dans la couche nuageuse et de fait dans notre anxiété. Mais trop brèves, elles donnent cruellement à nos émotions un profil de montagnes russes.

On ne peut rester là, redescendre s'impose une fois encore pour tenter de trouver une autre voie de sortie vers l'aval, peut-être un canyon praticable parallèle au précédent, ou une pente gérable...

Mais plus bas le même scénario se renouvelle partout : les cours d'eau sont en crue et nous interdisent les accès vers la vallée. Tels des naufragés sur une île inhospitalière, nos déplacements se transforment en errances. En désespoir de cause, dans l'humidité et cette pluie fine et persistante, mi eau mi brume, nous voulons encore croire à la possibilité d'une issue en renouvelant sans cesse nos tentatives pour trouver un passage. En vain. De réitérer plusieurs fois descentes et remontées de ces pentes glissantes gorgées d'eau, nous donne à croire que l'espoir est au bout de ces dépenses d'énergie, que cet effort vaincra la peur de nous avouer perdus. Alors à tout prendre, mieux vaut encore les hauts pour y chercher la délivrance, l'espoir d'une déchirure durable de ces maudits nuages qui, pensons-nous, pourrait nous aider à nous repérer.

C'est un espoir déçu : les hauteurs restent invariablement plongées dans une marmite de limbes poisseux qui étouffent le paysage. Nous tournons en rond...

Puis soudain, sans crier gare, le plafond nuageux prend de la hauteur et un gros trou de ciel bleu se creuse comme pour annoncer un changement de temps. Une magnifique tache de lumière céleste s'y engouffre et éclaire la montagne comme un projecteur naturel. C'est un spectacle grandiose au milieu duquel on se prendrait à voir des apparitions miraculeuses. Hélas, le faisceau se resserre, le « projecteur » s'éteint, tout s'assombrit, englouti dans un marécage d'ombre. Nous devons redescendre une fois de plus, harassés et démoralisés, vers la zone des grands rochers en espérant y trouver un abri pour la nuit. La pluie s'obstine à tout diluer. Herbes et boue ruissellent en rigoles sur les pentes liquéfiées, les arbres dégoulinent leur excès d'eau. Je redoute le moment où elle mouillera mes os...

Trempés, terreux, recrus de fatigue, nous nous étendons dans une sorte d'abri-sous-roche que le guide finit par dénicher au pied d'un escarpement.

J'ai bivouaqué bien des fois dans ma vie. Les bivouacs, je pourrais les classer en catégories. Il y a eu les merveilleux : lové dans les dunes du Sahara, par de froides nuits d'hiver, après avoir savouré la traditionnelle chorba des Touaregs et le troisième thé brûlant, ou plongé dans la mousse épaisse d'un sous-bois de forêt profonde… Puis, à l'autre bout de l'échelle, il y a eu les plus désagréables, dont le bivouac de la nuit précédente. Celui qui nous attendait allait incontestablement en faire partie. Ces expériences ont au moins le mérite de ne pas s'oublier. Imaginez dans cette forêt sinistre, un abri sous roche à la concavité avare, au pied duquel il n'y a qu'un seul rocher sec. Un espace bien rabougri pour les quatre égarés que nous sommes ; il faudra s'en contenter pour camper. Ce soir, mon corps anguleux s'accommodera mieux d'une dalle rocheuse dure et sèche que d'humus détrempé. Mais le choix n'est pas large, nous déroulons nos sacs de couchage sur un plan incliné où il est difficile de s'allonger. Le guide s'efforce d'allumer un feu avec le bois humide. Ce n'est pas une mince affaire et je crois bien que c'est le premier défi qu'il parvient à relever. Une fois embrasé, quel bonheur de sentir la douce chaleur des flammes ! Tout en séchant nos corps fatigués et transis, nous leurs présentons nos vêtements trempés en les accrochant à des perches de bois vert.

Dans un recoin de l'abri, à peine engoncé dans mon sac de couchage, je tire la fermeture éclair avec autant de facilité que s'il s'agissait d'un couvercle de sarcophage ! Je sombre exténué dans un sommeil de tombe que l'inconfort de ma position sur ce rocher exigu vient vite entrecouper de veilles et d'incessantes contorsions. Yu, Sun et moi sommes comme trois chenilles enchevêtrées sur elles-mêmes qui cherchent à compenser la gravité et soulager leurs os de la rigueur du rocher. Ouvrant un œil, je vois par derrière la rangée des vêtements suspendus, notre guide qui s'y découpe en ombre bien chinoise. Il semble avoir pris le parti d'entretenir le feu toute la nuit. En séchant nos vêtements et en nous donnant sa place sur le rocher, cherche-t-il à se faire pardonner ses carences en orientation ? Je suis de toute façon trop épuisé pour envisager d'autres raisons… lorsque les flammes, dont les tourbillons s'efforcent en montant de crever l'épaisseur des ténèbres détrempées, illuminent soudainement un coin de ma mémoire…

Devant mes yeux ouverts, dans une éblouissante clarté solaire s'étalent en amples ondulations les forêts de Wuyishan. Un défilé de merveilles naturelles, une flore et une faune inconnues en Europe. Etagées entre 1300 et 2000 mètres, les montagnes de Wuyi, recouvertes de manteaux verts homogènes, chevauchent les Provinces du Fujian et du Jangxi, dans le sud-est de la Chine. A l'occasion d'une mission précédente, sur des pentes difficiles d'accès, j'avais traversé là aussi des forêts primaires de conifères et de feuillus. Jusque-là, je n'avais vu que des illustrations de leurs principales essences. Ces raretés biologiques aux élancements formidables se dressaient comme les piliers de la salle hypostyle d'un grand temple forestier. Je caressais leurs troncs en me les nommant à voix basse : *Cryptomeria* (cèdre de Chine), *Cunninghamia*, Liquidambar, *Cinnamomum...*, des arbres que, pour la première fois, j'observai dans leur berceau originel. Ils avaient toujours vécu, poussé, évolué, essaimé dans ce coin de Chine, sur ces sols de montagne sous ce climat subtropical. Le cèdre de Chine était une relique du Tertiaire ! Quelques gros spécimens pouvaient dépasser deux siècles d'âge. C'était un fait : je foulais l'une des deux uniques forêts au monde de cette essence, une forêt sortie de la nuit des temps ! Mais ce trésor biologique, délaissé par l'administration de la réserve, était menacé. Ce jour-là nous avions surpris des coupeurs de bois illégaux en plein forfait. Effrayés par notre arrivée, ces braconniers d'essences précieuses avaient détalé la pente moussue à toutes jambes, abandonnant sur place leur modeste matériel de bûcheron et leurs effets personnels. Desquels j'avais rapporté un petit souvenir : un curieux objet en bois dur, une sorte de traceur de ligne à l'encre pour le sciage des grumes, sculpté artisanalement au couteau par l'un des scieurs ; maladroitement équarri, ses humbles motifs décoratifs lui conféraient plus qu'une simple fonction utilitaire.

Mais Wuyishan devait surtout sa célébrité à ses

vastes forêts de *mao zhu,* le « Mao bambou », principale richesse économique des habitants, détrônant largement les plantations de thé. Il n'était pas une famille qui ne fut impliquée dans le processus de transformation de ce végétal, que ce soit pour l'alimentation (jeunes pousses), la fabrication de baguettes, de paniers, de planchers... Surprenant bambou ! On lui trouvait en permanence de nouvelles utilisations. Tous les objets que je vis me parurent à la fois beaux et utiles. Surprenante Chine où l'objet laid n'existe pas. Et comme disait F. Dautresme[122] : *« L'artisan prend ses ordres auprès du matériau ».*

Le bambou est un trésor économique par sa croissance rapide, sa maturité précoce, son rendement élevé. De grande taille, le mao bambou surpasse de beaucoup les autres bambous, tels ceux que les pandas consomment. Dans le climat subtropical de Wuyishan, il atteint vingt mètres de hauteur en quelques mois, et à cinq ans devient exploitable. Graminée géante à la croissance deux, voire trois fois plus rapide qu'un arbre ordinaire, quel plaisir d'en parcourir les futaies lisses et régulières ! De plonger dans ce monde vert ! Une verdure qui inonde tout, depuis les sous-bois clairs aux lumières tamisées par les feuillages légers, jusqu'à la canopée des plus grandes tiges. Une impression que le magnifique *Tigre et Dragon*

---

[122] (1925-2002) Fondateur de la Compagnie Française de l'Orient et de la Chine.

d'Ang Lee rend si bien dans des scènes de combat s'y déroulant comme en apesanteur. Je me demandai quel âge pouvait bien avoir cette bambouseraie ? Aucun villageois ne put me répondre. Ils l'avaient toujours connue, et leurs pères avant eux.

Mais il y avait un *hic* : comme tous les bambous, le *mao* est expansif, prolifère, et se développe au détriment des autres espèces végétales. Sans dénigrer leurs propriétés esthétiques, les grands massifs de bambou purs n'ont pas plus d'intérêt biologique qu'un champ de blé ! Et pareils aux céréaliculteurs de la Beauce qui éliminent tout ce qui n'est pas blé, les « bambouculteurs » de Wuyishan cherchaient (malgré les interdictions) à favoriser partout l'expansion de leur plante préférée en éliminant les autres arbres. Une menace insidieuse, aussi grave que les coupes illégales, pesait donc sur la réserve de Wuyishan. Davantage de bambou, c'était plus de profit. Un crédo local au détriment de la richesse écologique du lieu. Un défi majeur à relever dans le plan d'aménagement de cette réserve, en jouant avec les trois leviers d'action classiques : vulgarisation, surveillance, compensations.

Nous avons tous très mal dormi, mais au moins nos habits sont secs. Si ma mémoire est bonne, ce fut la seule raison que j'eus durant cette équipée de remercier le guide. Avec le courage qu'apporte la naissance d'un nouveau jour, les sacs à dos bouclés, nous repartons pleins d'espoir à la recherche d'une issue salvatrice. Mais notre optimisme matinal ne tarde pas à s'engluer comme la veille dans ces mêmes limbes grises et mouillées, réticentes à se dissoudre, qui collent à la montagne et détrempent toutes choses, même si la pluie a cessé. Le torrent Da Ban Ca, toujours aussi furieux, empêche tout passage. Sans nourriture, impossible d'attendre la décrue. Une fois de plus nous refaisons demi-tour et remontons la maudite pente avec le maigre espoir de trouver la sortie par le haut. L'espoir de nous repérer en profitant d'une déchirure des nuages. Je songe au châtiment de Sisyphe en poussant devant nous nos corps fourbus et nos noires pensées. Terrain glissant jusqu'à la crête, Sun au bord des larmes s'accrochant en vain aux herbes et aux arbustes dont le sol gorgé d'eau ne retient plus les racines. Elle ne veut pas être aidée. Nous devons à tout prix retrouver le chemin par lequel nous sommes arrivés.

Sur les hauts que nous atteignons épuisés, une fois de plus notre pseudo-guide est incapable de se repérer dans la purée de pois et la jungle dense d'arbustes et de bambous-lianes. Pourquoi ai-je laissé ma boussole Suunto à Xi'an ? Notre tentative échoue à nouveau. Je crains qu'il n'y ait plus rien à tenter, sinon d'attendre la clémence du ciel. J'ai la terrible impression que nos dernières forces vitales sont mobilisées dans cette lutte désespérée contre une montagne qui nous manipule et nous transforme d'heure en heure en ombres silencieuses d'une grisaille visqueuse. Dérisoires et pitoyables, nos recherches en perdent leur sens, deviennent erratiques. Le mur de nos certitudes se fissure de plus en plus. Nous nous cognons aux limites amont et aval de cette montagne comme des chauves-souris entrées par mégarde dans une pièce, qui virevoltent en vain, sans trouver la sortie.

Alors, nous nous mettons à crier dans toutes les directions, tels des naufragés lançant des messages aux caprices des brumes, pour nous libérer de nos pensées obscures…

Soudain… non, ce n'est pas un rêve… Un cri, qui n'est pas l'écho habituel, répond à nos appels. Puis un second. Pas de doute, on nous a entendus. Ça vient d'en bas. L'espoir nous réinsuffle un peu de force, nous redescendons précipitamment la pente dans la direction des cris...

Emergeant du bois sinistre plongé dans la brume, je discerne d'étranges créatures aux membres enveloppés de chiffons ; on les croirait à demi vivantes, sorties d'un conte médiéval ou néogothique, … Elles viennent à notre rencontre. Yu et le guide échangent quelques mots avec elles, puis nous les suivons. J'ignore qui sont ces « hommes-épouvantails ». Mais éreinté, je n'ai plus la force ni l'outrecuidance de demander qu'on me traduise, tout au réconfort d'avancer enfin dans un but précis ; car je me doute que nous nous dirigeons vers leur camp.

Juste avant d'y parvenir, tout s'éclaire quand nous

croisons une équipe en plein travail : ce sont des saigneurs de laque.

Les saigneurs de Niubeilang forment une petite corporation provenant de villages parfois éloignés. Ils séjournent des mois entiers au cœur des forêts de la réserve pour collecter le précieux suc qui sera transformé en laque de Chine dans des ateliers artisanaux. Travailleurs pauvres, envoyés par un collecteur de la ville, les saigneurs exploitent le latex d'un petit arbre, le sumac vernicifère, disséminé dans les sous-bois. Ils se protègent les mains et les jambes de son gel toxique[123] en les enveloppant de chiffons. Ils grimpent sur des échelles de bois pour atteindre la partie haute du tronc du sumac. Ils l'incisent pour que s'égoutte le suc visqueux, répétant l'opération sur le même arbre deux à trois fois durant la même saison.

La laque de Chine, source de l'art millénaire de ses empereurs, provenait donc du cœur de ces forêts de montagne. Et ces hommes qui extraient le précieux suc, ficelés dans des chiffons noircis, répètent des gestes nés il y a vingt-cinq siècles, au temps des Royaumes Combattants ! A l'autre bout de la filière, il y avait les extraordinaires objets en laque de la dynastie des Ming, rehaussés d'incrustation de nacre et d'or. J'avais lu (je crois bien que c'était au musée Guimet) que la précieuse résine s'appliquait en couches successives, rouges ou

---

[123] Le nom scientifique de l'arbre est significatif : T*oxicodendron,* qui signifie bois toxique !

noires, sur des supports divers, souvent en bois, puis était sculptée à la gouge.

Jamais le bol de riz chaud parfumé aux herbes de la forêt ne m'avait paru aussi délicieux. Les saigneurs de laque, à qui nous devions notre salut, nous avaient sustentés à leur campement. C'était un repère astucieusement établi dans une profonde anfractuosité rocheuse, claquemuré bien à l'abri d'un repli de la montagne. Une nef rocheuse avec le ciel pour clé de voûte. En haut, ils avaient tendu une simple bâche transparente pour se protéger de la pluie et du vent. Une faille secondaire faisait office de cheminée naturelle et abritait la cuisine où des fagots de bois s'entassaient pêle-mêle à côté des foyers noircis, de cartons d'huile et de sacs de riz. Dans un coin je remarquai un petit cervidé non encore dépouillé que les hommes avaient dû piéger. On se serait volontiers laissé aller au repos dans cette « maison du saigneur » improvisée et presque confortable, au chaud dans un repli vaginal de cette montagne femelle. Mais le temps nous était compté. On devait s'inquiéter à notre sujet en bas dans la vallée. Et la chape gris noir qui plombait le ciel ne laissait aucunement présager la moindre amélioration de la météo.
Devant notre impatience, les saigneurs proposèrent spontanément de nous raccompagner jusqu'en bas. Les conditions difficiles de leur métier ne les privaient pas d'une certaine liberté. Ils organisaient leur travail comme ils l'entendaient et géraient leur

campement de façon collective, en parfaite équité. Chaque année ils changeaient de secteur de forêt. Cette fenêtre de liberté semblait assez entrouverte pour qu'une forme de sérénité et de joie vienne imprégner leur attitude. Une juste compensation à leur pauvreté. Je retrouvais là-aussi prodigués, bien qu'amoindris, les bienfaits du nomadisme et du mode de vie des anciens chasseurs-cueilleurs de la préhistoire.

C'était inespéré, car il n'y avait pas d'autres choix. D'une part, on aurait pu attendre longtemps une décrue, d'autre part, il aurait été extrêmement risqué de redescendre sans leur aide. Le sentier timidement marqué que la gorge resserrée de Da Ban Ca tolérait du bout de ses parois restait la seule voie possible pour rejoindre l'aval ; c'était celui-là même que nous avions remarqué la veille et qui disparaissait par moment sous les eaux.

Vingt-sept fois ! D'après les saigneurs, il nous faudra franchir le torrent en crue vingt-sept fois pour rejoindre le village de Luo Huan Pin, en bas dans la vallée. Ce même village d'où nous sommes partis trois jours plus tôt et qui nous parait à présent aussi lointain qu'un rêve. Déjà recrus de fatigue, mouillés et transis, nous devrons trouver la force suffisante pour descendre les mille mètres de dénivelé qui nous attendent. Un moment d'inattention, de faiblesse, un dérapage sur une roche glissante, une perte d'équilibre, et ces masses d'eau en folie pourraient nous entraîner

inexorablement vers l'enfer. Les hommes de la laque ont formé une chaîne humaine en s'enlaçant solidement les bras les uns aux autres. Solidairement, ils parviennent à résister à la force des flots que roule la rivière *tumul-tueuse*, à l'image de cette coopération qui leur permet en pleine forêt de surmonter les pénibles conditions de leur métier. Ils nous ont taillé des pieux, utile « troisième jambe » pour accroître notre stabilité dans le courant. Une arme de plus pour le vaincre.
Je m'agrippe à cette barrière humaine pour traverser l'eau impétueuse, et chaque saigneur me saisit en retour fermement par les bras. Ce premier passage est paraît-il le plus dangereux et le plus impressionnant. Ils le craignent plus que tout. Ils n'ont pas tort : à peine parvenu sur l'autre rive des cris fusent derrière moi. La peur au ventre, je crains le pire… J'essaie de comprendre ce qui se passe derrière le brouillard, quand je vois soudain la tête de Yu et celle d'un saigneur qui émergent au milieu du torrent en furie. Tous les autres crient, gesticulent, mais restent impuissants à sauver les deux hommes emportés et dont le regard effrayé transperce la brume. Avec horreur, je les vois dériver inexorablement vers l'issue fatale… Quelques dizaines de mètres plus loin, les eaux se précipitent avec fracas dans le sinistre canyon ! On ne le voit pas, mais on devine à l'accélération brutale des flots jaunâtres, au nuage de vapeur qui s'en échappe et au grondement sourd qui en émane, l'énorme cuve, le gouffre effroyable dans lequel le

torrent disparait en tourbillonnant au pied d'un mur de granite qui se dresse là comme une stèle à l'entrée d'un monde interdit. Le sort réservé aux deux malheureux me glace d'épouvante. Dans une soudaine et vertigineuse empathie je ne peux m'empêcher de glisser avec eux, prisonnier du torrent, inéluctablement, jusqu'au bord ultime de la vie…

Jamais je n'aurais cru que le rocher flanqué à l'endroit exact où les eaux accélèrent, puisse les arrêter. Pourtant, Yu parvient à l'agripper, tandis que, moins bien placé, le saigneur, lui, s'accroche à Yu. Miracle ! Mais miracle bref : la surface pierreuse glissante et la force du courant ne leur laisseront qu'un court répit. L'un des saigneurs, prompt à réagir, leur tend une corde depuis le bord. Les deux naufragés l'attrapent comme leur ultime lien à ce monde, puis se laissent entraîner par les eaux… Le mouvement de balayage en arc de la corde (que plusieurs hommes venus en renfort tiennent solidement, campés sur la berge) les en rapproche… ils frôlent alors l'horrible gueule du mortel abysse, où le courant s'accélère, leur vie est suspendue à la corde… qui résiste… Ils la remontent... Ils sont saufs. Ils viennent d'échapper à une mort affreuse.

Rétrospectivement, cette scène est souvent venue hanter mes nuits. Avec, à chaque fois, cette même sensation glaciale de chute libre dans un abîme sans fond… les deux hommes accrochés à la corde que les saigneurs ne peuvent retenir… tous entrainés par le courant vers le vortex mortel.

L'obscurité occupe déjà bien l'espace quand nous arrivons, dans un état second, en face de la dernière épreuve : le vingt-septième et dernier franchissement ! Le torrent s'est fondu dans la grande rivière, démesurément large et inhospitalière et qui, elle aussi, est en crue. Sur l'autre rive, les villageois de Luo Huan Pin agitent des loupiotes qui sont pour nous comme des lueurs d'espoir. L'espoir d'en finir enfin avec cette dangereuse et épuisante équipée. Nos porteurs, rentrés le deuxième jour, ont dû les prévenir. Ils doivent nous attendre depuis la veille, ayant compris que nous étions en détresse. Pourtant, ces signaux me paraissent étrangement distants, presque inaccessibles, tant les flots rapides semblent infranchissables dans la faible clarté de nos lampes. C'est alors qu'un saigneur nous montre la longue corde de chanvre tendue en travers de la rivière et attachée à des arbres : le seul moyen de la franchir. Et sans poulies, baudriers ou harnais, une seule technique, vieille comme le monde : la tyrolienne ! Se suspendre à la corde par nos pieds et nos mains, à la renverse, dans l'eau, et se mouvoir en amble jusqu'à l'autre berge.
Avant de nous élancer, ce sont de chaudes et longues poignées de mains avec les saigneurs de laque qui s'apprêtent à prendre le chemin du retour. Malgré la nuit, ils vont remonter par le même itinéraire vers leur camp de base, franchir à

nouveau vingt-six fois le torrent ! A ce moment-là, je remarque notre piètre guide apostropher l'un d'eux assez vivement. Comme voulant faire preuve d'autorité. Gros-Jean en remontrant à son curé ? Le saigneur se fige et ne dit rien, puis part subitement rejoindre ses camarades qui déjà se sont dissous dans la nuit. Sun semble ailleurs, maudissant sûrement ce dernier et redoutable obstacle ; je n'ai ni le goût ni la force d'aller l'agacer pour une traduction.

Il faut réunir nos dernières forces pour l'ultime épreuve aquatique qui nous attend. Je l'envisage avec appréhension, à cause de l'opacité de la nuit, de notre état de fatigue, et parce que la moitié de la corde disparait sous les flots. Avec notre poids, ce sera pire. Pour ma part je n'ai encore jamais tenté ce genre de tyrolienne en immersion dans le courant ! Disparaître sous l'eau noire, voila une expérience qui promet son lot d'angoisse. De surcroit, aurons-nous la force de nous hisser périodiquement vers la surface pour venir respirer ? Décidément, qui aurait pu imaginer qu'une simple exploration de moyenne montagne se termine en épreuves survie pour commandos des forces spéciales ? C'était là le résultat de plusieurs erreurs amalgamées : un guide qui n'en était pas un, une carte d'opérette, l'oubli de ma boussole, un affront irréfléchi au ciel...

On ne passera que l'un après l'autre. Sun hésite, elle semble ne pas avoir grande confiance dans le dispositif. Epuisée, elle se cache le visage pour pleurer. Je passe donc le premier. Heureusement, l'eau n'est pas trop froide, moins que celle du torrent. Je dois ressembler à un opossum de la forêt amazonienne crispé sur sa liane. Vers le milieu de la rivière, malgré la tension de la corde, un demi-mètre d'eau me submerge… Le courant pousse terriblement mon corps enflé par le sac à dos. Je me sers de cette poussée pour venir happer l'air en surface...

Il n'y a pas d'exemple que les premiers signes de danger ne raniment la volonté ou l'instinct de survie de l'être le plus abattu. Dès que je sens que je m'enfonce dans une eau plus profonde, de nouvelles forces me viennent et je tire sur la corde pour raccourcir au plus vite ma durée d'immersion. En même temps, je tire régulièrement sur mes pieds et mes bras pour me redresser, respirer, éviter la noyade. J'avance mètre par mètre… Tout ce qui me reste de vitalité se concentre entre mes mains, mes jambes ; l'esprit lui aussi s'accroche à la corde… Comment les villageois ont-ils fait pour la tendre ? A moins qu'elle ait toujours été là ? Je sens la rive qui se rapproche, j'émerge à nouveau… Lessivé, hébété, je prends pied. Cette fois, c'est bien terminé ! Je retrouve Fen mon interprète qui, avec les villageois tout excités, me congratulent avec joie. Quelqu'un fait un signal lumineux à destination de l'autre rive. Au suivant. La nuit empêche de voir. J'imagine que Sun s'est jetée à l'eau. Puisse-t-elle ne pas lâcher la corde et trouver la force de se hisser en surface pour venir respirer !

Son état d'épuisement l'empêcherait de lutter contre le courant et elle serait emportée. Il faudrait attendre le matin pour entreprendre de macabres recherches. Je chasse cette horrible vision. Le temps me parait interminable… Une torche la prend enfin dans son faisceau, on la voit refaire surface, puis… mon Dieu, la voilà qui disparaît dans la noirceur de ce Styx ! Non, elle émerge, ça y est, elle a pris pied ! Mais ses nerfs craquent subitement après cette épreuve : elle éclate en sanglot dans les bras d'une villageoise. A ses gestes, je comprends qu'au milieu du courant elle a été tout près de lâcher la corde pour échapper à la noyade.

Le lendemain, le soleil brille de tous ses feux dans un ciel lavé de tous ses miasmes, comme pour se faire pardonner sa longue absence et nous faire regretter notre impatience à descendre. Les autorités du village nous confient avoir alerté l'armée et qu'un contingent entier se tenait prêt à venir à notre recherche dans la montagne si nous n'étions pas réapparus la veille.
Nous occupons la matinée à sécher nos vêtements et le contenu de nos sacs sur l'herbe d'un champ. Deux heures en plein soleil ont raison de toute l'eau ingurgitée par mon *Nikon*. Quant à mes pellicules, j'avais été bien inspiré de les placer dans un sac étanche.
Le niveau des eaux a rapidement baissé laissant voir dans sa totalité la corde salutaire suspendue

au-dessus de la rivière. Est-ce l'effet du rétrécissement du cours d'eau, elle me semble plus courte que hier dans la nuit, vue de la rive au ras du courant, réduisant la vraie dimension de l'effort qu'elle nous a couté pour la franchir. Il y a bien, me dit-on, un pont qui la franchit, mais il faut descendre très à l'aval. De ce côté au moins, la rivière protège la réserve de Niubeilang mieux qu'une clôture.

A midi précise, nous entrons tous les quatre, Sun, Fen, Yu et moi chez l'un des notables du village. Au temps où se déroulait cette histoire, pas un Chinois n'aurait dérogé au rituel des horaires des repas : déjeuner midi sonnant, dîner 18 heures frappantes. Est-ce toujours le cas ? L'influence occidentale a-t-elle changé quoi que ce soit à cette coutume ? Pareille aux vélos cédant humblement leur place à l'automobile dans les villes, aux *siheyuan* de Pékin chassés par les immeubles dépareillés, aux *fanguan* populaires battus en retraite par la vague des fast-foods, la tradition chinoise s'est-elle à son tour fondue dans le moule universel façonné par l'Amérique ?

Mes yeux n'en reviennent pas ! La table circulaire de notre hôte est recouverte d'une diversité sidérante de plats. Avec la volonté évidente de nous faire oublier nos désagréments dans la montagne. Une attention qui me touche énormément. Les préambules sont écourtés, l'hôte se prosternant dans une attitude de grande humilité pour nous faire asseoir, puis agitant sa tête et ses mains en saccades en montrant les garnitures, et nous répétant à l'infini « servez-vous, servez-vous, il faut manger de tout ! », un rituel qui m'amusait toujours en Chine, et auquel je ne savais répondre que par des hochements de tête et une série de *xiéxié*[124]. Nous sommes une dizaine assis autour de la grande table ronde. Et cédant à l'insistance polie de l'hôte qui fait tournoyer le plateau central avec habileté, je commence par piocher un *ban mian* aux multiples légumes recouverts d'émincés de porc ; j'attaque la savoureuse chair d'une perche enserrée dans un méli-mélo de quatre sauces différentes. Un croisillon de bambous enserre la tête du poisson. Entretemps une relation à notre hôte se lève et commence l'inévitable cérémonial des petits verres d'apéritif de riz alcoolisés. Un rituel que je redoute. Ponctué de séquences interminables de *canbé*[125], une torture raffinée, difficile à esquiver tant l'insistance du serveur est appuyée ; enfin, au moins pour les deux ou trois premiers tours de table. Désormais habitué à ce redoutable cérémonial, ma parade est rôdée : d'un air désolé, je montre l'emplacement de mon foie et Fen explique qu'une hépatite l'a jadis fragilisé (ce en quoi il dit vrai). Alors la bouteille encore penchée, le sourire du serveur vire à la moue plaintive, il accepte l'excuse et à contre cœur il passe mon tour. Devant son insistance, le repas de notre hôte se

---

[124] Merci.

[125] Santé !

poursuit avec des nouilles de sarrasin et des *liangpi*, puis une sorte de *jiao ze* que je n'ai encore jamais vue, des épinards aux cacahuètes, d'appétissants *bao ze* à la vapeur qui se trempe abondamment dans une épaisse sauce au soja. Sans oublier le classique *chao fan* (riz cantonais) que j'enfourne avidement de mes baguettes nerveuses, en imitant mes voisins de table. Les agapes se terminent, encouragées par les approbations répétitives et appuyées de notre hôte, avec une soupe *mian tao* pour une fois pas trop épicée, que chacun se verse dans son bol en porcelaine imitation Ming. Une si majestueuse prise de nourriture, consacrée par d'autres alcools plus ou moins liquoreux, poussent tout le monde vers la sieste ritualisée, qui en Chine, plus qu'une coutume, est un droit inscrit dans la Constitution remis au goût du jour par la Révolution culturelle. Avant de se quitter, notre hôte veut nous offrir un souvenir de sa région. Une fois retiré l'emballage kitsch du cadeau qui m'est destiné, je prends le délicat objet dans mes mains : c'est un joli bol laqué aux baguettes assorties. La laque… Un temps de rêverie, je revois les saigneurs et leurs membres enveloppés de chiffons. Epouvantails bien vivants accrochés à leur arbre nourricier. Ils ont regagné l'amont des gorges sauvages de Da Ban Ca. Et à l'écart du monde, dans la pénombre des sous bois de Niubeilang, ils ont repris leurs entailles des sumacs vernicifères, ainsi que leurs ancêtres l'ont toujours fait depuis deux mille cinq cent ans. Une congrégation d'hommes simples, dignes, généreux, serviables, que nous avions eu beaucoup de chance de croiser.

Cette nuit-là, la dernière que nous passions à Luo Huan Pin, je fis un cauchemar épouvantable (auquel la chute de Yu et d'un saigneur dans le torrent en furie n'était pas étrangère), comme si une autre réalité avait voulu s'insinuer par ce sinistre chemin pour se manifester : le dernier franchissement s'éternisait… Suspendu à la corde dans l'eau noire, alourdi par le poids de mon sac à dos gorgé d'eau et poussé latéralement par la force du courant, j'étouffais, j'étais prêt à tout lâcher… J'avais le plus grand mal à refaire surface pour venir prendre ma goulée d'air… La scène lancinante tournait en boucle dans ma tête. Dans le lit où je dormais, essayant plusieurs fois de me redresser, cette récurrence pesante m'avait à demi réveillé. Puis, replongeant dans le même rêve liquide, quelque chose heurtait mon sac à dos, sans doute un objet dérivant entre deux eaux. Je voulais l'attraper mais la chose sphérique molle et cabossée résistait… Je l'agrippai et la tirai vers moi pour la ramener à l'air… voyant alors avec effroi que ma main tenait par ses cheveux une tête humaine verdâtre, boursouflée, contusionnée, aux yeux fixes et vitreux… la tête de Yu !

Pamirs oubliés

Ça n'avait pas été sans mal, mais à force de pugnacité j'avais fini par obtenir ce que je voulais : la responsable administrative du projet à Bruxelles me donnait son feu vert pour organiser cette exploration dans le Pamir tadjik. Elle s'était rangée de mon côté, convaincue elle aussi qu'on ne jette pas les bases d'un parc transfrontalier aussi vaste que celui qui était en gestation (la bagatelle d'un million d'hectares à cheval sur deux pays : Kirgyzstan et Tadjikistan) sans en explorer les parties centrales. Car, en toute logique, ce sont les plus riches en faune. Du coup, elle réfutait le fallacieux prétexte de l'isolement, de la difficulté d'accès et du soi-disant coût excessif.

Ce prétexte, c'était le directeur de l'administration régionale du projet, un expatrié allemand chaudement basé dans son confortable bureau de Bichkek, qui l'avait dressé en face de ma demande. Bien qu'il représentait localement une importante association de protection de la nature de son pays, j'avais compris qu'il portait peu d'intérêt aux longues et inconfortables explorations de terrain, et surtout que l'imprévisible et politiquement instable Tadjikistan l'inquiétait. Mais l'imprévisibilité, l'instabilité, et leur corollaire l'insécurité, n'étaient-ils pas le lot de toute l'Asie centrale (duquel il fallait reconnaître que le Kirghizstan semblait le moins atteint) ? C'est pourquoi, depuis le démarrage du projet PATCA[126], le directeur y envoyait les experts se disperser et se consumer (le budget avec eux) en vaines conférences ou en missions sans grand intérêt. Mais dans les termes de référence il n'y avait aucune ambiguïté : les activités devaient être réparties à parts égales entre les deux pays. Et Emomali Rahmon, dictateur omnipotent, vissé à son fauteuil de Président de la République du Tadjikistan depuis la chute de l'empire soviétique, n'était quand même pas Caligula ou Néron !

Bref, je crois que je ne serais pas arrivé à bout de l'inertie pesante et de la résistance passive de l'Allemand, sans le soutien compréhensif du bureau d'études belge qui m'employait.

Sans lien avec cette difficulté, j'avoue que la logistique de cette prospection arrachée au forceps avait été compliquée à mettre en place. Et il eût suffi que pour une raison X ou Y une seule parmi les trois équipes de terrain concernées déclarât forfait ou ne fût pas au rendez-vous pour que

---

[126] *Pamir Alai Transboundary Conservation Area.*

l'ensemble de la mission aille à vau-l'eau. Nous devions, à pied et à cheval, atteindre le cœur de la future aire protégée. Un « cœur » enclavé dans une démesure de montagnes gigantesques et de vallées profondes enchevêtrées en tous sens. Un monde à l'échelle des Himalayas, relief hostile à toute géométrie, torturé par l'inquisition des hasards tectoniques, que torrents et glaciers érodaient de toute part.

Le Tadjikistan est l'un des pays les plus montagneux au monde. Un simple coup d'œil à la carte suffit à s'en convaincre : dans un ton bistre, les rides du relief qui s'entremêlent dans tous les sens, comme sur un puzzle, font penser à la peau parcheminée d'un vénérable chef sioux. C'est sur le plateau central du Pamir oriental que les rides sont les plus profondes. Elles forment un entrelacs de vallées glaciaires enserrées par des chaines de montagnes dont les sommets dépassent souvent six mille mètres, quelques pics émergeant à plus de sept mille. Un monde isolé, oublié, une forteresse naturelle. De hauts cols rendus souvent inaccessibles par de puissants névés qui perdurent jusqu'en été et la barrent de tous côtés ; grandioses bouchons de glace et de neige qu'on croirait placés intentionnellement par un démiurge.

C'était là que qu'il était essentiel d'aller. C'était là que je rêvais d'aller.

L'année précédente, Nasridin avait circonscrit sur la carte, à grands coups de stabilo, la zone qu'il jugeait être la plus intéressante : aux confins des profondes vallées de Belandkik, Zulumart, Kokulbel, Jalaikum, Kara-Jilga. Des noms aux sonorités puissantes qui excitaient mon imagination, des lieux où, selon lui, nous ferions nos plus belles rencontres animales. La fenêtre climatique était étroite : pour réduire l'aléa nous avions cerné la meilleure période de l'année : juillet. Plus tôt, la région pouvait encore être bloquée par la neige ; plus tard, on prenait le risque qu'un froid précoce survint avec ses premières chutes de neige (parfois dès la mi-août). Je n'avais pas droit à l'erreur. La collecte de données se ferait durant cette mission ou jamais. Je pressentais qu'on ne me donnerait pas une deuxième chance. Il n'y aurait pas la possibilité administrative ou budgétaire de reporter cette prospection.

Le rendez-vous était convenu de longue date à l'auberge de Sary Tash, un petit village de la vallée de l'Alaï, à l'extrême sud du Kirghizstan. J'étais arrivé la veille, déposé par un véhicule du projet depuis Bishkek. J'y attendais, perplexe, mes deux collègues tadjiks. Du plus loin que portait mon regard, la nouvelle route asphaltée s'obstinait à demeurer déserte. Vaine construction humaine posée sur le fond de l'immense vallée intemporelle, dérisoire et fragile témoignage du passage des hommes sur cette planète…
Ma facilité naturelle à tomber dans l'inquiétude aurait pu battre en brèche mes raisons d'espérer si

j'avais ignoré les difficultés de se déplacer en Asie centrale. De Douchanbé, d'où ils venaient, le trajet de 500 km ne se réglait pas comme une simple formalité et ne s'avalait pas en moins de deux jours. Nous étions en été, pourtant les raisons d'un retard ne manquaient pas : route coupée, problème mécanique ou désagréments administratifs à la frontière entre les deux pays. En hiver, ce voyage aurait relevé de l'épopée.

J'avais placé tous mes espoirs dans les prochains jours, espérant qu'ils apporteraient les informations décisives qui jusque-là faisaient cruellement défaut au projet.

Le mot *projet* révulse l'échine de certains qui voient dans son concept une lourde machine aux résultats improbables, voire une subordination exercée par l'Occident sur des pays fragiles. Personnellement, j'ai travaillé sur de multiples projets de conservation et de développement, sans avoir eu cette impression d'asservir les peuples ou de les assujettir aux puissances financières. Si je n'avais pas cru au bienfondé de leurs objectifs (sauf une fois en Bosnie-Herzégovine), je ne crois pas que j'y aurais adhérés. Lorsqu'un projet s'inscrit dans la durée et intègre une forte composante éducative, il accroit ses chances de réussite. Bien sûr, rien n'égale l'initiative des acteurs locaux (j'admire l'efficacité de certains microprojets), mais seuls des programmes à l'envergure suffisante comme celui-ci peuvent, sinon garantir efficacement la conservation des biodiversités régionales et rassembler plusieurs pays dans la même cause, du moins en préparer le cadre. S'il faut reconnaître à l'Europe un domaine dans lequel elle a plutôt bien réussi sa mission, à l'intérieur de ses frontières et au-dehors, c'est sans conteste celui de l'environnement, grâce à des Directives coercitives (habitats, oiseaux, eau), à des classements de site (*Natura 2000*) et à d'autres instruments (*Life*) mis en œuvre en particulier au niveau de « projets ». En Europe, et en vertu du principe de subsidiarité, chaque pays de l'union européenne a pu ainsi relever son propre niveau de protection. De nombreux pays du monde ont pareillement bénéficié de son aide. PATCA en était une illustration.

Avec le temps que je voyais s'user à l'horizon de cette route, mon espoir s'effilochait. Je trompais mon attente en regardant, par-delà l'ample vallée, le paysage apaisant des hauts sommets enneigés de la chaine de l'Alaï. Du haut de ses 7134 m, le Pic Lénine régnait en maître absolu. Un géant massif momifié dans sa gangue de neige, défiant le bleu du ciel, même si la vallée de l'Alaï, déjà perchée à 4000 m, en relativisait l'altitude. Coulant en son milieu, la Kyzylsu[127], ou « rivière rouge », déroulait devant moi ses méandres à l'infini. Avec nonchalance. On aurait dit qu'elle retardait le plus

---

[127] Affluent du Syr-Daria.

possible sa descente vers les basse terres, comme si, mélangée aux eaux de l'Amou-Daria, elle avait connu par avance le sort peu reluisant qui l'y attendait : se fracasser dans les turbines de barrages géants, se dissiper dans les canaux d'irrigation des immenses champs de coton ouzbeks et sacrifier sa pureté au lessivage de leurs sols pollués, se perdre dans les déserts brûlants d'Asie centrale, pour se jeter en bout de course, épuisée et rapetissée à un filet d'eau, dans la fantomatique mer d'Aral.

Ici au moins, sous le froid regard des glaciers, elle conservait sa superbe et sa virginité.

J'avais pensé compléter mes vivres dans la petite épicerie locale. Mais je me faisais des illusions en pensant qu'elle serait mieux approvisionnée qu'un commerce soviétique durant la guerre froide ! De retour à l'auberge, ma perplexité finit par laisser la place à une douce torpeur… Et dans mon demi-sommeil, je revis les images fortes de l'*ulak tartysh* auquel j'avais assisté la veille à Sary Mogol, le village voisin situé quelques kilomètres à l'aval. Jeu spectaculaire et violent, très populaire chez les nomades kirghizes, ses règles ressemblent à celles du *bouzkachi* afghan que Kessel décrit avec brio dans ses *Cavaliers*[128]. Deux équipes à cheval se disputent la lourde carcasse d'une chèvre. Tous les coups (de cravache) sont permis pour arracher le trophée et l'amener jusqu'à la frontière de son camp. Dès lors que le signal du départ est donné, la

---

[128] J. Kessel. *Les Cavaliers*. Gallimard, 1967.

plaine s'emplit vite de cavalcades frénétiques, d'enchevêtrements de croupes et de poitrails, de nuages de poussière arrachés au lœss de la plaine par les sabots des montures nerveuses... Subitement, la carcasse émerge de la mêlée des chevaux et des hommes, comme un pantin propulsé par un ressort... empoignée par un cavalier plus habile et plus puissant que les autres, parvenu à se dégager. Dans un dernier galop, il fonce vers la victoire... Nul doute que ces cavaliers des steppes sont les dignes héritiers de leurs ancêtres mongols.

Ma vision s'éteignit d'un coup à l'immense soulagement qui m'envahit en voyant apparaître au seuil de l'auberge les visages souriants de Nurali et de Shoh. Nurali était le fonctionnaire du service des parcs détaché par son gouvernement pour le projet, et Shoh, l'interprète. Etrangeté des origines des races et des peuples ! Tandis que les Tadjiks ont des airs d'Européens, les Kirghizes (pourtant si proches géographiquement) ressemblent à des *Dersou Ouzala,* version Kurosawa : même physionomie trapue, mêmes visages ronds aux joues rebondies, rosies par le grand air des steppes d'altitude.

Leur voyage depuis la capitale tadjik s'était déroulé sans accrocs. Les deux hommes étaient presque de vieilles connaissances. On s'était rencontré dans plusieurs réunions du projet et au printemps de l'année précédente on avait effectué tous les trois une mission exploratoire sur les hauts plateaux du

Gorno-Badakshan, entre Murghab et Khorog. Une mise en bouche… Cette fois-ci, l'enjeu était d'une autre taille.

Un frémissement de plaisir me parcourt à l'idée de ce que nous allions trouver dans ces vallées...
Durant les semaines précédentes, en France, je n'avais cessé d'y penser. L'aventure, l'inattendu, me chevillait au corps. Le sens que je voulais donner à ma vie, je le trouvais là, dans ces contrées sauvages nulle part mieux représentées que dans les aires protégées de la planète. Désormais elles étaient pléthore. Et il y avait encore de la place pour en créer de nouvelles. L'écologie m'en ouvrait les portes. Jamais mon bonheur ne fut aussi complet que lorsque je me retrouvais plongé dans ces régions inhabitées et mal connues, ces refuges de biodiversité *à l'écart*, où je ressentais l'émotion indescriptible de vivre un présent ténu et immobile, pris entre les mâchoires de ces deux immensités : l'avant et l'après soi.
J'avais fait un choix : celui d'aller user mes guêtres dans ces territoires reculés, pendant que d'autres, douillettement ancré à leur poste, montaient sagement les échelons de la hiérarchie administrative vers les grades d'ingénieur général ou de directeur. Il y a bien des années, j'étais entré aux « eaux et forêts » par la petite porte, celle qui n'ouvrait pas sur la fonction publique. Dans laquelle, je l'ai déjà dit, je ne crois pas que j'aurais pu m'épanouir, n'ayant pas cette disposition

d'esprit qui rend toute une carrière tranquillement planifiée au sein de l'Etat.

« *L'aventure c'est la poésie de l'action* » disait Frison-Roche. Ou le sel. J'ai aimé l'aventure parce qu'elle est un moyen efficace d'agrémenter et d'intensifier la vie, d'échapper au formatage de la société, à ce processus de normalisation sans précédent dans l'histoire qui, en supprimant risques et souffrances, nous entraine vers une sécurisation et un confort maximal, vers une parodie de bonheur et une illusion d'abondance. Préparer l'homme à vivre de cette façon, c'est lui ôter peu à peu son endurance vis-à-vis du réel et ses capacités à affronter les pénuries, les bouleversements, voire l'effondrement. Imprévue, incontrôlée, le temps de la vivre l'aventure sauve l'homme de la dictature de son destin. Mais l'aventure vraie ne va pas sans risque, sans un certain dépassement de soi dont il est impossible d'exclure la mort. Et plus elle est risquée, plus la mort s'en rapproche. La mort que notre société s'ingénie à ranger au sous-sol des dénis. Oubliée la citation d'Hölderlin : « *Là où croît le danger croît aussi ce qui sauve !* », oubliée aussi l'étonnante recommandation faite à Angelo, le hussard, dans la lettre qu'il reçoit de sa mère : « *Mon bel enfant, as-tu trouvé des chimères ? On m'a dit que tu étais imprudent. Cela m'a rassurée. Sois toujours très imprudent mon petit, c'est la seule façon d'avoir un peu de plaisir à vivre dans notre époque de manufactures.*[129] », dans l'éducation surprotectrice et hyperbranchée que l'on donne aux jeunes générations. Comme si à travers elle on voulait détruire à tout jamais la dimension mortelle de notre condition humaine. A quoi serviront donc nos cinq sens si la vie ne les guide pas vers la jouissance ? Projet éducatif absurde ! En stérilisant ce goût pour l'aventure, inné chez de nombreux enfants, on badigeonne leur avenir de fadeur, tuant en eux les germes de la fulgurance. Comme de stimuler leur imagination dans une réalité autre, tels ces « pokémons » virtuels dont la recherche vidéoludique dans la nature les détourne d'une *vraie* sitelle torchepot ou d'une ophrys abeille. Pauvres hommes du futur, condamnés à gérer les affaires courantes de vies mutilées, hommes trop faibles pour monter sur la vague d'un grand moment passager. Hommes malgré tout plus chanceux que ceux chez qui l'éducation a tué les penchants naturels pour le dépassement, en même temps que les rites initiatiques ; tant préservés des coups qu'ils ne peuvent plus franchir le cap de la première blessure. Et que penser de ceux dont l'environnement a muselé cette liberté, les poussant à vivre des aventures d'une autre nature, autrement plus dangereuses, dans les paradis artificiels ? Oter l'espérance à la vie, lui faire perdre son sens, détourner l'homme du monde vécu, l'arracher à la

---

[129] Jean Giono : *Le hussard sur le toit.*

nature, c'est le lobotomiser, tuer en lui les embryons de ses créations futures

Pamir central

J'aurais juré l'avoir quitté la veille ! Même veste militaire de camouflage, le visage brûlé et creusé par le soleil d'altitude, c'est bien lui que je vois s'avancer à l'approche de notre véhicule. Il n'est pas venu seul. Nasridin est accompagné d'Ali, son palefrenier. A proximité, cinq chevaux pâturent l'herbe grasse des bords d'un ruisseau. Ils seront nos montures et porteront aussi nos sacs. D'un coup, la boule nichée au creux de mon estomac depuis le départ, disparait : notre guide est bien là, température et ensoleillement sont idéals, je ne vois plus rien pour entraver le bon déroulement de la mission.

Les chevaux partagent le pâturage avec une dizaine de yaks qui, me dit-on, ont passé l'hiver ici et ne vont pas tarder à remonter vers le nord pour estiver dans la vallée de Belandkik. Cette même vallée que nous allons rejoindre par la passe de Taktakorum, l'une des plus hautes de la région, perchée à 4555m d'altitude, mais la moins difficile à franchir. Ces yaks, qu'on croirait revenus à la vie sauvage dans cette région vide d'hommes, sont en fait la propriété d'un habitant de Pasor, village de la haute vallée du Bartang à une journée de cheval à l'ouest.

C'est là que nous nous rendrons avec l'UAZ[130] du projet, au retour de notre prospection qui doit durer une semaine.

Nasridin et Ali ont chevauché six jours pour venir à ce rendez-vous. Partis de Jigartal, petite ville au nord-ouest du Tadjikistan, ils ont suivi la vallée de la Muksu, contourné le gigantesque glacier Fedchenko par le nord, puis se sont engagés dans celle de Belandkik, ont enfin franchi la passe du Taktakorum jusqu'au point de rencontre. Six jours de cheval, dont quatre depuis le dernier village, tout au long de ces hautes vallées sans croiser âme qui vive. Pour eux, cette mission représentera au total un raid équestre de trois semaines. Je brûle d'interroger Nasridin sur ce qu'il a vu en venant. Mais ce n'est pas le moment, il sera bien temps d'en parler plus tard. Les deux hommes nous invitent chaleureusement à partager le *lagman*[131] et le *kymys*[132] qu'ils ont préparés sur un petit feu. Puis, nos ballots solidement arrimés dans de grandes poches en cuir flanquées de part et d'autre des selles des chevaux, nous commençons l'ascension.

Tout comme la perspective enivrante des journées qui m'attendent derrière le haut col, l'espace et le grand air illimités m'étourdissent et vivifient mon

---

[130] Véhicule 4x4 très robuste, de fabrication russe.

[131] Pâtes traditionnelles trempées dans un bouillon de mouton.

[132] Lait de jument ou de femelle yak, fermenté.

travail d'observation.

La côte devient abrupte ; il faut descendre de cheval, marcher en tenant les bêtes par la bride. Ces quelques jours d'acclimatation à l'altitude du plateau (4000 m) auront été bénéfiques pour que j'encaisse sans heurts les dernières pentes accédant au col. Le sentier louvoie en contournant de petits lacs glaciaires (et encore glacés) d'un bleu profond, où se reflètent les hautes cimes enneigées. Les glaciers environnants glissent insensiblement vers la passe, depuis les sommets qui nous enserrent. Ici, le sol est jonché d'un amas désordonné de fines plaques de schiste brisées, comme si une pluie de pierres avait impacté le plancher minéral et l'avait transformé en chaos… Mais il n'en est rien, ce sont les glaciers qui ont charrié ces roches, les ont pulvérisées, puis abandonnées en fondant. C'est un parcours de plusieurs kilomètres extrêmement éprouvant et dangereux pour les sabots et les pattes des chevaux. Faut-il y voir la menace d'un danger en nous enfonçant à partir du col sur ces terres isolées, enserrés dans ces vallées escarpées bordées de montagnes si colossales qu'elles échappent à la raison ? Comme des lanceurs d'alerte, les marmottes de l'Himalaya nous adressent des cris déchirants et des lièvres s'enfuient à notre passage alors que la nuit n'est pas encore là. Dans ce chaos minéral on ne peut plus incommodant aux pattes des mammifères, nous suivons précautionneusement le vague passage que les yaks persévérants et disciplinés ont réussi à se frayer au cours du temps.

A cette altitude, on dirait que la lumière gagne en intensité ce que l'air a perdu en densité. Les teintes sont sublimées dans la couleur des fleurs ; leurs formes soulignées rapprochent les objets et leur donnent une présence insistante. Depuis le matin, j'ai recueilli assez d'observations pour remplir un carnet de notes et pourtant la journée n'est pas terminée ! Le soleil trouve encore assez d'aplomb pour accompagner notre descente, de l'autre côté du col, dont j'aperçois tout au fond, enfoncée à la perpendiculaire, la majestueuse vallée de Belandkik, l'axe central de notre zone d'exploration.

Le fruit de mes efforts - une année de préparation - est à portée de sabot...

Soudain, en tête du groupe, le guide dirige notre attention vers une bande de mouflons de Marco Polo paissant tranquillement dans une estive du versant adret, de l'autre côté de la rivière Belandkik. Mon cœur bat si fort la chamade que j'ai du mal à mettre au point mes jumelles. C'est le plus grand mouflon du monde, mais là il s'agit de femelles et de jeunes. L'été est l'époque de la séparation sexuelle. Intarissable sur les mouflons, Nasridin précise que les mâles résidents stationnent à cette période de l'année à plus haute altitude ; les mouflons migrants, quant à eux, ont quitté la région depuis le printemps en formant des hardes qui suivent des itinéraires immémoriaux vers la

Chine à l'est ou les montagnes situées au sud. Commandées par la nature, ces migrations permettent le brassage génétique des sous-populations régionales… Tout irait pour le mieux dans le meilleur des mondes (ovin) s'il n'y avait l'homme et ses frontières conventionnelles ! De telles files d'animaux sont très vulnérables, surtout au niveau des cols, où les attendent les braconniers. Que reste-t-il des colonnes sans fin qui s'observaient autrefois ? Je songe à l'absurde double barrière militaire (construite par les chinois) que j'ai vue à Karakul. Elle jalonne la frontière sino-tadjik sur des centaines de kilomètres. Ne détourne-t-elle pas les mouflons vers des passages obligés ? Quel est l'impact des prélèvements que les militaires et les garde-frontières y font en toute impunité ? A moins que ce *no man's land*, large de trente kilomètres, entre Chine et Tadjikistan, agisse *de facto* comme un *bighorn sheep's land*, une réserve naturelle pâturée par les seuls herbivores sauvages. Cette zone étant strictement interdite d'accès, j'en suis réduit aux hypothèses[133]. J'éprouve une grande déception quand Nasridin nous apprend que les grands mâles, bêtes superbes de plus de six ans, aux énormes cornes spiralées comme des ammonites géantes (jusqu'à 180 cm de longueur !), ont peut-être migré, eux aussi. Ou bien suis-je naïf de le croire ? Comment savoir si la Société de chasse qui l'emploie ne prélève pas ces

---

[133] De nos jours, on pourrait envoyer un drone la survoler !

gros mâles au-delà du raisonnable ?

Le guide décide d'établir notre premier camp dans une cabane en pierre qu'il a naguère construite de ses mains pour les chasseurs. On y tiendra à peine à quatre. Un vague tuyau de cheminée s'échappe de l'un des murs. Dérisoire bicoque, plus petite qu'un abri de jardin, qui fait penser à la *« Ruée vers l'or »* de Chaplin. Plantée au creux d'une vallée en « U » parfaite, une vallée rabotée et polie par les glaciers nonchalants qui glissaient là en des temps reculés, au beau milieu de ces immensités himalayennes d'où se dressent des géants à l'assaut du ciel.
A l'intérieur, Nasridin se sert du petit foyer qu'il a bâti. Je me demande de quel bois il va nous chauffer ? Le bois est inexistant dans la vallée. Peut-être compte-t-il faire du feu avec des crottes sèches de mouflons ? C'est alors qu'il tire quelques brindilles de sa sacoche, pendant qu'Ali, lui, extrait de la sienne des bouses sèches de yak, seul combustible disponible à cette altitude. C'est assez pour entretenir le feu jusqu'au soir. La cabane est au bord d'un pré dont la verdure tranche avec l'aridité rocheuse des versants. De minces filets d'eau le parcourent. Et dans cet éden pour herbivores, les chevaux, allégés de leur harnachement et excités par les fraiches odeurs du soir, s'adonnent immédiatement aux plaisirs de la liberté.
La rivière Belandkik est un torrent impétueux. Elle se fraye un passage parmi les blocs de roche de

toute taille, dont je ne saurais dire s'ils ont dévalé les pentes avoisinantes ou s'ils ont été poussés par le puissant glacier originel. Durant deux jours, nous l'explorerons à cheval sur une trentaine de kilomètres, puis nous bifurquerons dans une autre vallée suspendue, encore plus haute qu'elle.

Y avait-il un nomade parmi mes ancêtres pour que j'aimasse à ce point l'itinérance de ces longues échappées sauvages, où le paysage se transformait sans cesse, où le bivouac migrait de place en place tous les soirs ? Je suis comme ces poissons de haute mer obligés d'avancer pour respirer. Si un jour mes jambes devaient ne plus jamais me porter… Comment réagirai-je ?
Nomade ! Je revois soudain cette mission au cœur du Sahara central, dans le Tassili des Ajjers… Après la visite des ensorcelantes figures préhistoriques des parois rocheuses, une rencontre avec les Touareg vivant du côté d'Essendilène m'avait laissé un goût amer : la volonté assimilatrice du Gouvernement algérien les avait sédentarisés, logés dans de sinistres lotissements nouvellement plantés au milieu du désert. Dans le but de faire entrer ces SDF du désert dans les statistiques et les fichiers de l'administration ; pour mieux les contrôler évidemment. Durant des siècles, les hommes bleus épris de liberté, navigateurs insoumis des océans de barkhanes et des grandes hamadas, ne s'étaient pliés qu'aux exigences pastorales de leurs dromadaires, aux

caprices des rares pluies, en bourlinguant de reg en erg et d'acheb en guelta. Voilà que désormais, par la volonté de la bureaucratie d'Alger, ils déambulaient sans but, dociles, dans les rues absurdes de ces centres de non sens copiés sur la ville, avec leurs rues alignées, leurs trottoirs déserts et leurs lampadaires au milieu de nulle part. Quelques hommes, parfois jeunes, étaient recroquevillés sur le seuil de leur petite maison cubique dont le toit en dur remplaçait le ciel. Enfouis sous leur djellaba en laine de dromadaire, ils prenaient le chaud soleil du matin. Je n'oublierai pas leur regard triste et songeur posé sur la falaise noire du Tassili voisin, au-delà de laquelle ils avaient abandonné leur gloire et leurs exploits passés, qu'aucun livre ne rapporterait jamais. J'avais suivi les nomades employés par le parc national du Tassili dans le plus grand musée préhistorique à ciel ouvert du monde. Ils m'avaient conduit sur le vaste plateau, se faufilant parmi les dédales des grands blocs de grès que les réseaux de failles avaient agencés à la perpendiculaire comme des quartiers urbains. Dans leurs pas, j'avais rejoint les « quartiers » les plus prestigieux de ces « villes » tassiliennes minérales : Tamrit, Séfar, Tan Zoumaïtak, Iheren, Tikoubaouine, et des dizaines d'autres… pour découvrir sous abri leurs « galeries d'art », aux peintures et gravures conservées presque en l'état depuis des milliers d'années. Les plus âgés de ces Touaregs avaient déjà guidé Henri

Lhotte[134], le premier archéologue à décrire scientifiquement les magnifiques œuvres pariétales des artistes du néolithique saharien et en avoir fait des calques.

Enclavée par des cols difficiles à franchir, éloignée des villages et des *jailoo,* on sent la grandiose vallée de Belandkik réticente à toute pénétration humaine. Nasridin est le seul qui, durant les mois d'hiver la parcourt avec la poignée de chasseurs étrangers qu'il guide.
Quel luxe de se déplacer au milieu de tant d'espace ! Pas un seul sentier, pas une seule trainée blanche d'avion dans le ciel… Vallée hors du temps ! Puisse-t-elle toujours rester en retrait du monde.
Le soir venu, les tétraogalles lancent leurs derniers cris perçants, que se renvoient les deux parois de la vallée dans cet endroit immuable, où le temps semble s'accumuler sans pouvoir s'échapper.
Au même moment, dans la minuscule cabane, la bouteille de vodka qu'a apportée Nasridin se vide peu à peu. La discussion des Tadjiks échaudés par le grand air et l'alcool s'anime à la lueur du petit feu de poêle. Leurs ombres tremblotent sur les rugueuses parois de pierre au rythme des flammes. Moment privilégié ! Des vérités sont dites que je n'aurais certes pas entendu en réunion officielle. Et

---

[134] *A la découverte des fresques du Tassili.* H. Lhotte, 1960 (Arthaud).

encore suis-je certain que Shoh ne me traduit pas tout. A cet instant, mon ignorance du russe ne me gêne pas, car tous s'expriment en tadjik[135]. Voici en gros ce qui se dit : la *Badakshan Hunting Company,* l'employeur russe de Nasridin, ne profite qu'à elle-même, et à quelques fonctionnaires haut placés de la capitale (des noms sont cités), sans l'intercession desquels son immense concession d'un demi-million d'hectares qui s'étend jusqu'aux rives du lac Karakul, ne serait pas renouvelée d'année en année depuis bientôt trente ans ! De fait, la manne échappe entièrement aux nomades : ni emplois ni nuitées sous yourtes des clients chasseurs (la compagnie a ses propres camps). Résultat : un peu partout la colère gronde ; il est de plus en plus fréquent que les bergers braconnent mouflons et bouquetins pour leur propre compte. Gaspillage d'une précieuse ressource naturelle.

Je jette un dernier regard dehors à la somptueuse voûte étoilée, découpée par les hauts sommets. Mine d'inspiration pour les hommes qui, fascinés par un tel spectacle, ont eu l'idée des mathématiques et de la géométrie en regardant les étoiles… et mystifiés, sans doute y ont-ils vu aussi leur destin ou l'image de leurs dieux.
Une telle profusion de nature rapetisse l'homme mais fait éclater le moule étroit de ses principes.

---

[135] Le tajik est une langue proche du persan.

L'aventure élargit son champ de liberté et embrase ses chimères. Avec elle, j'avance un peu plus vers moi-même pour mieux me connaître, vers celui que j'avais aspiré d'être. L'écologie a donné du sens à ma vie et m'a permis de boire à la source de l'aventure. *« Personne n'a la responsabilité de tout faire, mais chacun doit accomplir quelque chose »*, disait Thoreau[136] (repris par P. Rahbi sous la forme allégorique du colibri). Loin de moi la prétention d'avoir fait bouger le cours des choses : la biodiversité s'érode à un rythme effréné depuis des décennies par la seule faute de l'homme ! Il l'enferme dans des aires protégées généralement trop petites ou trop peu nombreuses (parfois mal gérées ou mal surveillées) pour que sa conservation et les processus évolutifs y soient assurés. Et au-dehors, l'approche utilitaire de la biodiversité (la nature pourvoyeuse aux besoins essentiels des hommes) n'est que rarement mise en œuvre. Double échec : nos modèles sociétaux actuels de croissance effrénée restent aux antipodes à la fois des principes écocentristes de l'écologie profonde[137] et du développement durable[138].

---

[136] *La Désobéissance civile*. H.D. Thoreau, 1862.

[137] Prônant que l'homme quitte le centre de la biosphère pour n'en être plus qu'une composante et qui reconnait à la biodiversité une valeur intrinsèque.

[138] Un modèle de développement en forme de compromis : qui satisfait à court terme aux besoins (raisonnés) de l'homme tout en préservant la capacité des écosystèmes à répondre à ceux des générations futures.

A se demander quelle obsession maladive, quelle force démoniaque, a pu pousser l'homme vers tant d'excès maléfiques envers la nature, sa matrice originelle ? Croire que le progrès consistait à s'en distancier, à couper nos liens avec elle, quelle dramatique prétention ! Alors que son esprit se perfectionnait sans cesse, que ses connaissances s'enrichissaient en suivant une trajectoire fulgurante, comment comprendre ce sacrifice, sur des autels illusoires, de tant de trésors irremplaçables de l'évolution. Tant d'espèces immolées ! Je n'arrive plus à être optimiste. Nous avons franchi le seuil de la 6ième extinction et avec elle a commencé un Anthropocène[139] dont on se serait volontiers passé (verra-t-on un *Biocène* lui succéder un jour ?). Vers quel abîme nous conduira-t-elle ? Est-ce là le sens caché voulu par l'évolution ? Se débarrasser définitivement d'un être qu'elle avait conçu par erreur ? Comme un organisme fiévreux cherchant à se débarrasser du corps étranger qui le rend malade !

A quoi bon se tourmenter, je ne trouverai pas la réponse. Mieux vaut penser à autre chose en cette nuit sublime.

Je rentre me momifier dans mon sac de couchage et songe à ce que vient de me dire mon interprète. Les

---

[139] Terme popularisé à la fin du XX° siècle. Cette nouvelle ère géologique caractérisée par la prépondérance des activités humaines a été officialisé par un groupe d'experts en 2016.

choses ne sont certainement pas aussi simples :
sans la présence de cette compagnie et de ses
gardes privés, verrait-on encore autant d'animaux
sauvages dans ces vallées ? L'administration tadjik,
faible et dépourvue de moyens, n'a pas la capacité
de les gérer en bon père de famille.

J'ai eu mon soûl de cette journée démesurément
longue. Un dernier clin d'œil au petit théâtre
d'ombres sur les murs. Les paroles des hommes,
telle une douce musique, finissent par m'engourdir
l'esprit… Au chaud, dans le ventre des Pamirs, je
suis fin prêt pour la traversée de la nuit... et sans
même m'en rendre compte, je sombre dans le
sommeil...

Frontières du rêve… les deux silhouettes, furtives,
en combinaison blanche, avancent souplement sur
le manteau blanc immaculé qui recouvre tout. –
25°C. L'écho est impuissant à renvoyer le
craquement sourd de la neige qui se tasse sous
leurs raquettes… Soudain, le premier homme tend
le bras pour montrer un point, là-bas, droit
devant… Se tapir doucement derrière un
monticule, pour voir sans être vus. La carabine à
lunette tranche sur le blanc général. Plus rien ne
bouge. Long silence épais… l'effroyable
détonation n'en finit pas de se répercuter de cime
en cime, ébranlant le silence sacré des lieux... Loin
devant le chasseur et son guide, la tache rouge et
tiède troue lentement la neige. Un dernier
soubresaut terrible et le grand mâle Marco Polo se
laisse emporter par la mort…

La clarté du matin perce déjà au travers la porte rudimentaire de la cahute. La clarté d'un air pur et froid. Nous plions nos sacs et harnachons les chevaux. Le soleil qui éclaire déjà les sommets enneigés n'a pas encore basculé sa lumière dorée vers le fond de la vallée qui reste dans une ombre froide. Je regarde les hauts pics blancs qui vibrent dans le ciel d'un bleu profond et le vol bruyant de craves dérangés par un gypaète indifférent. Hardes de mouflons pâturant les taches vertes de la vallée. Par réflexe, au passage nous dénombrons chacune d'elle à la jumelle. Rien que des femelles et des immatures, que ces herbages en apparence insignifiants vont transformer en quelques années en solides et puissants ovidés sauvages, les plus grands du monde.

La traversée de la tumultueuse rivière Belandkik se fait à cheval au niveau d'un gué, dans le sillage de Nasridin. La vallée est innervée par d'autres vallées plus petites venant d'altitudes supérieures. Aujourd'hui, le guide souhaite nous amener dans l'une d'elles. Les chevaux resteront sous la garde d'Ali près d'une cascade figée de tuf formant de splendides vasques d'eau turquoise. Montagnard aguerri, Nasridin grimpe la pente à vive allure… Seul, Shoh est capable de le suivre ; Nurali et moi sommes distancés. Soudain, quatre cents mètres de dénivelé plus haut, il s'immobilise derrière un gros rocher, nous faisant signe de l'imiter. Il tire ses jumelles, fixe un point, tend son doigt… J'attends que mon cœur se calme, pour stabiliser au centre des cercles de mes 10x25 les cinq mâles Marco Polo disséminés sur un *jailoo*. Ils ruminent paisiblement à l'ombre d'un cirque rocheux. Accroupis, ils ont la pose hiératique des sphinx de pierre de Karnak. Agés de trois ou quatre ans, leurs cornes sont déjà bien spiralées. Dans quelques années, ils deviendront ces gros mâles imposants, aux cornes encore plus majestueuses, dont (pour le moment) seuls *profitent* les riches chasseurs de trophées. De ces grands mâles, Nasridin espérait nous en faire voir. Hélas, ce sera pour une autre fois, tous semblent être partis en migration.

Plus haut encore, au-dessus de nous, très loin, c'est un loup, ou plutôt une louve qui chasse pour nourrir ses petits cachés quelque part dans l'une des multiples fêlures de la montagne. Chargeant sa carabine, Nasridin tente de s'approcher. Il ne servirait à rien que j'intervienne pour l'en empêcher. Il est sur son territoire de chasse, et d'ailleurs (Shoh et Nurali m'en informent), ici c'est une coutume ancestrale : le loup est fatalement un ennemi à abattre. Heureusement, la bête a plus d'un tour dans son sac : elle a flairé les hommes et tel un fantôme s'est fondu parmi les rochers. Soulagement. Le rôle des prédateurs, voilà un thème de discussion qui tombe à pic pour la soirée.

Dans un registre aigu, un tétraogalle de l'Himalaya crie son désaccord ou sa surprise. En cherchant à le repérer parmi les éboulis, nous dérangeons un troupeau de bouquetins de l'Himalaya qui s'enfuie à notre approche. Nasridin accélère l'allure pour tenter de mieux les voir derrière une crête, mais mon cœur bat très fort et mon souffle devient court. Je m'arrête pour reprendre haleine. Au *respiromètre* empirique, nous devons frôler les 4500 m. Mon corps n'a pas encore pris le tempo de cette altitude. A la vue des bouquetins bondissant puis escaladant de vertigineux escarpements j'en oublie mes vicissitudes physiques. Chez les bouquetins, les mâles ne migrent pas comme chez les mouflons. C'est une harde d'une trentaine d'individus, bien équilibrée du point de vue des sexes et des âges, avec plusieurs gros mâles aux cornes démesurées. Ce tableau me rassure un peu. Les bouquetins aussi sont chassés. Si Nasridin respecte l'équilibre des sexes et des âges chez eux, pourquoi ne ferait-il pas de même avec les mouflons ?

Je n'ai pas le loisir de poursuivre ma réflexion : une soudaine crise de tachycardie me cloue sur place. Pas d'autre issue que de s'asseoir et attendre le retour à la normale des battements de cœur. Je suis bien gêné de retarder mes collègues. Ce n'est pas la première fois, mais cette crise-ci se prolonge. Oxygène raréfié ou peut-être la peur que ça ne finisse pas. Je teste discrètement plusieurs méthodes de régulation : massage, pression sur la carotide, blocage de respiration... mais rien ne stoppe l'emballement du cœur qui joue des percussions dans ma poitrine sur un rythme de « musique techno » dont je me passerais bien... Je pense à la mort. Rien de plus facile pour elle que de me prendre, là, maintenant, sans tambours ni trompettes. En portant vite son estocade. Jusque là, (c'est un ressenti personnel) partout où l'espace et la découverte ne manquaient pas à la vie la faucheuse se faisait discrète. Vivre occupait toute la place. Mais je fixe mes membres inférieurs devenus inutiles en ce moment crucial, en pleine montagne… mes outils de travail les plus précieux. Nécessaires, indispensables, je songe à la distance qu'ils m'ont fait parcourir en quarante ans de voyages et d'exploration. Incapable de donner une fourchette, même grossière, je suis pourtant certain que le chiffre est faramineux, pareil à tous les métiers marcheurs. Admirables outils d'os et de chair, ils m'ont porté sans jamais trahir, ni se dérober, du moins à la sauvette, sans me prévenir. C'est vrai qu'à trop pousser la machine, elle surchauffe, et les occasions ne furent pas rares quand, outrepassant le domaine du raisonnable, je m'étais arrêté, épuisé, sur le bord du chemin. Une fois reposées, mes jambes étaient presque toujours reparties, sans doute stimulées par la curiosité d'emprunter des itinéraires qui n'étaient pas toujours des chemins tracés. Privilège des grands domaines naturels préservés : nulle route goudronnée pour venir y mutiler le paysage (sauf à s'y lover humblement), nul besoin sur la carte de trier à la loupe (en Europe) de sauvages *chemins noirs*[140] parmi la toile d'araignée des voies de communication. Ici, c'était tout le contraire : par où passer lorsque de fastueuses étendues prêtes à exhiber leurs charmes et à livrer leurs secrets recouvraient tous les horizons ?

La marche porte l'écologue. Outre qu'elle l'introduit dans tous les recoins de son champ d'étude, son rythme s'accorde avec souplesse et précision à l'observation attentive et détaillée des milieux naturels. Au travers d'une sorte de mécanisme mystérieux, elle enclenche aussi les rouages de la pensée et huile ceux du raisonnement. Chez certains elle incite à la rêverie, stimule la méditation, chez d'autres elle rend capable de réquisitionner la mémoire jusqu'au bout des ongles. Ce qui m'excitait dans la marche c'était de retrouver l'essence de la vie nomade que menaient nos lointains ancêtres chasseurs et cueilleurs. Car chaque pas qui déroule le paysage ouvre une trajectoire dans l'avenir, déplace dans l'imprévisible et... rallume d'éphémères éclairs, comme des fragments de réminiscences inscrits au plus profond de nos gênes.

Au cours des millénaires, l'homme est passé de l'état de chasseur-cueilleur nomade à celui d'agriculteur sédentaire. Dans le cours des civilisations l'inverse fut rare, sauf quand des tribus, voire des peuples, n'ont pas voulu subir le colonialisme, l'impérialisme ou le totalitarisme. Ce

---

[140] Léon Bloy : *Le désespéré.*(1887).

fut par exemple le cas des Boers d'Afrique du Sud fuyant vers le nord, l'intérieur sauvage des terres, pour échapper au joug des colons britanniques. Au niveau d'aliénation auquel sont parvenues aujourd'hui nos sociétés modernes hyper complexifiées, de tels processus au rebours de l'histoire ne m'étonneraient pas.

Chacun de ces épisodes cardiaques m'entraîne au tréfonds de moi-même, où je côtoie un maelström de choses négatives, de sentiments obscurs, d'impressions mortifères. Dans un boyau rouge, je vois mon cœur se déformer dans tous les sens, il se fend, laisse le sang gicler à chaque compression. Puis, la tachycardie s'arrête aussi subitement qu'elle est apparue. Mon cœur reprend le rythme lent que je lui connais depuis toujours. Si lent, que la main sur la poitrine je ne perçois plus rien. Toujours est-il que d'un coup j'ai la sensation de flotter à nouveau à la surface de la vie où tous les possibles me tendent la main.

Soudain, Nasridin parti explorer les environs crée une énorme surprise : dans la boue d'un ruisseau il a repéré la trace fraîche d'un léopard des neiges. C'est le premier indice de présence de cet animal charismatique. Cette découverte a l'effet imprévu de calmer mon cœur. J'appose mon crayon tout à côté de l'empreinte pour en comparer la dimension sur la photographie. Elle ne peut se confondre avec nulle autre. J'imagine le félin dans l'aube glaciale, souple et puissant, se déplaçant à pas feutré, s'arrêtant souvent pour observer avec précaution chaque détail de son environnement. L'once, prédateur magnifique et majestueux, face ronde aux yeux perçants et aux oreilles courtes, larges pattes, longue queue, épaisse fourrure dans les tons gris clair, constellée de taches sombres. Un camouflage parfait. Nurali l'a déjà aperçu : un individu qui s'enfuyait dans le couloir de neige d'un grand pic, vers 6000 m. C'était en été il y a quelques années en arrière, lors d'un survol effectué dans un hélicoptère de l'armée au-dessus des Pamirs. Il est très rare de rencontrer le léopard des neiges. On sait très peu de choses de sa biologie et de son mode de vie. L'animal est si solitaire et discret qu'il en devient mythique. Dans ces montagnes sauvages, sa population est totalement inconnue. Même Nasridin ne se risquerait pas à une estimation.

Dans la descente, Shoh ramasse un superbe trophée de bouquetin. Il le photographie, sans l'emporter. Depuis ce lointain passé quand l'Inspecteur des Chasses du Nord-Cameroun avait fait main basse sur les trophées que j'avais entreposés dans mon campement de brousse[141], ma répulsion envers toute collection basée sur des dépouilles de vivant s'est renforcée. J'ai fini par me persuader de n'y voir que crédulité, orgueil, ou pire, de la vénalité. Des objets tout au plus décoratifs ou capteurs de souvenir, parfois de commerce. Ni rituel initiatique

---

[141] Voir : *La déferlante grise.*

ni appropriation quelconque de l'esprit de l'animal comme chez les peuplades primitives. Et au-delà du symbole macabre de possession, celui de la disparition silencieuse des animaux de cette Terre. Un affront à la vie.

L'effondrement de l'humanité n'est peut-être pas encore arrivé, mais que dire du reste du vivant ? Les données scientifiques sont irréfutables : invertébrés, poissons, oiseaux, mammifères... affrontent des périls inédits depuis l'extinction des dinosaures, dont l'homme est la seule cause, directe ou indirecte. A un rythme jamais égalé des espèces animales et végétales disparaissent, tous les jours, en silence et dans la plus grande discrétion... Allons-nous continuer longtemps à observer de l'extérieur l'anéantissement de pans entiers de notre biosphère et à en perturber radicalement les paramètres biophysiques ? Quand, dans un élan mondial et biosphérique, allons-nous enfin nous mettre à la place des victimes, changer le sens de notre morale, la rendre centrifuge ? Nous avons tout le savoir, mais les ressentis font cruellement défaut. Ils sont nécessaires pourtant, pour mettre en œuvre un plan d'action altruiste transpécifique totalement innovant, au terme duquel l'homme laisserait définitivement sa place au centre de la biosphère, sans pour cela s'empêcher d'exercer son écrasante responsabilité de remise en état et de réparation des écosystèmes qu'il a endommagés ou détruit. Plus il tardera à la faire, plus les populations humaines en constante augmentation (au moins jusqu'en 2100), les changements et les dérèglements de la biosphère et de l'atmosphère induits par le système productionniste, rendront ces objectifs difficiles à atteindre.

De retour dans la vallée principale, Ali avertit Nasridin que l'un des chevaux a perdu un fer. Un incident banal pour ces deux hommes qui dans leur sac transportent l'outillage d'un maréchal-ferrant.
Deux jours sont nécessaires pour explorer la vallée de Zulumart. Elle aussi se greffe à Belandkik. Nous la remontons presque jusqu'à la passe éponyme qui la délimite à 4900 m d'altitude. Je me sens mieux. Pas d'autre crise. Ma respiration a gagné en fluidité. J'absorbe les dénivelés avec plus de facilité. Dans les jumelles, un énorme névé de plusieurs mètres d'épaisseur semble, là aussi, bloquer l'accès au col. Nous sommes en juillet, pourtant il n'est pas près de fondre !
Le temps semble raréfié comme l'air : déjà le dernier jour ! Avant de la perdre de vue, je jette un ultime coup d'œil à la grande vallée qui s'enfuit loin vers le nord ; long couloir glaciaire dénudé sur ses flancs jusqu'à la roche et qui se prolonge jusqu'au Kirghizstan.
Jusque-là, j'ai marché plus longtemps à côté de mon cheval que je n'ai été en selle. Je remonte donc, l'allure du pas me laisse le loisir de prendre des notes.
J'ai la satisfaction d'avoir atteint mon objectif. Ces

cinq jours de prospection dans la zone de Belandkik ont confirmé les dires de Nasridin, l'abondance des grands ongulés. Les difficultés d'accès à ce fabuleux lacis de vallées qui *touche* le ciel, constituent la raison essentielle de sa richesse animalière et de la présence d'une importante aire de reproduction d'argalis[142]. Rivières, lacs, sources, pâturages, vallées (larges et étroites), champs d'éboulis, falaises, hauts pics et glaciers, sont les tesselles de la mosaïque d'habitats naturels éminemment favorable à la faune. Hors les mammifères et les oiseaux, aucun d'entre nous n'a la moindre compétence vis-à-vis des autres espèces que cachent ces habitats. Mais en matière de biodiversité, le *a maiore ad minus* d'Aristote s'applique ici : tout effort en faveur de la conservation d'une « espèce parapluie » (généralement emblématique), profitera à tout l'écosystème.

Chez les mammifères, quand toute la région est couverte de neige quelques espèces hibernent, ce qui n'est pas le cas des mouflons, des ibex, des léopards et des loups. La grande migration des mouflons élargit leur domaine vital et les rend plus vulnérables. Des passes infranchissables verrouillent cet ensemble, interdisant tout accès, y compris aux braconniers des *jailoo* de la région de Karakul.

La configuration de ces vallées glaciaires où la vue

---

[142] Autre nom du mouflon de Marco Polo.

porte loin a été propice au comptage des animaux. Nous avons dénombré près de 500 mouflons et 250 bouquetins. Pourtant, je ne pourrai jamais avoir qu'une vision partielle de l'état de la faune. Il me faudrait revenir en hiver pour compléter mes données. Je n'y songe même pas.

Cette abondance de proies explique la présence des grands prédateurs : loup, léopard, à l'exception de l'ours, auquel un habitat de haute altitude sans forêt ne convient pas. Je mets au compte de la malchance de n'avoir pu observer qu'un seul gypaète et aucun aigle.

Ce brillant tableau est à mettre au compte de Nasridin et peut-être de lui seul. Guide de chasse en chef de la compagnie russe, gardien de la faune de Belandkik, au-delà de la chasse, il gère *son* territoire. La concession de chasse privée qui l'emploie assure peut-être, dans le contexte actuel de gouvernance, l'alternative de gestion la moins mauvaise. Mais cette situation est conjoncturelle. Nasridin n'est plus très jeune, que se passera-t-il quand il ne sera plus là ?

Nos routes vont bientôt diverger. J'avoue à Nasridin que jamais je n'oublierai ces précieuses journées passées en sa compagnie ni le souvenir des splendides animaux et paysages qu'il m'a fait découvrir. Mes paroles sont si peu vaines que des larmes me viennent aux yeux. Je suis triste aussi de quitter ce monde secret des hautes montagnes ; qui sait si les aléas de la vie me redonneront la chance de les côtoyer d'aussi près ? L'âge prenant insidieusement le dessus, prévenu par l'avertissement des atmosphères raréfiées, je pressens que la vie va peu à peu refermer devant moi les grands chemins des aventures d'altitude. Sans jamais atteindre les cimes inhospitalières, les hautes vallées sinueuses que nous avons parcourues pendant ces journées à pied et à cheval m'ont projeté dans l'intimité des géants du Pamir. Il suffisait de lever la tête pour voir partout glaciers et névés étincelants au soleil, leurs sommets vertigineux provoquant le ciel. Tant de beauté et de pureté m'ont comblé d'émotions. Des émotions d'autant plus précieuses qu'elles ne se répèteront peut-être plus jamais.

Nasridin et Ali vont repartir jusqu'à Jigartal avec les chevaux par le même chemin qu'à l'aller. Ils vont redescendre la vallée de Belandkik sur toute sa longueur, puis rejoindre celle de Muksu qui longe la frontière avec le Kirghizstan. Une belle chevauchée qui me fait envie. Nurali, Shoh et moi allons plus prosaïquement rejoindre l'équipe des scientifiques tadjiks ; les deux UAZ suivrons la piste conduisant vers la haute vallée du Bartang et les premiers villages du Pamir occidental.

Le vent s'est levé. Ses rafales flagellent les buissons maigres de la steppe et soulèvent des volutes de poussière limoneuse. Lente procession : nous suivons l'autre UAZ, celui des chercheurs, dont le chauffeur soumis à leurs injonctions divergentes ne progresse que par petites avancées :

ici un arrêt pour observer un rapace, là capturer un têtard étrange, plus loin identifier une plante inhabituelle, ou lancer le filet à papillons vers un spécimen inconnu à cette altitude. Et justement, tel un lépidoptère, je papillonne d'une science à l'autre, alternativement ornithologue, limnologue, botaniste..., partageant avec eux les surprises et les joies de ces collectes. J'ai peu de temps pour jeter mes idées sur mon carnet. La rude suspension du véhicule s'emploie de surcroit à rendre mon écriture illisible.

Je songe à Belandkik, à sa linéarité impressionnante. L'ancien glacier avait filé tout droit, suivant la pente, sans se préoccuper de l'assise des gigantesques montagnes qu'il avait devant lui. Son accès difficile, la gestion raisonnée de Nasridin ne suffisent pas à expliquer la richesse animale de la vallée ; je dois admettre à contre cœur que la logique de profit d'une société de safari pour chasseurs fortunés reste une barrière efficace contre le braconnage, en l'absence d'une quelconque volonté de protection administrative et d'une prise de conscience par le peuple de la présence sur son sol d'un trésor naturel. Un trésor qu'exploitent donc de rares privilégiés pour le bénéfice d'une poignée d'oligarques. Le projet pourra-t-il changer le cours des choses ? Est-il souhaitable qu'il le fasse ? Je me prends à imaginer un futur idéal dans lequel cette zone de Belandkik, de loin la plus riche en faune de toute l'aire du projet, est classée en réserve biologique intégrale, définitivement fermée à la chasse et élargie aux principales voies de migrations des mouflons. L'exhaustivité est naturellement impossible dans ce domaine, car les migrations du mouflon de Marco Polo sont si amples que trois pays sont concernés en sus du Tadjikistan : Chine, Afghanistan et Pakistan.

En fin de compte, une telle interdiction n'affecterait que quelques rares privilégiés. Les communautés locales s'engageraient à protéger ce patrimoine, conscients de pouvoir en tirer des revenus substantiels. L'écotourisme battrait son plein de juin à septembre, avec l'appui d'ONGs. Des groupes de visiteurs motivés passeraient la nuit sous la yourte, s'initieraient aux coutumes locales, randonneraient à pied ou à cheval, observeraient la grande faune, ramèneraient quelques objets d'artisanat. Le *wildlife watching* des mouflons, bouquetins... deviendrait aussi prisé ici que les safaris photo en Afrique. Ces mêmes ONGs organiseraient des formations, équiperaient les camps des nomades avec des panneaux solaires, rendraient le microcrédit disponible aux plus déshérités...

On peut rêver !

Pamir occidental

Je suis bien obligé de laisser un peu de repos à mon crayon et même à mes pensées, face au grandiose spectacle qui nous attend : le vertigineux rebord du plateau du Pamir au pied duquel, mille mètres plus bas, coule la rivière Tanamas. Le précipice n'a pas rebuté l'intrépide piste, puisque dans une débauche de lacets serrés elle s'est mis en tête de l'affronter coûte que coûte ! Impressionné et tendu, je remarque que les Tadjiks, eux, vivent la scène avec indifférence. Naissent-ils tous dans ce pays qui côtoie le ciel avec des gènes protecteurs d'acrophobie ? La piste est si étroite que nos UAZ frôlent le ravin ; la pente est monstrueuse, les virages écrasés, obligeant à des manœuvres osées qui rapprochent dangereusement du vide l'avant des véhicules. Pourvu que les talus tiennent ! Heureusement, le temps est splendide, l'air sec, le sol dur. Mais dans ce genre de situation mieux vaut ne pas raisonner ; je préfère chasser toute idée de drame de mon esprit en regardant au loin, vers l'ouest, bien au-delà du gouffre, là où l'horizon est barré par la majestueuse *chaîne de l'Académie des Sciences,* où la Haute Tanamas, étincelante au soleil, surgit du glacier Fedchenko. Si l'accident survient, au moins emporterai-je avec moi comme dernière image de cette Terre, la sublime perspective de ce « toit du monde »...

Rivière aux flots écumants, gris de plomb. Le bruit du moteur me rassure, on le sent plus à l'aise. Respiration normale, crispations dissipées. Enfin en bas, mais loin d'en finir avec les obstacles : sur une pente d'éboulis un gros torrent dévale vers la

Tanamas, coupe la route en taillant son lit large et indécis dans de gros blocs de pierre arrondis. Le nombre de bras aidant colmate tant bien que mal un passage : le premier UAZ, remarquablement conduit, réussit à le franchir. Mais l'eau du torrent, furieuse d'être entravée, bouscule le deuxième véhicule, s'élève au-dessus du moteur, semble vouloir l'absorber, le rouler dans son lit, comme elle use avec tous les autres objets solides qui la contrarient. Le chauffeur a parfaitement compris : seule la force de son élan le tirera de cette situation périlleuse. Il accélère un grand coup et d'un bond sauvage, ahurissant, qui aurait brisé n'importe quel autre véhicule, le moteur rugissant, l'engin atterrit intact sur l'autre rive. Les applaudissements fusent, le chauffeur sort de sa cabine souriant, heureux, tremblant de tous ses membres ; il faut l'aider à allumer sa cigarette.

Ghundara : premier village rencontré depuis Karakul ! Il marque l'entrée de la profonde vallée du Bartang et souligne à cet endroit un grand méandre de la rivière impétueuse. Assemblage de petits champs carrés formant comme une toile vert velouté tendue entre les montagnes arides. Mon œil, depuis des jours de minéralité brute, a oublié la grande verdure. On fera halte plus à l'aval, à Bopasor, minuscule hameau où Nurali connait l'un des habitants. Nous serons ses hôtes d'un soir.
Au Tadjikistan, *« tout invité est un envoyé de Dieu ! »*. Le repas que sa femme prépare et qu'il

nous sert est simple mais copieux, dans la tradition tadjike : fruits secs, noix, pâtisseries, soupe, pilaf avec viande et pois chiche. La maison est cependant trop exiguë pour nous héberger tous. N'étant plus *qu'à* trois mille mètres d'altitude, l'air doux, je décide de dormir à la belle étoile. Envie de m'isoler. La nuit n'est pas tout à fait là, mais je me glisse dans mon sac de couchage. Un œil vers les quelques maisons de terre et de pierre accrochées à la montagne toute puissante qui les recouvre d'une ombre immense. Mon regard s'envole par-delà la crête, dans la direction du Pic Révolution où je sais naître, vers sept mille mètres, le mythique glacier Fedchenko...

Avant de retrouver le sommeil, au creux de moi-même, je pense à la rédaction de mon rapport. Deux options possibles pour Belandkik. La région mérite qu'on lui trouve une solution institutionnelle durable. Si elle devient l'un des cœurs du futur parc national transfrontalier, son statut devra la sanctuariser. La première solution correspond à une amélioration de la situation actuelle : le concessionnaire de la chasse devient responsable d'un certain développement social dans sa zone ; jouera-t-il le jeu ? Rien n'est moins sûr. La seconde est celle de la réserve intégrale. C'est la plus souhaitable, mais aussi la plus difficile à mettre en œuvre : plusieurs personnalités haut placées risquent de ne pas admettre facilement que le flot de dollars du « robinet chasse » s'interrompe. La société de chasse s'estimant lésée demandera des compensations ou pèsera de tout son poids pour faire échouer le projet. Cette décision courageuse, créerait pourtant plus d'équité dans la région et des conditions de gestion facilitées pour la suite. Elle serait plus « durable » que la première option et aurait sans doute la préférence de l'Union Européenne.

J'en parlerai demain à Nurali.

Vallée du Bartang : de puissants torrents entaillent de profondes vallées aux faciès abrupts et vertigineux. Erosion agressive, sauf en quelques endroits dédaigneusement délaissés où des taches verdoyantes isolées, piquetées de peupliers, permettent à de petits villages de s'implanter avec leurs terres cultivables. Déclivité si forte qu'elle donne à voir le monde à ses pieds. Si au lieu de descendre cette vallée nous l'avions remontée, les taches vertes cultivées en terrasse auraient donné l'impression de s'étager jusqu'au ciel. Peut-être plus pour très longtemps : le mouvement des paysans du haut pays vers les basses vallées et les villes est amorcé, ici comme ailleurs, du fait de la gravité de la situation économique. Aussi irrésistiblement que la gravité physique pousse les flots et les pierres vers l'aval.

Une journée complète de voiture pour rejoindre Rushan, gros bourg situé tout en bas de la vallée du Bartang à sa confluence avec la Panj. Rivière impétueuse, la Panj coule dans une vallée très découpée, sinistre. Absence complète de végétation. Elle a creusé son lit en contradiction avec la logique géologique, en éventrant les grandioses volumes de terre et de rocs confondus et agglutinés, qu'elle avait pourtant elle-même charriés puis déposés lors des millénaires passés.

Sur l'autre rive escarpée, c'est l'Afghanistan, et… l'Antiquité. Un incroyable sentier muletier y chemine vaille que vaille, en s'accrochant à la pente effritée grâce à des soubassements de fortune en pierre ou en rondins de bois. L'un d'eux s'est effondré. Un ouvrier juché sur d'improbables échafaudages, cinquante mètres au-dessus de l'impétueuse rivière, s'occupe de le rapiécer pendant qu'une caravane à l'allure biblique attend patiemment un peu plus loin la fin du colmatage. Il ne peut en être autrement, la passerelle est trop étroite pour permettre le demi-tour d'une mule ou d'un âne. Comment se croisaient donc les caravanes avant que se répande le téléphone portable ? Plus bas, vers l'aval, l'improbable sentier débouche sur un petit village de maisonnettes en torchis, incroyablement bien dissimulé dans la masse des terres beiges et jaunes. Aucune desserte : route, ligne électrique ou téléphone. Oublié du temps, isolé dans l'immense espace afghan, à des années-lumière de Kaboul. Si à la tombée du jour de pales loupiotes ne s'étaient pas allumées dans les maisons, si les enfants et les femmes ne s'étaient pas agités pour ramener les animaux aux étables, on aurait pu croire à un village fantôme.

Cette scène me rappelait une mission dans le Haut-Atlas marocain, quand figé sur ma mule, raide comme un barreau de chaise, je dus vaincre le vertige des précipices que la bête, incroyablement sûre d'elle, négociait par des sentiers tout aussi improbables que celui que j'avais sous les yeux. J'avais exclu tout mouvement, même le plus infime, tel que celui qui m'aurait permis de prendre des photos. Par endroits, ce n'étaient que de simples rembourrages de pierres rafistolés au cas par cas par les voyageurs de passage dont je me demandais si, en les franchissant, mes compagnons d'équipée ne remettaient pas leurs âmes à Allah. Le Maroc m'avait rendu heureux. J'y avais toujours connu une bonne ambiance de travail et la diversité des paysages de ce pays m'avait enchanté. Des souvenirs s'entrechoquaient en vrac dans mon esprit : ibis chauves picorant dans la steppe littorale atlantique, chèvres dégringolant des arganiers de la plaine du Souss, vastes cédraies d'Ifrane, balbuzards pêcheurs des falaises d'Al-Hoceima se jetant dans la mer cristalline, pattes en avant comme des hameçons vivants, trois gazelles dorcas craintives fuyant dans le pourpre matinal du jbel Bani, au Bas-Draa, avec le guide Mohammed…

Tout en bas de la vallée du Bartang (mais encore en altitude) : gros bourg de Rushan, où se séparent nos deux véhicules. L'un remontera jusqu'à Khorog, l'autre, dans lequel je prends place avec Nurali et

Shoh, va nous amener jusqu'à Poi Mazor, le dernier village en haut de la vallée de Vanj. Seul, Azurabek, du Service de la faune à Khorog, viendra avec nous.

Gigantesque serpent de glace de 77 km de long et trois de large, il est si haut perché qu'il demeure invisible de quelque côté qu'on se trouve. Le glacier Fedchenko hante mon imagination. Méconnu, c'est le plus grand de la planète (en dehors des régions polaires). Il est tapi derrière la chaîne de l'Académie des Sciences, de laquelle jaillit à 7495 m d'altitude, le plus haut sommet du pays : le pic Ismaël Somoni (anciennement pic Staline). Somoni ? Ce *Charlemagne* tadjik, émir de l'empire samanide, qui conquit la Transoxiane et le Khorasan, est devenu le héros national depuis l'indépendance du Tadjikistan. Le somoni est même devenu monnaie nationale. Le colossal fleuve de glace nait dans un grand cirque montagneux, vers 6000 m au pied du Pic Révolution. Puis, il s'écoule imperceptiblement vers le nord, jusqu'à rejoindre l'extrémité de la vallée de Belandkik. Pourrons-nous sinon l'atteindre, du moins l'apercevoir depuis un col ? En arrivant ce jour-là en bout de la vallée, au village de Poi Mazor, personne pour nous guider. Impossible de continuer avec le véhicule. Nous décidons de poursuivre à pied. On remonte une vallée secondaire, au bout de laquelle nous bivouaquons, puis au matin une troisième encore plus haute. Les grosses reliques de névés et de glaciers, de plus en plus nombreuses, encombrent le cours du torrent. Mais celui-ci a toujours le dernier mot, jaillissant en grondant des tunnels qu'il a foré dans la glace. Tout en haut, de l'autre côté du col, j'ai l'espoir de voir s'écouler le glacier géant dont j'imagine la splendeur ; hélas, les derniers obstacles sont trop rudes et empêchent notre progression. Ce sont des blocs de glace infranchissables sans un équipement spécial dont je ne dispose pas. Ce glacier nécessite une expédition à la *hauteur*.

Demi-tour à contre cœur…

Fedchenko restera pour moi un mythe. Je continuerai d'en rêver, comme Chateaubriand de la découverte du passage du Nord-Ouest, à laquelle il avait dû renoncer. Je me contenterai des photos prises par d'autres, piochées sur *Internet* : un fleuve de glace d'une majesté inouïe avec ses « langues » serpentant en longs rubans fracturés, tantôt d'un blanc étincelant, tantôt noirâtres. Perché fort haut, il régresse cependant, comme tous les glaciers du monde, sous l'effet inquiétant du réchauffement climatique. Pour l'heure, les huit cents glaciers du Tadjikistan font de ce petit pays le plus grand « château d'eau » de l'Asie Centrale ! A lui seul, Fedchenko stocke plusieurs dizaines de kilomètres cubes de glace ! C'est le plus gros réservoir d'eau douce de cette région du monde, alimentant en particulier les immenses plaines agricoles de l'Ouzbékistan. En été, le réseau incroyablement dense des multiples rivières que nous avons côtoyé tout au long de notre périple, restitue l'eau très loin à l'aval dans les deux grands bassins des Syr-Daria et Amou-Daria, où elle est de plus en plus sollicitée par l'agriculture intensive. L'histoire de ces deux fleuves finit mal : l'avidité hydrique des immenses champs de coton, les barrages hydroélectriques et les industries, font payer le prix de leur démesure à cette malheureuse mer d'Aral, qui n'a plus de « mer » que le nom. Quand le temps viendra où les glaciers auront disparu, il ne faudra compter en été que sur une ressource bien plus aléatoire : la fonte des neiges.

Toujours est-il que le Tadjikistan est le « pays des sources » ; l'eau est sa grande richesse et il la laisse généreusement s'épancher vers tous les pays limitrophes, voire au-delà. Son indépendance n'est-elle pas suffisamment éloignée du joug de Moscou pour que le petit Etat n'ait pas encore pris conscience de la puissance qu'il détient ? Est-ce par crainte de ses voisins ? Le simple respect de la façon dont Allah a réparti cette richesse ? A moins que la gestion de l'eau ne repose déjà sur un traité international dont j'ignore l'existence ? Il me semble connaître assez ce pays pour ne pas y avoir vu l'eau prisonnière d'immenses barrages la détournant vers de grands périmètres agricoles. Un exemple de géopolitique hydraulique dont bien des Etats devraient s'inspirer. Les tensions régionales qui se cristallisent autour du partage de la précieuse ressource s'étendent sur tous les continents : le long de l'Euphrate, du Nil, du Mékong, du Zambèze…

Retour…

Le royaume des hautes montagnes s'estompe… La géologie se calme… Voyage en auto (avec Nurali et Shoh) jusqu'à Jigartal. Gulzana, mon interprète kirghize est déjà là. Elle arrive droit de Bishkek. La direction du projet l'a envoyée à ma rencontre avec un chauffeur et un véhicule. Je la sens nerveuse, pressée de repartir. Nul doute que l'opinion défavorable et les réticences du directeur envers le Tadjikistan ont déteint sur son personnel ! Tandis que mes collègues tadjiks s'en retournent à Douchanbé, je prends donc la direction diamétralement opposée, vers Karalmyk, village frontalier avec le Kirghizstan. De là, je rejoindrai Bishkek *via* Osh (où j'irai déambuler dans l'incroyable marché aux fruits secs de la ville) en moins d'une journée, par une route que j'ai déjà empruntée. La boucle sera bouclée.

Poste frontière tadjik : Gulzana montre mon passeport aux policiers en faction. Mais tous les tampons n'y figurent pas ! Ils ne le peuvent puisque pour les besoins de la mission nous avons sillonné les Pamirs par des itinéraires peu fréquentés et incontrôlés. C'est ce qu'elle tente d'expliquer. En vain. On m'interdit donc de sortir du pays. Elle et le chauffeur, bien sûr, en ont le droit pour rentrer au Kirghizstan. Son devoir l'empêche cependant de m'abandonner dans un pays où l'anglais est sans utilité. Gulzana palabre un moment en russe[143] avec le chef de poste qui s'entête dans son refus. La dialectique et les subtilités de la Kirghize le laissent visiblement de marbre. Que faire ? Glisser un billet de cinquante dollars dans mon passeport ? J'y pense ; pourtant j'hésite à le faire car ce genre de pratique me répugne. Une autre idée me vient : le poste est très isolé, la végétation est clairsemée et je ne vois aucune clôture. J'échafaude un plan : attendre la nuit et passer à pied par la montagne, bien au-dessus du poste. La voiture me récupérera un ou deux kilomètres plus loin sur la route, de l'autre côté de la frontière, au Kirghizstan. Mais ce projet effraie Gulzana. Se pourrait-il que la frontière dissimule des pièges, voire des mines ? Toujours est-il que sa réaction m'ôte le courage de le mettre à exécution. Elle se sent une certaine responsabilité à mon égard. En outre, les deux postes frontières sont parait-il assez rapprochés : en brûlant la politesse au premier, je risque de zapper les formalités au second… Emigré clandestin du Tadjikistan, immigré clandestin au Kirghizstan ! La totale ! Ce n'est peut-être pas une bonne idée. Surtout que, sans visa de sortie tadjik, je risque de ne plus jamais pouvoir revenir dans ce pays. Je n'ai pas d'autre choix que de retourner à Jigartal, en

---

[143] Langue véhiculaire de tous les pays d'Asie centrale.

espérant que le chef du bureau forestier trouvera une solution pour me faire passer au Kirghizstan. Peine perdue, il s'avoue impuissant. Alors, puisque la route m'est interdite, il me reste l'avion ! Mais on ne peut le prendre qu'à la capitale, Douchanbé, à 400 km ! Et l'UAZ de Nurali et Shoh est parti voilà déjà un moment !

Je retiens mes nerfs. Sommes-nous assez persuasif ou est-il particulièrement compréhensif, il met à ma disposition une Lada et un chauffeur de l'administration pour me conduire à la capitale. Gulzana m'accompagne.

Il est déjà tard. Tandis que le chauffeur kirghiz repart absurdement seul à Bichkek avec le véhicule du projet, je m'introduis en fulminant à l'arrière de la Lada. Gulzana tiendra compagnie en russe au conducteur, à l'avant. Recroquevillé sur la banquette exiguë, avec mon sac à dos comme oreiller, j'essaye de dormir plutôt que de ressasser mon amertume.

L'auto file dans la nuit insondable... Je vois les masses sombres des montagnes s'effilocher derrière les vitres. Sait-on ce qu'est une plaine dans ce pays à la topographie si tourmentée ? Malgré les nids de poule que le chauffeur négocie avec l'adresse d'un habitué du trajet, la fatigue et les contrariétés m'emportent dans un sommeil agité et discontinu…

A mi-chemin la route est bien dégradée, le chauffeur ne peut éviter tous les pièges, la suspension de la Lada est soumise à rude épreuve. Va-t-elle tenir ? Dans le cas inverse, un incident mécanique en pleine nuit compliquerait un peu plus la situation. Il y a aussi ces claquements secs, inquiétants, au niveau des moyeux et de la direction… Et si la vie s'arrêtait brusquement, sur cette route perdue au milieu des montagnes ? Quelques secondes durant lesquelles l'auto traverserait le vide d'un précipice… dans une nuit qui ne laisserait plus jamais sa place à l'aube…

Alors, comme un diable sortant de sa boite, surgit une réminiscence de l'automne dernier : je m'étais enfoncé dans le clair obscur d'une belle forêt de feuillus, près de chez moi. Une sorte de forêt ancienne, oubliée des coupeurs de bois ; en témoignaient les carcasses de très vieux châtaigniers qui s'accrochaient à la vie et les chênes séculaires. Un lieu hors du temps, pareil à ceux que les moines Bénédictins du Haut Moyen-âge recherchaient pour y bâtir leur cloître et élever leur âme religieuse du sein des plus grandes solitudes terrestres.

Sur une sorte d'épaulement du terrain, j'avais trouvé des cèpes ; de jeunes et vigoureux cèpes de Bordeaux, fermes, charnus, se gavant de l'humus des feuilles. Paraissant n'obéir à aucune rationalité, les poussées de champignons sont voilées de mystère. Et c'est justement ce qui rend leur cueillette si passionnante. Pourvu que la science continue de se casser les dents sur la logique biologique des cryptogames ! Un long moment j'avais observé les grands arbres qui poussaient là et qui donnaient de la force à la terre. Je crois même leur avoir parlé. Récompense de mon empathie, le moment venu, la parque aurait-elle le bon goût de venir me chercher en forêt ? Tempérée ou tropicale, claire ou sombre, de plaine ou de montagne, peu m'importait, naturelles je les avais toutes aimées. Que mon corps se décomposât parmi les fruits sauvages, les feuilles, les champignons, était mon plus cher désir post-mortem. Un écologue forestier pouvait-il imaginer cercueil plus somptueux ? A la rigueur, un sarcophage de mousse et de lichen. Je sais hélas qu'il y a peu d'espoir qu'il en soit ainsi. Mais l'idée de mon corps, fut-il sans vie, enserré dans une caisse plongée au fond d'un sinistre et froid caveau de béton, sous une dalle de granit grise, aussi répugnante par son intrusion en pays calcaire que par l'illusoire symbolique qui s'y rattache, m'insupporte. Alors qu'on me brûle et qu'on disperse mes cendres sous les arbres ! Se jouant du temps, ils seront mes futurs compagnons d'éternité. Ma mort ne les priverait pas de grand-chose, sinon de la caresse de mon regard. S'ils échappaient aux tronçonneuses, le jour venu leur bois se décomposerait dans la poussière de mon corps... Plaisir de s'unir dans une ultime recombinaison de la vie. Notre mort est parmi les hommes comme un espace vacant dans le fouillis d'une canopée : un nouvel arbre a tôt fait de le remplir.

Mes idées noires sont sans objet : le voyage se passe sans encombre. Le « surhomme » au volant fait la route d'une traite. Douchanbé est rejoint à 2 heures du matin. En réveillant le gardien de nuit, je parviens à trouver une chambre à l'hôtel d'Etat *Tadjikistan*, où, comme au *Cosmos* de Moscou, fleurent encore des relents de nostalgie stalinienne. Le lendemain il me faut acheter les deux billets d'avion. Tout cumulé, je réalise que prix des billets, pourboire au chauffeur de la nuit, hôtel et repas, dépasseront très largement la « commission » des cinquante dollars, que je n'ai pas voulu glisser à la frontière dans mon passeport. La morale a un coût. D'autant qu'à l'aéroport le même problème resurgit ! Mon sang ne fait qu'un tour, un début de panique me gagne. Les fonctionnaires de la sécurité, particulièrement tatillons, me rechantent le même refrain : *VOUS N'AVEZ PAS TOUS LES TAMPONS NECESSAIRES !* Arrivant de l'*Oblast*[144] du Gornovo-Badakshan j'aurais dû faire viser deux fois mon passeport, à l'aller et au retour. D'accord, mais je n'ai pas pris les axes traditionnels d'entrée et de sortie, projet oblige, Gulzana le leur explique, en long et en large. Je ne suis pas un visiteur tout à fait comme les autres, je suis en mission officielle.

Local déshumanisé. De jour comme de nuit, on pourrait l'imaginer plongé dans la lumière au néon de morgue d'un film de Costa-Gavras. Atmosphère

---

[144] Province.

policière. Antre de fonctionnaires tracassiers par principe. Je réfléchis à ma situation : en somme, du point A pour rejoindre le point B on m'a autorisé à circuler hors des axes administratifs contrôlés en passant par D, mais sans me dispenser des contrôles - les fameux tampons - du point de passage obligé C ! Problème sans solution, sauf à me dédoubler ! Les projets internationaux n'étant pas légion au Tadjikistan, il n'y a peut-être pas de précédent, je soulève pour ces policiers un problème sans issue. Ni amende ni emprisonnement, mais je ne peux tout simplement pas sortir du pays ! Pareille lacune administrative, digne de Kafka, me fait bouillir d'indignation. Je fourbis mes armes : j'ouvre mon sac à dos, étale mes cartes sur un bureau sale et étriqué. Présentation synthétique du projet, Gulzana à mes côtés pour la traduction simultanée. Le plus dur est de parler avec calme. J'essaie de les convaincre de l'intérêt social et économique du projet pour leur pays, du nécessaire jumelage des actions avec le Kirghizstan voisin. Ils paraissent écouter mes explications lénifiantes, les mains nouées dans le dos, se penchent pour fixer la carte par curiosité ou politesse, raclent leur gorge, s'adressent en russe à Gulzana et en évitant mon regard, lui disent avec un léger dédain perceptible que tout cela est certes intéressant, mais que ces tampons sont obligatoires dans tous les cas.

Mon calme fond comme neige au soleil… pris dans l'étau d'une administration procédurière, finassière (je le ressens ainsi), une absurdité, une injustice aveugle qui me courbe sous son poids... Thriller kafkaïen ? Non, je ne suis ni dans « *Z* » ni dans « *L'Aveu* ». Je ne décèle de leur part aucune animosité envers moi ou Gulzana, ni ne perçoit l'*attente* d'une coupure occidentale glissée dans mon passeport. Simplement, aucun d'eux ne veut prendre la responsabilité d'une décision. Pourtant quelle faute y aurait-il d'en prendre une, quelle qu'elle soit, si rien n'est prévu dans le règlement ? De mon côté, je sais qu'une attitude d'extrême indifférence et de détachement pourrait aider à soulever cette chape qui m'emprisonne. Mais la chose est difficile, alors que notre vol pour Bishkek est dans moins de vingt minutes !

Etrangement, je n'y crois plus. L'idée de sortir clandestinement de ce pays revient me trotter dans la tête. De créer ma propre « porte de sortie » m'aide à maîtriser mes nerfs, à juguler mon oppression. Il y a longtemps que l'Armée rouge a quitté ce pays, ce ne devrait plus être si difficile que ça. Les milliers de kilomètres de frontière qu'il partage avec ses voisins ne peuvent tous être surveillés. Bien sûr pas question d'entrer en Afghanistan ou en Chine. Mais il me reste l'Ouzbékistan, le Turkménistan et naturellement... le Kirghizstan. Ne pas penser au Turkménistan, où je tomberais de Charybde en Scylla ! Il y aurait une Ambassade de France à Tachkent. A vérifier. L'Ouzbékistan serait donc le moins mauvais choix. Mon Dieu, que la liberté a du sens !

Je songe un peu dépité que si les choses tournent mal pour moi, ça renforcera les orientations prises par le directeur du projet à Bishkek, auxquelles je n'adhère pas.

Gulzana demande à rencontrer le chef de bureau. Ultime recours. En cas d'échec, nous quitterons l'aéroport, je rejoindrai Nurali et Shoh, dont j'espère l'assistance pour mettre mon projet de fuite à exécution.

Elle parlemente un moment… et, oh surprise, sa requête est agréée !

Est-ce parce que l'heure du repas approche ? M'est avis qu'ils veulent à présent nous voir débarrasser les lieux au plus vite. Après le bref coup d'œil (un peu méprisant) qu'il me jette, le chef se penche vers la table voisine, saisit les sésames de sortie du territoire et, sans un regard vers ses subalternes, tamponne d'un geste ostentatoire et solennel, une page entière de mon passeport.

Jamais je n'ai couru aussi vite vers une porte d'embarquement. Peine inutile : par chance notre vol a du retard. Compliments, remerciements appuyés à Gulzana, mais qui n'arrivent pas à me détendre. Je n'ai rien pour tromper le temps, sinon le monotone spectacle du mouvement des rares avions à travers la baie vitrée de l'aéroport. Dans le ciel, volant très haut à la verticale de Douchanbé, un jet passe. Sa trainée enfile les nuages les uns après les autres, comme de gigantesques cauris blancs.

Tadjikistan ! Pays passionnant, au peuple amène et hospitalier, à l'administration bornée, rigide, corrompue, viciée par des tares sans doute héritées des périodes les plus glaçantes de son passé soviétique. J'en ai froid dans le dos. Aucune ambassade, aucun consulat de France pour défendre mes droits. Et pourtant, j'y retournerai à plusieurs reprises dans le cadre de ce projet, mais bardé à chaque voyage d'une protection paperassière, comme un épais gilet pare-absurdité. J'aurai même l'occasion d'y tisser des relations amicales qui seront comme les pierres d'un gué rassurant au milieu du flot imprévisible et oppressant des tracas administratifs à la légitimité douteuse.

Je comprends un peu mieux maintenant la répulsion du chef du projet de venir au Tadjikistan, et la nervosité de Gulzana.

Tadjikistan ! Tes ressources sont extraordinaires mais tu n'es décidément pas prè d'accueillir des touristes. Après tout, n'est-ce pas mieux ainsi ?

L'avion décolle, atteint son altitude de croisière. Ouf ! Mon anxiété s'est envolée avec lui, et mon estomac se dénoue d'un coup. Un clin d'œil reconnaissant à Gulzana qui elle aussi a recouvré sa sérénité. J'ouvre mon passeport et regarde pensif l'allégorique et prétentieux visa de sortie du Tadjikistan (tant désiré), à la taille inversement proportionnelle à son PIB ; lourd d'anti-symboles, comme chargé des miasmes qui salissent ce magnifique pays... sans parvenir à me le faire oublier.

Au travers du hublot : démences géologiques, montagnes adeptes de la démesure... L'espace n'est plus que bleu et blanc, dilaté de part et d'autre d'un horizon en dents de scie. Pamirs oubliés qui égratignent la coupole du ciel... Où je sais de profondes et secrètes vallées répondant aux gigantesques cimes enneigées. Qui sait si à Belandkik le vent s'est levé, pour s'engouffrer entre les versants abrupts et caresser la toison blanche des argalis qui, loin des hommes, ruminent en paix sur l'herbe tendre d'un *jailoo* ?

FSC
www.fsc.org
MIXTE
Papier issu
de sources
responsables
Paper from
responsible sources
FSC® C105338